绿色建筑系列译丛

为气候改变而建造
——建造、规划和能源领域面临的挑战

[英]彼得·F·史密斯 著

邢晓春 陈晖 孙茹雁 等译

中国建筑工业出版社

著作权合同登记图字：01-2010-2636号

图书在版编目（CIP）数据

为气候改变而建造 / [英] 史密斯著. 邢晓春等译. —北京：中国建筑工业出版社，2011.5
（绿色建筑系列译丛）
ISBN 978-7-112-13028-3

Ⅰ.①为… Ⅱ.①史…②邢… Ⅲ.①气候变化-对策-研究-世界 Ⅳ.①P467

中国版本图书馆CIP数据核字（2011）第055151号

Copyright © Professor Peter F. Smith 2010
All rights reserved

Building for A Changing Climate——The Challenge for Construction, Planning and Energy
Translation © 2011 China Architecture & Building Press

本书由英国 Earthscan 出版社授权翻译出版

译丛策划：程素荣　尹珺祥
责任编辑：程素荣　尹珺祥
责任设计：赵明霞
责任校对：陈晶晶　张艳侠

绿色建筑系列译丛
为气候改变而建造
——建造、规划和能源领域面临的挑战
[英] 彼得·F·史密斯　著
邢晓春　陈晖　孙茹雁　等译
*
中国建筑工业出版社出版、发行（北京西郊百万庄）
各地新华书店、建筑书店经销
北京嘉泰利德公司制版
北京云浩印刷有限责任公司印刷
*
开本：787×1092毫米　1/16　印张：$13\frac{1}{2}$　字数：322千字
2011年6月第一版　2011年6月第一次印刷
定价：48.00元
ISBN 978-7-112-13028-3
　　　（20443）

版权所有　翻印必究
如有印装质量问题，可寄本社退换
（邮政编码　100037）

目　录

Preface ·· IV
中文版序言 ·· V
导　论 ·· VI
致　谢 ·· VIII

第1章　为气温上升4摄氏度做好准备 ·· 1
第2章　气候变化可能的未来影响 ·· 10
第3章　联合国碳汇交易机制 ·· 22
第4章　设定可抵御气候住宅的样板 ·· 27
第5章　可抵御未来气候的住宅 ·· 41
第6章　建筑一体化太阳能发电 ·· 53
第7章　太阳能、地热能、风能和水力能 ···································· 60
第8章　生态城镇：机会还是矛盾？ ·· 71
第9章　住宅遗产 ·· 83
第10章　非居住建筑 ·· 93
第11章　社区建筑 ·· 109
第12章　常规能源 ·· 118
第13章　煤炭：黑金还是黑洞？ ·· 132
第14章　填补能源缺口：城市基础设施规模的可再生能源 ······ 137
第15章　超越石油的时代 ·· 154
第16章　一线希望 ·· 166

缩略语表 ·· 171
参考文献 ·· 176
英汉专业词汇对照 ·· 179
译后记 ·· 203

Preface

If carbon dioxide continues to be released into the atmosphere at the present rate, with so many different climate zones, China will face serious challenges that will involve a variety of abatement and adaptation strategies. Scientists are agreed that increasing concentrations of atmospheric CO_2 will lead to greater extremes of temperature from winter to summer. This will be especially relevant to the built environment.

A crucial element in shaping the future revolves around access to energy. China is already making serious efforts to generate electricity from renewable sources, and, in this respect, it is fortunate in having substantial natural assets in terms of the energy potential from wind, solar and marine resources. These, combined with improvements in energy efficiency, give China a key role in determining the way this century will respond to the challenges of global warming.

Dr Peter F.Smith
Special Professor in Sustainable Energy
University of Nottingham UK.

中文版序言

如果二氧化碳继续以目前的速率排放到大气层中，由于中国有着如此众多的气候区，因此将会面临严峻的挑战，这将会涉及许多减排措施和适应性策略。科学家一致认为，大气层中CO_2的浓度越来越高，将导致冬天极端气温更低，夏天极端气温更高。这一点与建成环境有着极为密切的关联。

塑造未来的一个重要因素围绕着能够获取能源这一问题。中国已经在可再生能源资源发电方面取得了重要的成就，在这一方面，中国非常幸运地拥有大量的具有能源潜力的自然资源，包括风能、太阳能和海洋资源。这些优越的条件和取得的成就，加上节能方面的改进，使中国在确定本世纪回应全球变暖挑战的方式方面发挥着重要的作用。

英国诺丁汉大学可持续能源特约教授

彼得·F·史密斯教授

导 论

本书所涉及的未来预设情景,是我们希望不要在本世纪之内发生的,也就是全球平均温度上升4°C,以及随之而来的一切后果。然而,本书并不是基于这样的前提,即气温上升是不可避免的,尽管在气候科学家中,有越来越多的人认为这是极有可能发生的。在此,我们的观点是,从最好的方面着想,从最坏的方面着手。

科学界越来越一致认为,2007年政府间气候变化专门委员会(Intergovernmental Panel on Climate Change-IPCC)所预测的气候变化带来的影响,是严重低估的。2009年2月,IPCC的联合主席克里斯·菲尔德(Chris Field)博士做出这样的断言:"我们现在已经有数据显示,从2000~2007年,温室气体增长的速度大大超过我们的预期,这主要由于发展中国家发电量的不断增长,例如中国和印度,而几乎所有这些电力的生产都是基于燃煤发电"[引自伊恩·桑普尔(Ian Sample)发表于2009年2月16日《卫报》(*Guardian*)的文章"点燃的热带:科学家关于全球变暖的无情设想"(The Tropics on fire: scientists'grim vision of global warming)]。

本书的写作目的在于,探究假设全世界继续行进在"高排放预设情景"(high emissions scenario-HES)的道路上,从前也称之为"照常营业预设情景"(Business as Usual-BaU),那么,这对建筑和城市将意味着什么。随着气候变化而来的事实是,石油的生产和需求之间的比率已经达到峰值,接下来将轮到天然气。因此,能源的安全供应也是一个极为重要的问题,尤其是因为建成环境这一领域应当为二氧化碳的高排放负责。

英国政府尤其不断地呼吁,如果要达到全国CO_2排放目标的话,必须改变个人的行为。在本书背后蕴含的假设是,自觉自愿的行动几乎不足以遏制气候改变的进程。我们的确期待社会方面的变革,但是,这是不能强制实施的。各国政府或许可以依赖自由市场的力量带来改变,但是,这些变化是无法预料的,而且是由利益动机驱动的。正是追逐利益这种永无止境的欲望,才是导致目前经济困境的主要原因;假设这种驱动力会解救我们,实属不明智的推断。

只有各国政府才能够促成这个时代所需的根本性改变,他们可以通过激励机制和强制性规范相结合的办法促成变革。规划法则(而不是指导性的说明文件),能够强制实施的严厉规范,以及直接收取的碳税,这些不依赖于市场力量的要素,是唯一能够发生根本性变革的途径。各国政府最终或许会在这一观点上达成一致意见,但是,对于阻止灾难性的气候影响来说,已经太迟了。

本书潜在的主题是，如果说有许多使未来晦暗不明的不确定因素存在的话，那么，我们采取的预警性原则就是，现在就应当为更为恶劣的环境做好准备，并且相应地改变我们的建筑实践。与此同时，不含碳的能源供应最终不仅仅是一种选择，而是一种必然。正如尼古拉斯·斯特恩（Nicholas Stern）在极具说服力的评论《气候变化的经济学》（*The Economics of Climate Change*）（2006 年）中所声称的，现在就为适应未来的气候影响而投资，比发生灾难性气候影响之后，再采取紧急措施更具有成本效益。建筑物就是一种长期投资，尤其是住宅开发，因此，斯特恩的警告尤其适用于这一领域。

本书旨在面对全世界的读者群。尽管书中引用了英国的案例，这是因为所选择的案例对许多发达国家和发展中国家都有着借鉴意义。本书正文分为三个部分。前三章的内容论及了我们必须关注气候变化的未来影响的理由，因为这个世界几乎没有显示出任何脱离"照常营业"道路的倾向。在政府间气候变化专门委员会于 2007 年发表的报告中，以不那么背负骂名的"高排放预设情景"取代了"照常营业"。在这一部分，首先简要回顾了全球变暖的科学证据，这些证据涵盖了一系列指征谱。从这些证据中得出的推论是，气候变化一定会带来影响，其严重性取决于大气层中 CO_2 排放量稳定下来的水平和速度。

第二部分是本书的主要部分，在此考虑了高排放预设情景对建筑物意味着什么，这里讨论的建筑物范围包括从既有住宅、新建住宅到非居住类建筑。由于英国的《可持续住宅标准》（Code for Sustainable Homes）的最高等级，必须包括一体化的或者叫就地可再生能源的应用，因此，这一部分的内容也属讨论之列。在这部分的最后，讨论了非居住类建筑的前景。

第三部分的重点是能源，首先讨论的是常规石油能源的前景，以及关于石油和天然气储量的各种推测。由于小规模可再生能源技术已经在前面的部分讨论过，这一部分关注的是，在能源组成（energy mix）内，基础设施规模的或者叫做电网规模的可再生能源的潜力。

在本书结束的部分，讨论了通过地球工程学阻止全球变暖进程的前景：到底是天上的幻影，还是掉下来的"馅饼"？

彼得·F·史密斯
2009 年 10 月

致 谢

我要感谢以下各位：感谢菲尔登·克莱格·布拉德利（Fielden Clegg Bradley）事务所提供希利斯大楼的图片和数据；感谢建筑与建成环境委员会（CABE）提供利物浦市阿西尼城的圣弗朗西斯学校的图片；感谢零能耗工厂（Zedfactory）提供康沃尔郡彭林的朱比利码头综合楼项目的图片；感谢诺曼·福斯特合伙人事务所（Norman Foster Associates）提供马斯达尔市的图片；感谢戴维·麦凯（David Mackay）教授允许引用英国的风速示意图；感谢地能有限公司（EarthEnergy Ltd）的罗宾·柯蒂斯（Robin Curtis）博士允许引用丘吉尔医院的热泵数据；感谢邢晓春（Xiaochun Xing）提供中国案例的图片和数据。

第 1 章
为气温上升 4 摄氏度做好准备

在 2008 年夏季,英国政府颁布了一份报告,题为:《适应英格兰的气候变化——行动框架》(Adapting to Climate Change in England: A Framework for Action)[环境、食品和乡村事务部(Defra)]。该报告清晰地表明了在这一事务中,政府设想的责任范围。在环境国务大臣希拉里·本(Hilary Benn)为报告撰写的前言中,他认为:

> 尽管目前国际社会已经采取了一致行动,但是,我们在今后的几十年中,还是要承担持续的全球变暖所产生的后果。为了阻止危险的气候变化,我们必须在全球层面,以及在本国层面努力工作,以减少温室气体的排放。即便如此,我们将不得不适应英国越来越温暖的气候,并且还会遭遇更频繁的极端事件,包括热浪袭击、暴风雨和洪涝灾害,以及更为缓慢的变化,如四季更替的模式。
>
> (环境、食品和乡村事务部,2008 年 a,第 4–5 页)

报告接下来阐释了政府的作用,即:

> 提升关于气候变化的意识……将会鼓励人们调适其行为,以减少可能的代价,同时也抓住机遇。
>
> (环境、食品和乡村事务部,2008 年 a,第 20 页)

在最后,这份报告认为,"各级政府必须发挥作用,促使这种调适的发生,必须立刻展开行动,既要为私营企业和市民社会提供政策指导,也要提供经济方面和制度方面的扶持"(环境、食品和乡村事务部,2008 年 a,第 8 页)。换句话说,就是:"交给你们了。"

在细节方面,该报告的行动计划分为两个阶段。第 1 阶段的目标是:
- 在英国的气候变化造成的影响和后果方面,逐渐形成更为巩固而全面的证据基础;
- 提升必须立刻采取行动的意识,帮助其他团体采取行动;
- 衡量所取得的成果,并且采取措施确保有效地传播这些成果;
- 在国家、区域和地方层面的各级政府间展开合作,将调适的理念根植于英国政府的政策、计划和系统中。

在第一个目标方面,已经有足够的证据,可以估量出气候变化对社会,尤其是对城市社区所产生的影响。政府间气候变化专门委员会(IPCC)在 2007 年 2 月至 4 月间出版的《第四次评估报告》(The Fourth Assessment Report)所包含的数据,应当对所有与建成环境相关的人士起到激励作用,有助于提升他们的眼界,应对气候变化中潜伏着的不同寻常的机遇。然而,自从这份 IPCC 报告发表以来,已经面临一些批评。

环境、食品和乡村事务部的文件以 IPCC 的报告作为框架,提出其相应的策略。政府间气候变化专门委员会报告的问题在于,其证据基础的截止时间是 2004 年底。从那时开始,又累积了大量的科学证据,证明了自 2004 年起,全球变暖和气候变化进入了一个更为严峻的新阶段。这就使科学家对该报告的一些关键性科学发现产生了怀疑。要理解为什么这对于所有与建筑的适应策略相关的人士来说非常重要,就值得总结出政府间气候变化专门委员会产生的各种分歧。

首先,《IPCC报告》被批评低估了气候影响的预测,尤其是受到身任IPCC联合主席的克里斯·菲尔德博士的批评,他同时还是美国卡耐基学院(Carnegie Institute)全球经济领域的主任。在向美国科学促进会(American Association for the Advanced of Science)发表的演说中,他断言,政府间气候变化专门委员会于2007年发表的报告,大大低估了在本世纪接下来的时间里全球变暖形势的严峻性。"我们现在已经有数据显示,从2000~2007年,温室气体增长的速度大大超过我们的预期,这主要由于发展中国家发电量的不断增长,例如中国和印度,而几乎所有这些电力的生产都是基于燃煤发电"(据2009年2月16日《卫报》报道)。

这一论点得到了美国航空航天局(NASA)戈达德空间科学研究所(Goddard Space Institute)的詹姆斯·汉森(James Hansen)(汉森等,2007年)的支持,他认为政府间气候变化专门委员会的预测,即到2100年海平面上升的最大幅度是0.59米,是"极具危险性的保守看法"。其理由中包括这一事实,即格陵兰岛消融的冰层数量自2004年以来增加了三倍,使本世纪内大冰原的灾难性崩塌成为真实的可能性。政府间气候变化专门委员会假定,冰层的消融仅仅是由于太阳辐射,然而,融化的冰水几乎无疑会通过极大的窟窿或者叫做冰川锅穴,涌入冰层的最深处,现在大冰原已经四处布满这样的窟窿了。这就使得大冰原滑入海洋更为容易和迅速。

根据蒂莫西·兰顿(Timothy Lenton)(2007年)的观点,在无可避免会融化的自然要素中,带有最少不确定性并处于临界状态的,就是格陵兰大冰原(Greenland ice sheet-GIS)。当局地温度上升超过3℃时,格陵兰大冰原就会开始大规模融化,并且有可能消失。由于北极地区升温幅度大约是全球平均值的三倍,因此,相应的全球升温均值是1~2℃。

这种速率的暖化,已经导致2008年北极海冰缩小的幅度远远超过以往任何一年。2008年8月26日拍摄的卫星图像表明了当年夏季融化的范围,并且与1979年至2000年之间的平均融化范围进行了比较(见图1.1)。

图1.1 2008年8月26日北极海冰的范围,对比1979~2000年的平均冰面范围
资料来源:改编自美国国家冰雪数据中心(US National Snow and Ice Data Center)

作为气候变化影响的进一步证据，2007年冬季冰层厚度的减少幅度，是自20世纪90年代早期有记载以来最大的。

尽管政府间气候变化专门委员会于2007年发表的报告认为，直到本世纪末，夏季结束时北极冰层都不会完全消融，但是，最近的科学观点认为，从现在开始，最快在3～5年的时间里，夏季结束时冰层会消失（《卫报》，2008年11月25日，第27页）。这种融化速率的后果是，越来越多的水体面积暴露于太阳辐射中，并且吸收热辐射。根据最近的研究，由于海冰融化而形成的额外暖化，可能将延伸到内陆1000英里的范围。这会造成这片地区大部分成为永久冻土带。北极永久冻土中碳的含量是整个全球大气层中碳含量的两倍［参照《地球物理研究快报》(*Geophysical Research Letters*），以及2008年11月25日《卫报》，第27页］。这一科学发现中最令人担忧的方面是，融化的永久冻土带所造成的效应，未在全球气候模型中考虑，因此，这很可能是"房间里的大象"。①

关于南极气候变化最近的证据，来自英国南极调查局(British Antarctic Survey-BAS)。该机构在2008年报告说，巨大的威尔金斯冰架(Wilkins ice shelf)正在从南极半岛滑脱出去。根据南极调查局的吉姆·埃利奥特(Jim Elliott)的观点，有6180平方英里面积的冰架"悬于一线"。冰

图1.2 威尔金斯冰架正在发生裂冰
资料来源：南极调查局的吉姆·埃利奥特提供图片

架的重要性在于起着扶壁的作用，支撑陆地冰。南极大冰原的这一部分得到的冰架支撑是最少的。当这部分完全破裂时，将成为该地区第七块崩塌的冰架。在2009年1月，南极调查局的戴维·沃恩博士(David Vaughan)亲自踏上这块冰架，"以观察其垂死挣扎"。他报告说，"使冰架固定在原位的大冰原厚度，目前达到最窄点，即500m宽。这随时会折断"（见图1.2）。

上述这些事实也成为廷德尔气候变化研究中心(Tyndall Centre for Climate Change Research)对于IPCC预测持有异议的部分原因，二者争论的焦点在于，全球变暖所产生的变化是渐增的，还是基于直线形的。廷德尔研究中心已经提出与政府间气候变化专门委员会结论不同的图形，考虑到了大冰原消融所产生的突发而严重的影响，以及与气候变化的关联；图1.3表明了这两种

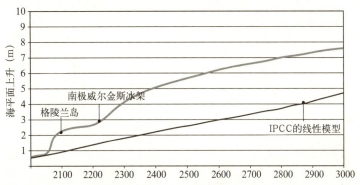

图1.3 与IPCC做出的线性预测相比，可能发生的突变
资料来源：兰顿等，2006年

---

① 这是一句英国谚语，形容一个明明存在的问题，却被人刻意地回避及无视的情形。——译者注

预设情景。从此,政府间气候变化专门委员会开始接受廷德尔研究中心提出的预设情景的正确性。

廷德尔研究中心已经提出一份关于各种气候变化造成的影响的临界点时刻表,其中包括格陵兰大冰原的消融,该研究中心指出,这一消融过程已经开始(见图1.4)。

气候变化可能是突变的这一观点,也得到了来自北极的间接证据的支持。这与"新仙女木事件"冷间期①有关,这一时期大约持续了1300年,在大约11500年前突然终止。该时期的昆虫和植物标本表明,冷间期的终止是戏剧性的。来自冰核的资料也强化了这一观点,这些资料表明,当时存在着气候突变,即在大约3年的时间里,温度上升了大约5℃。这是冰核证据展现出的众多急剧气候变化中的一个例子,使人们几乎无法自信地认为,在不久的将来类似这样的突变不会发生,其理由就是詹姆斯·汉森在前文提到的。

无可避免的暖化

汉森和同事们(汉森等,2007年)认为,地球的气候系统对于CO_2污染的敏感程度,是IPCC在其所做的跨越世纪的预测中认为的两倍。该研究由此得出的结论是,大气层中已经有足够的温室气体,足以使气温上升2℃。果真如此的话,就意味着我们这个世界将要承受的暖化程度,将造成"危险的气候影响"。该研究团队已经得出结论,"如果人类希望将这颗星球维持在类似于文明发展时期、地球上的生命能够适应的状态……那么,CO_2的浓度就必须从目前的385ppm②,减少到至多350ppm"。他们认为,唯一能达成这一目标的途径是,到2030年终止燃烧煤炭,以及通过种植热带森林和以农耕土壤的方式"积极地"削减大气层中的CO_2。

美国科学促进会的主席约翰·霍尔顿(John Holdren)也在奥巴马政府中担任要职,他强调了这一观点:"如果目前气候变

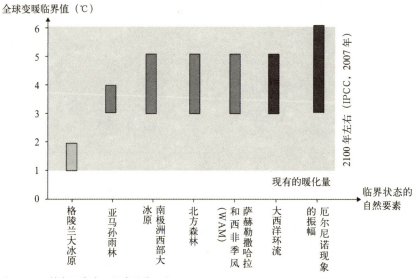

图1.4 廷德尔研究中心提出的临界点
资料来源:兰顿,2007年

---

① "仙女木"是寒冷气候的标志植物,用来命名北欧地区出现的寒冷事件。"新仙女木"事件是一个气候寒冷时期,持续约千年。开始时气温迅速下降,结束时气温又迅速上升,而降温及升温的时间只有几十年甚至十年,因此称为气候突变。这是由于全球海洋中的温盐环流关闭所致。——译者注

② ppm,百万分之一,是温室气体分子数目与干燥空气总分子数目之比,是体积浓度的表示方法。——译者注

化的步调持续下去的话,那么,在本世纪内,海平面上升4m(13英尺)的灾难,就成为可能出现的局面"[英国广播公司(BBC)访谈节目,2006年8月]。

从能效获益的乐观观点

政府间气候变化专门委员会的报告还有一个进一步的问题,这已经由皮尔克(Pielke)、威格利(Wigley)和格林(Green)三位科学家于2008年发表在《自然》(*Nature*)杂志上的一篇论文中得到了阐述,文中通过英国气候影响计划(UK Climate Impacts Programme-UKCIP)解释了这个问题。论文声称,政府间气候变化专门委员会低估了稳定大气层中 CO_2 浓度所面临的技术挑战。尤其是,IPCC发表的《排放预测特别报告》(Special Report on Emissions Scenarios-SRES)的演算假设是,将来的能效获益大大超过现实可能达到的,因而对于必须实现的减排目标只是轻描淡写。

皮尔克等认为,IPCC发表的《排放预测特别报告》所提出的预设情景,在短期内(2000-2010年)已经与近来全球能源密度和碳浓度的变化不相符。全球经济(中国和印度)的巨变与IPCC的《排放预测特别报告》所设想的近期状况迥然相异。这使得皮尔克等(2008年)"做出如下结论,即能源技术需要大量的进展,才能稳定大气层中 CO_2 的浓度"。

修改后的《斯特恩报告》

对政府间气候变化专门委员会的进一步打击,来自尼古拉斯·斯特恩(Nicholas Stern)。英国政府资助他撰写的一份报告,题为《气候变化的经济学——斯特恩报告》(*Stern Review on the Economics of Climate Change*),是基于IPCC的数据的。自从2006年该报告出版以来,斯特恩承认,他低估了气候变化所带来的威胁,正如政府间气候变化专门委员会的设想。他说,

排放量的增长大大超过我们的预期;地球的吸收能力低于我们的设想;温室气体的危险,可能大大超过了更为谨慎的预测;气候变化的速度似乎更快。

(斯特恩,2009年,第26页)

斯特恩得出结论:"新的科学分析已经表明,二氧化碳在大气层中累积的速度大大超过预期,在去年10月[2007年],科学家警告说,全球变暖将会'比预期更为剧烈,而且比预期到来得更早'"(2006年,第26页)。《斯特恩报告》建议,温室气体浓度必须稳定在二氧化碳当量(CO_2e)为450~550ppm之间。在2009年1月,斯特恩将这一极限修改为500ppm。

科学家倾向于仅仅讨论二氧化碳,因为这种气体是全球变暖的主要驱动力,而且也是已知与人类活动最相关的气体。这种气体占据所有温室气体的大约三分之二。另一方面,政治家和经济学家常常把所有温室气体合在一起考虑,然后以二氧化碳当量(CO_2e)来讨论。

这就意味着,将二氧化碳当量的浓度稳定在500ppm,也等于 CO_2 的浓度为333ppm。巧合的是,这一数值接近于詹姆斯·汉森(前文中提到)所设定的极限值,假使全世界要实现的气候稳定必须处在可容许极限内的话。而最新探测的 CO_2 浓度为387ppm。

这一观点得到了英国皇家学会(Royal Society)的支持。在2008年9月1日,该学会在《哲学交易A》(*Philosophical Transactions A*)中发表了一系列科学论文,文献的主题是将地球工程学作为应对全球变暖的一种途径。这就是本书最后一章将要论述的主题。现在,我们值得花些篇幅引用其作者谈论的展开这一研究的理由,这就是:"我们越来越看到,政府表现出无法应对立刻采取措施所呈现的紧迫性,这些措施无疑将引导我们这颗星球达到安全的平衡点。"在艾丽斯·鲍斯(Alice Bows)和凯文·安德森(Kevin Anderson)撰写的一篇论文中(安德森和鲍斯,2008年),他们声称,"政治家

严重低估了气候挑战的规模"。例如,"今年的G8峰会许诺到2050年将全球排放量削减50%,努力将全球变暖限定在2℃,这根本就缺乏科学基础,而且有可能导致'危险的、虚假的'政策出台"。

此外,这些作者质疑碳排放量稳定在450ppm的现实机会。他们断言,排放量的增长如此之迅猛,有可能在2015年达到峰值,然后为达到CO_2浓度稳定在450ppm,必须以每年6.5%的速率减低排放量。这样或许有可能将气温的上升限制在2℃。

从原因到结果

在汉森的观点中,隐含了需要进一步关注的原因,即地球已经受制于平均升温2℃的状态(汉森等,2007年)。这是由于时间上的滞后效应。在一个庞大的地球物理系统中,如地球及其大气层,受制于全球变暖这样的变化,在原因和结果之间势必存在着时间上的滞后。我们必须区分地球升温(global heating)和全球变暖(global warming)这两个概念。前者是指从太阳辐射获得的能量。全球变暖是指太阳辐射被反射回太空,在这一过程中大气层温度上升的结果,这主要是由于温室气体的"保温"效应。

根据"子午线计划"(Meridian Programme)的主任戴维·瓦斯戴尔(Wasdell)的观点,在所有的结果呈现出来之前,有大约50年的时间滞后期(瓦斯戴尔,2006年)。根据詹姆斯·汉森的观点,在最初几年中,大约能感受到30%的后果。

这一点的潜在意义是,我们现在所体验到的后果,是20世纪60~70年代温室气体积聚的浓度所产生的结果。据瓦斯戴尔的推测,如果现在就使温室气体的浓度稳定下来,全世界仍然会面临着比现在所体验到的温度变化增强四倍的后果。他推测说:"如果从1970~2000年之间温度仅上升0.7℃的情形下,暴风雨所蕴含的能量已经翻了一番,那么,如果温度升幅增加四倍,暴风雨的能量又将是怎样的呢?这种升温幅度的效应已经存在于系统中了。危险的气候变化现在已是无可避免的了。"

全世界CO_2排放量纪录

尽管发展中国家做出了全球性努力,但是,CO_2排放量几乎没有显示出下降的迹象。事实上,自2000年以来,来自于化石燃料的碳排放量增长了22%。在本世纪这十年中,美国的排放量增长大约4%,欧盟国家增长大约3%。印度的排放量增长是8%,而中国增长了57%。来自化石燃料的排放,占所有CO_2排放量的74%,和所有温室气体排放量的大约57%。在2008年,中国的化石燃料产生的排放量超过了美国。无论是从实际的角度,还是从道德的层面,西方国家都绝不可能有权力说服中国,将年经济增长率大幅度减小,退回到6%~10%。因此,仅就这一个原因,大气层中CO_2的浓度必定持续增长。

韩国浦项科技大学(Pohang University of Science and Technology)的基塔克·李(Kitack Lee)教授于2009年1月发表了一份研究报告,但是,这并没有使事情出现任何转机。他在报告中确认了如下的预测,即升温后的海水吸收CO_2的能力会下降(李,2009年)。对日本海的气体含量的测定表明,海水的吸收率突然呈现巨大的下降。这一研究揭示出,在1999~2007年间海水所溶解的CO_2,只达到1992~1999年间记录量的一半。

最终的预设情景

根据环境、食品和乡村事务部的首席科学家鲍勃·沃森(Bob Watson)的观点,英国应当开始为全球平均气温比工业革命前上升4℃所产生的后果,做好计划和准备(沃森,2008年)。在这一观点上,他得到了英国政府前任首席科学家戴维·金爵士(David King)的支持,其论证的基础是,即便全世界达成协议,使大气层中CO_2的浓度水平维持在低于450ppmv(百万分之体积单位),仍然有50%的可能性使气温升幅超过2℃,

这是与 450ppm 相关的一个数值。甚至有 20% 的可能性，升幅会超过 3.5℃。金爵士建议说，"即便从最好的可能性来看，全世界达成了一致来减少温室气体的排放，从理性的角度来说，你也应当准备好这 20% 的风险，因此，我认为鲍勃·沃森将这一数值确定为 4℃ 是正确的"。

《斯特恩报告》在这一问题上更为深入。报告中说：

> 最近的科学研究提出，如果温室气体的排放量持续增长，正反馈循环将温室气体的暖化效应放大（例如，从土壤中释放的 CO_2 和从永久性冻土带中释放的甲烷），那么，地球的平均温度升幅甚至会超过 5 或 6 摄氏度。全球温度的这种升幅，就相当于最后一个冰川期与现今之间的全球升温的总和。[这种]后果可能是灾难性的
>
> （斯特恩，2006 年）

而且，如果这样的预测是正确的，那么，这些效应就远远超过了目前气候模型的计算能力。

4℃ 的预设情景

全球升温 4℃ 的可能性，不仅取决于由人类活动释放到大气层中的 CO_2 数量，而且还取决于全球气候对于温室气体的敏感性。它还取决于临界点的影响和时间表。正如前文所述，根据廷德尔研究中心的观点，温度上升在 1~2℃ 之间的时候，格陵兰岛大冰原就会崩塌。有些气候模型的预测表明，到 2100 年将升温 4℃；而另一些模型则预测，这将发生在 2050 年。

有一种观点认为，这颗星球平均升温 4℃，"将使这颗星球变得完全超越所有人类经验所能设想出的景况"，而且，"升温 4℃ 实在是轻而易举就可能发生的"[文斯（Vince），2009 年]。

最后一次这样幅度的升温，是发生在距今 5500 万年前的古新世－始新世最热事件。全球平均温度上升了 5~6℃，导致了先前冰封在海床的甲烷水合物，或者叫做可燃冰（clathate）的迅速释放。CO_2 的快速释放，导致南北两极变成了热带森林；海洋由于吸收了如此之多的 CO_2 而变得酸化，实际上成了死海。这导致了海洋生命的灾难性突然消亡。而海平面上升到比今天高 100m 的水位。这就是如果所有陆地冰都消融后，这颗星球的预后情景。

关于升温 4℃ 所造成的影响的近期预测

影响最严重的地区是介于南北纬 30° 之间的热带地区——大约占据全世界土地面积的一半。这些地区的大部分将要变成沙漠。根据上述发表在《新科学家》(New Scientists) 上的文章，这将包括非洲和亚洲的大部分地区（文斯，2009 年），美国中部和南部的大部分地区将变成无法栖居的沙漠，中国某些地区①也是如此，这些地区部分已经沙漠化（见图 1.5）。南美洲也将几乎完全不适宜居住。

从积极的方面来看，西伯利亚、俄罗斯北部、斯堪的纳维亚和加拿大将拥有宜人的气候，其适宜的条件将能够种植全世界大部分的口粮作物。甚至南极洲西部地区和格陵兰岛西部也将变成可居住地区。

从能源的角度来看，沙漠的广阔区域可以发展太阳能，尤其是北非和中东地区、美国中部地区和澳大利亚。曾经有科学家计算过，约旦、利比亚和摩洛哥的全部领土

---

① 本书原版此处是 "southern China"，作者引用的文献中出现了一个地理方面的错误，引文的作者错把中国敦煌列为中国南部地区，见图 1.5。在此，译者向本书作者指出这一错误，作者希望在中文版中将此错误更正，因此，改为 "some part of China"。——译者注

图1.5　中国西部敦煌附近不断侵蚀的沙漠
资料来源：作者，根据《新科学家》

面积为11万 km^2，如果用来安装光伏电池和／或太阳能发电塔，所输出的电力足以满足全世界电力需求的50%～70%。如果在2010年上马这样一个项目，那么，到2020年，可以实现每年发电55太瓦时（TWh，即 $10^{12}W$）[惠勒（Wheeler）和乌每尔（Ummel），2008年]。

气温上升加上海平面上涨，将导致世界上众多大城市的搬迁。根据这一预设情景所得出的结论是，人口的迁徙使人们必须在温带气候区发展高密度、以高层建筑为主的城市。

海平面

在前文提到的詹姆斯·汉森认为，CO_2的浓度达到550ppm（在撰写本书时，这一浓度值为387ppm）"将是灾难性的，无疑将导致出现一颗完全没有冰雪的星球，海平面比[目前的]高80m"。假使全世界未能就减少排放量的增长达成共识，550ppm就不是"或许可能"（possible），而是"很有可能"（probable）。例如，中国将追求经济增长，即便这意味着大气层中的碳排放量将达到700ppm。

根据埃克塞特大学（Exeter University）著名的气候科学家彼得·考克斯（Peter Cox）的观点，"气候学家倾向于分为两个阵营：有一部分持谨慎态度，他们说，我们要削减排放量，甚至不愿意去考虑全球气温的不断升高；另一部分人告诉我们赶快逃之夭夭，因为我们所有人已经注定完蛋……而我持中间态度。我们不得不接受气候变化是无可避免的这一事实，并且从现在就开始去适应这一状况"（引自文斯，2009年）。这段话概括了本书的立场。

在2008年，马克·利纳斯（Mark Lynas）率领了一个研究团队，探讨了基于不同的 CO_2 减排效果的三种预设情景。即使在最乐观的一组中，利纳斯得出这样的结论：

> 我们所能设想的在政治方面似乎是有道理的预设情景，现在看来，无一能将全球气温上升维持在两度的极限之下，而这正是欧盟和英国的官方目标。这意味着，所有的预设情景中，都将会看到北极海冰的完全消融；亚热带地区不断扩

张的沙漠和水资源日趋紧张；极端气候和洪涝灾害；安第斯山脉和喜马拉雅山脉冰川的融化。因此，我们更应关注适应：这是人类社会将不得不应对的气候影响，而不管在政治层面会发生什么。

(利纳斯，2008年)

有一些理由可以说明为什么升温4℃的预测结果应当认真考虑，并且相应的调整适应性政策。我们可以理解然而也感到不幸的是，政策性文件似乎都是基于IPCC发表的《排放预测特别报告》中包含的预设情景中的假设，这些假设现在已经过时了。由于在2008年人们估计，大多数地球人口将居住在城镇，那么，紧急调适的一个重点就应当是建成环境，这一点无疑是至关重要的。接下来的任务就是，对于预测中的这种排放预设情景所产生的气候影响展开讨论，为建筑物和城市基础设施应当如何为这种似乎无可避免的局面做好准备提出建议。现在局势似乎相对平静。为未来的暴风雨做好准备，远远好过沉浸在暴风雨来临前的平静中。

**4℃以及更高的升温幅度：
英国气象局的一份声明，2009年9月28日**

英国气象局(Met Office)哈德利中心(Hadley Centre)气候影响主任理查德·贝茨博士(Richard Betts)在牛津大学举办的本月特别会议中，提出了新的科学发现，会议的主题是"4℃以及更高的升温幅度"，与会者是130位来自全世界的科学家和政策专家。这是第一次考虑气候变化超过2℃所造成的全球性后果。

贝茨博士说，"全球平均升温4℃，也可以理解为，在许多地区温度升幅更高，还有降雨量的重大改变。如果温室气体排放量不能很快削减的话，我们可能在今生就能亲见重大的气候变化。"

在一些地区，温度升高的幅度会非常大(10℃或更高)。
- 在高排放预设情景中，南极洲的升温幅度可能达到15.2℃，冰雪的融化将加强这一升温现象，导致吸收更多的太阳辐射。
- 对于非洲，西部和南部区域有可能既经历大幅度的升温(接近10℃)，也同时经历严重的干旱。
- 在有些地区，降雨量将减少20%，尽管干旱的程度有所差异。所有的计算模型都表明，整个非洲的西部和南部、中美洲、地中海地区和澳大利亚海岸部分地区的降水量都将减少。
- 在其他地区，例如印度，降水量将增加20%或者更多。增长的降雨量将增加河流泛滥的危险。

第 2 章
气候变化可能的未来影响

暴风雨和洪水

在 2008 年,英国的环境、食品和乡村事务部(Defra)颁布了一份政策性文件,题为:《适应英格兰的气候变化——行动框架》。

这份报告的开头部分陈述了这样的事实,即自从有记载以来最热的十个年份中,有七个年份出现在 1990 年之后。除了直接受害者以外,保险业承担了灾害性气候所带来的代价的主要冲击。在 1998~2003 年之间,索赔翻了一番,超过 60 亿英镑。英国保险协会(Association of British Insurers-ABI)预测说,到 2050 年,这些费用将增长三倍。

经济学家尼古拉斯·斯特恩(斯特恩,2006 年)已经得出结论,在 CO_2 高排放预设情景(HES)——先前的"照常营业"(BaU)预设情景中,全世界国内生产总值(GDP)的损失将达到每年 5%~20%,并且会永远保持下去。这与世界人口的增长是相似的。此外,不论全世界在 CO_2 减排方面做得多么成功,我们都将要承担 30~40 年的全球升温和海平面上升的后果。在过去六年中,已经出现了许多值得注意的极端事件:

- 2003 年夏天:整个欧洲额外死亡 56000 人,而英国东南部气温接近 35℃。
- 2004~2005 年:整个欧洲经历了严重的干旱。
- 2005~2006 年:极为严重的山洪暴发,例如,在博斯卡斯尔(在环境、食品和乡村事务部的报告中未提及)。
- 2007 年:未曾预料的洪水,尤其是在设菲尔德,以及南约克郡和格洛斯特郡。
- 2008 年:印度比哈尔邦遭遇历史上最严重的洪涝灾害,10 万 hm^2 的土地——大部分是农业用地——遭受水淹,到目前为止,估计死亡人数为 2000 人。

为了理解这对建成环境这意味着什么,必须更为详细地论述预期中的主要影响,例如,暴风雨。正如前文所述,预测的基础是 CO_2 高排放预设情景(HES)。

暴风雨

许多国家已经采用了蒲福风级(Beaufort Wind Force Scale)作为测定风速的标准,这一体系最初是为船员设定的。该标准分为 1~12 级,风力从 7 级(50~61km/h;31~38 英里/小时)开始应当引起人们的关注。风力 10 级是大风,风力 12 级是飓风(118km/h;73 英里/小时)。风力 12 级相当于飓风等级(见下文)中的第 1 级。有些国家,从中国开始,已经将风级扩展到 17 级,以便可以包括热带飓风。

猛烈的暴风雨

在 2008 年 8 月快要结束的时候,名叫"古斯塔夫"(Gustav)的飓风从热带海域聚集了能量,向北部进发,即将进入美国。曾经记录到的风速达到 150km/h,达到第 4 级风暴,接近第 5 级。这使得新奥尔良市长下令全城撤离。幸运的是,最终风暴减弱为第 1 级,而且只是扫掠过该市,造成的影响不大,然而,奥尔良市居民对飓风卡特里娜(Hurricane Katrina)的威力,仍然记忆犹新。

猛烈的暴风雨都有各自的名称。风速超过 39 英里/小时,就称为风暴;这时气象学家就会为每一个风暴命名。如果风速超过 74 英里/小时,对于大西洋上形成的风暴,就称为热带气旋或飓风。同样的风速,在西北太平洋生成的就称为台风,在印度洋生成的就称为气旋。飓风分为五个等级，叫做萨菲尔－辛普森（Saffir-Simpson）等级分类：
- 第1级，74～95英里／小时（119～153 km/h）
- 第2级，95～110英里／小时（154～177 km/h）
- 第3级，111～130英里／小时（178～209 km/h）
- 第4级，131～155英里／小时（210～249 km/h）
- 第5级，156英里／小时（250km/h）及以上

总的来说，是海表温度（sea surface temperature-SST）触发了飓风，当海面温度超过26℃时，就可以形成飓风。在2004年4月，美国佛罗里达州出乎意料地四度遭受飓风袭击。在日本，有10次台风侵袭，刷新了四次历史纪录。然后，2005年成为创纪录的飓风季，其高潮就是卡特里娜和飓风丽塔（Rita）；卡特里娜飓风的袭击几乎将新奥尔良市毁坏殆尽。看上去暴风雨强度和频度的不断增加，似乎与全球变暖有关联，现在已经确信无疑了。但是，这一确定性又被下述事实削弱了，即2006年不同寻常地平静，这使气象学家构建的理论一时众说纷纭。

许多年来，科学家设计出越来越复杂的模型来研究飓风的形成。正如前文所述，飓风的形成需要温暖的海水，因此，大多数飓风生成于热带。全球变暖使海水温度上升，然后，导致蒸发量增加。这两个因素就可以产生这类风暴的涡旋运动特征。海水温度的些微升高，就可以使得小小的热带扰动（tropical disturbance）变成一场飓风。

在2008年9月，美国得克萨斯州加尔维斯顿港遭到飓风艾克（Ike）的袭击，其强度堪与卡特里娜相比。这次飓风未得到媒体的充分报道。但是，飓风艾克在得克萨斯州海岸线造成了210亿美元的损失。加尔维斯顿市四分之三的建筑物遭受水淹，造成23亿美元的索赔金额，这笔资金来自联邦基金。海平面上升和猛烈的暴风雨，对墨西哥湾沿岸和大西洋海岸越来越造成严重的威胁，这种威胁如此之甚，以至于人们不禁质疑，像加尔维斯顿这样的海滨城市是否还应当存在下去。人们一再争议说，面对气候变化越来越严重的影响，政府资金再不应当用于反复重建这些易于受灾的城镇。

除了海域的总体升温，飓风生成的条件中还涉及第三个因素，即季节性的海洋现象——厄尔尼诺（El Niño）。这一现象的出现会导致热带太平洋海域的升温。如果在洋流和气流之间出现耦合，那么，这一作用就会加强。在2004～2005年，厄尔尼诺现象比较弱，热带大西洋海域出现了晴朗的天空和适中的风速。因此，蒸发冷却的作用就比较小，使海洋温度仅仅上升了0.2℃。到那年夏天的时候，厄尔尼诺现象已经萎缩，使大西洋上的风切变降低到最低限度，因此，为飓风的生成提供了丰厚的条件。与此相反，造成太平洋降温的拉尼娜现象（La Niña），在2005～2006年的冬天控制了局势。接着，这就导致了北大西洋更强烈的信风，从海洋中把热量带走。

在2006年夏天，厄尔尼诺现象又开始形成，使大西洋上的风切变更为强烈。总之，与2004～2005年相比，较低的海表温度与不合适的风况条件，从根本上改变了热带大西洋区域的状态。

我们从中看出的最重要的模式是：自从1995年以来，达到能够命名强度的风暴和飓风的数量稳定增长。这种增长与北纬10°～20°区域——大量生成飓风的区域——的海表温度上升是一致的。这种趋势是显而易见的，但是，同样显然的是，厄尔尼诺和拉尼娜现象也会在系统中形成短时的摇摆。

在此需要提请人们注意的是，北部欧洲对于风暴所带来的强劲龙卷风的袭击是毫无抵抗之力的，这样的龙卷风曾经袭击了靠近比利时边界的法国小镇欧蒙。在2008年8月，一场风暴横扫这座小镇，将其夷为平地，造成人员伤亡。这形象地表明了，甚至在北部

欧洲，风暴都可以摧毁坚固的传统石砌建筑。

在 1987～2003 年之间，英国因风暴袭击造成了 150 人死亡，以及 50 亿英镑的保险损失（英国保险协会，2003 年）。到 2100 年，据估计英国所遭受的强劲冬季风暴将增加 25%。在过去的 50 年中，我们可以从苏格兰和爱尔兰地区很明显地看到这种渐强的趋势。

关于气候变化的这些进一步证据是否是由于全球变暖造成的呢？气候科学家认为，气候变化可能不会增加猛烈风暴的发生率。实际上，风暴的数量可能会减少。他们能够肯定的是，将会发生更多的、规模更为猛烈的风暴。风暴数量可能会下降的理由是，因为强度在第 3～5 级的飓风从海洋中抽取了大量的热量，所以，使这种循环持续下去所需的生成条件被延迟了。

世界自然基金会（Worldwide Fund for Nature–WWF）在一份报告中，披露了一项研究成果，该课题研究了欧洲西部和中部地区风暴活动的潜在增长，这是假定全世界继续行进在"照常营业"（BaU）预设情景

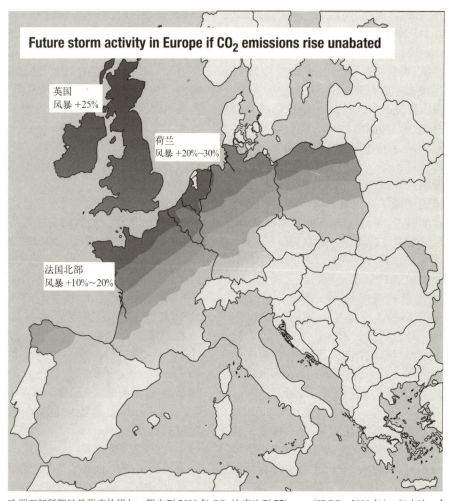

欧洲西部预期风暴强度的增加，假定到 2090 年 CO_2 浓度达到 771ppm（IPCC，2000 年）。相应地，全球平均气温比工业革命前上升 3～5℃。

图 2.1　如果 CO_2 排放不减弱的话，欧洲未来的风暴活动
资料来源：世界自然基金会（2006 年）

第2章 气候变化可能的未来影响

的道路上（世界自然基金会，2006年）。这一预设情景所预测的是，几乎不采取措施减少CO_2排放，到2100年，将导致大气层中CO_2的浓度超过700ppm（政府间气候变化专门委员会，2000年）。

北大西洋是欧洲西部和中部冬季风暴的发源地。随着CO_2浓度的上升，全球升温是无可避免的，那么，由于大气层中所包含的能量越来越多，将会导致更强劲的风暴。世界自然基金会的报告得出结论说，英国作为暴露在大西洋中面积最大的国家，再加上爱尔兰，将经历风暴频度和强度的最大增长。在未来30年时间内，这个国家将要遭受的强劲风暴的数量将会增加10倍。最大风速将会增长16%。荷兰将遭受的风暴强度和频度的增长列于第二位，最高风速增加大约15%。法国可以预期遭受排位第三规模的严重风暴（见图2.1）。

洪水

在2007年，英格兰的南约克郡、亨伯赛德郡和格洛斯特郡都遭遇了前所未有的洪水袭击。在设菲尔德，唐河冲破了堤岸，淹没了该市的许多地区，从市中心到梅多霍尔（Meadowhall）超级购物中心综合楼。很多商业企业受到影响，一些大型公司就此破产。河水的泛滥淹没了该市的一些主干道，包括城市地标威克桥（Wicker Bridge）。对于设菲尔德市来说，部分可以归咎于这样的事实，即像梅多霍尔购物中心这样的大型开发项目，以及在潜在的洪泛地上进行建造或铺路，增加了雨水径流。

在这一区域的居住小区内，例如，托尔巴（Toll Bar）住区，许多住户在16个月后仍然不能重返家园，这是由于极为缓慢和不到位的修复工作所致。有些家庭这么长时间居住在活动拖车内，引发了严重的健康问题。

在2007年，在整个英格兰地区，有48000户住宅和7300家商业企业遭受洪水侵袭。在这种情形下，水库大坝受到威胁，就在设菲尔德市区以外，阿利（Ulley）水库发生溃堤，差一点就要发生灾难性的大洪水。

在整个英格兰东部，一个月的降雨量集中在24小时内倾斜而下，淹没了大约50 km^2的地区。那些受到此次灾难影响的人无需说服，就会相信气候变化的事实。数周之后，在格洛斯特郡，著名的杜克斯伯雷大教堂（Abbey at Tewkesbury）一度成为避难的孤岛，因为整个小镇都被淹没了。

在2008年，迈克尔·皮特（Michael Pitt）爵士发表了一篇评论，内容涉及与这些洪水灾难幸存者的详细访谈记录，并且提出了相应的建议。归纳起来，包括以下几点：

- 必须"在洪水预警方面实施巨大的改变"。这只有通过环境署（Environmental Agency）与气象局更为紧密的合作，以及改进所有形式的洪水模型才能做到。公众还必须更为信任来自官方的信息。
- 环境署必须扩展其权责范围，而地方议会必须增进技术力量，以便在抗洪监管中起领导作用。
- 这次事件强调了有必要加强责任机构之间的协调，包括负责水电供应的机构。重要设施必须得到更为妥善的保护（正如格洛斯特郡洪灾所证明的，这也是饱受诟病的）。私营公司应当更多参与进来，以便共同策划当大坝或者水库溃堤时，如何保护人员安全。
- 最后一点，我们必须多多学习国外的优秀实践，在这些案例中，人们能够就保护家人和住宅得到建议。必须通过教育和公共计划提升人们对此的意识水平。

具有讽刺意味的是，英国政府的《未来洪水的预测报告》（Foresight Report on Future Flooding）发表之后，这次洪水灾害就紧跟其后发生，这是在2007年全世界发生的200次洪水灾害中代价最昂贵的一次。

2004年《预测未来的洪水报告》

《预测未来的洪水报告》（Foresight Future Flooding Report）是一份由多学科专家进

行详细研究而撰写的报告,领导人是政府首席科学家戴维·金爵士。报告的开篇评估了未来的洪水威胁和由此产生的代价。我们在此引用一段报告:

> 沿着英国的河口和海岸线的洪泛地上有将近200万幢房产,可能面临河水泛滥或海岸洪水的威胁。城镇中有八千幢房产面临倾盆大雨造成的城市排水管网的涝灾——所谓的"城市内涝"(intra-urban flooding)。仅仅在英格兰和威尔士,就有超过400万人口和价值超过2000亿英镑的房产面临威胁。
> [英国贸工部(DTI),2004年,第12页]

如果平均气温超过1990年气温水平2℃的话,那么,就有成百万的人口面临着海岸洪水的威胁(见洪水地图)。当升温幅度在1.5～2.5℃时,所有物种中的20%～30%将濒临灭绝。

根据独立环境风险评估专家格朗德舒尔(Groundsure)(2008年)的研究,戴维·金所作出的英国有220万户住宅和小型商业企业面临洪水威胁的估计,是准确的。伦敦地区在全国有着最高的风险百分比。

舆论也越来越一致认为,英国将遭受越来越多的山洪暴发,这是由于"热带风暴降雨"(tropical storm rainfall)所引起的,例如2004年8月16日摧毁了博斯卡斯尔村庄的山洪暴发。

降雨

英国很幸运拥有位于埃克塞特的气象局哈德利研究中心。这是一个世界级的气候变化研究中心,尤其是现在该中心拥有一台世界上功能最强大和运算速度最快的超级计算机。这使该中心能够运行更为复杂的气候模型,使科学家能够对预测假设中不确定性的评估更为精确。对于英国来说,冬季降雨量预期会增加将近30%,尤其是在南部,由此增加了洪水的危险性。然而,夏季降雨量可能会下降近50%,而且也主要是在南部。严重干旱发生的几率有可能上升,使供水受到威胁。

从全球的范围,哈德利研究中心对于1960～1990年间平均降水量与2070～2100年间平均降水量的变化进行了建模。这个模型不仅包括了某些地区降雨量的增长,也包括了未来可能的严重干旱,尤其是在非洲中部。

未来洪水的代价

根据前任政府首席科学家戴维·金爵士的观点,如果在2008年防洪监管政策和财政预算仍旧保持不变的话,那么,根据高排放预设情景(HES),在英国有可能预期出现以下这些洪水事件:

- 在高排放预设情景中,每年为洪水灾害付出的代价不断增长,到2080年,将达到270亿英镑;
- 假设防洪监管策略和财政预算保持不变的话,到21世纪80年代,年平均维修费用将达到大约280亿英镑;
- 全英国用于洪水影响的年平均维修费用,占GDP的百分比:2%。

对城市基础设施的影响

到21世纪80年,在CO_2高排放预设情景中,面临城市内涝高危风险的房产数量将达到大约38万幢。每年用于维修的费用将达到大约150亿英镑。与此同时,每年遭受侵蚀的海岸线平均长度预计为140～180m,导致每年用于维修的费用计1.25亿英镑。

目前面临河流和海岸洪水高危风险的人员数目,总计有160万。到2080年,在CO_2高排放预设情景之下,即浓度达到700 ppm的情形中,这一数字将上升到230万～360万之间;现在有20万人面临短期洪水威胁;到2080年,这一数字有可能高达70万～90万。

《预测未来的洪水报告》的建议摘要

在高排放预设情景中，发生洪涝灾害的可能性将大大上升……如果我们能够实现低排放预设情景，我们可以将平均灾害损失程度减少25%……削减气候变化的幅度本身，并不会解决我们未来所面临的洪水问题，但是，可以大大地改善情况。

（预测未来的洪水报告，第39页）

城市面临的挑战

城市所面临的洪涝威胁，可能是我们未来面临的最大挑战，也是充满了最多不确定因素的领域。

（预测未来的洪水报告，第40页）

并不存在简便的解决办法。如果决定在受洪水威胁的地区建造房屋，那么，必须认识到所付出的代价，并提前做好准备。

（预测未来的洪水报告，第41页）

我们的策略或许是要求开发商提供适当的防洪措施，由此，以市场力量来决定新住宅的建设地点。然而，开发商的策略又应当依据什么样的防洪标尺来衡量呢？目前所提供的措施足以抵御未来的气候变化吗？开发商需要对防范措施进行多长时间的维护？一般提到的时间期限是50年。如果防洪大堤决口，由谁来付费维修？承保公司可能会寻求补偿，或者，那些未参加保险的人可能诉诸于共同起诉。保险可能成为一个主要的考虑事项，而2007年洪水受害者的续保保险费已经显示出相当程度的上涨。《预测》（*Foresight*）报告说道："如果保险市场从英国的大部分地区撤回赔偿，或者如果出现重大的洪涝灾害，其严重程度是保险市场无法赔偿的话，那么，政府可能必须考虑如何应对这种成为最后赔偿承保人的压力"（第45页）。

最后一点，有证据表明，英国有可能受到最近发现的射流——从东向西的高空高速气流的影响。这有可能导致夏季高温，同时伴随更强烈的降雨和洪水灾害，而冬天则更加温暖潮湿。2007～2008年正是如此。如果射流这种反常现象持续不散，那么，有可能意味着长期预测模型将不得不进行修正。"所有适应性策略都必须了解射流的变化方式……关键问题在于：由于射流的影响，我们的气候会如何改变？将之彻底搞清楚，会使我们能够适应气候的变化；搞不清楚射流状况，就等于是灾难"［彼佩尔（Pieper），2008年］。

海平面上升

对于到本世纪末有可能发生的海平面上升的程度，仍然存在着争议。这种不确定性还混合着这一事实：即海平面也受大气压力的影响。在英国，这可以由1953年的风暴潮来证明。这是英国在现代首次尝到猛烈风暴潮的滋味。这次受灾尤其严重的是肯特郡、埃塞克斯郡、萨福德郡、诺福克郡和林肯郡的沿海地区。超过600km^{2}的地区受淹，307人死亡。浪涌的形成，是由于极端低气压和强劲风力的共同作用，加剧了大潮所引起。这次真正不同的特点在于，低气压导致海平面上升了大约半米。

诺福克海岸内的低地，被认为是受海平面上升和风暴潮影响的高危地区。在2003年，有人警告说，一大片一级农业用地将会受到洪水污染，其中位于沃什湾附近83%～100%的土地，将无法用于耕种（见图2.2）。

英国最大的土地拥有者是国民信托有限公司（National Trust）。该机构管理着一些英国最美丽的海岸景观地带，他们得出结论说，有些地区已经彻底改变了，有些已经彻底消失了。这是因为该信托公司认为，再也不可能阻止海平面的上升，以及防止海岸受

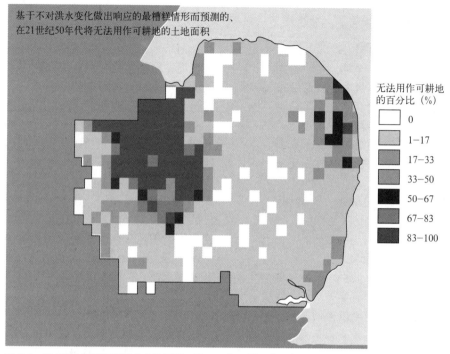

图2.2 到2050年诺福克郡的土地面积，图示面临无法用作可耕地威胁的土地比例
资料来源：米德尔塞克斯大学洪水灾害研究中心 R·尼科尔斯和 T·威尔逊提供

到侵蚀了。在2008年9月，该机构提出10个沿海"热点"位置，证明了气候变化威胁着信托公司拥有的70个景点这一问题。

促使该信托公司做出这样的结论的，正是不断上涨的维修费用。例如，该机构声称，在康沃尔郡仅一处景点，就需要花费600万英镑建设防波墙，然而只能维持25年。该信托公司做出的这份声明，强调了随着气候改变愈演愈烈，很多地方当局和各级政府将要面对的局面，而不仅仅是大伦敦区。

风暴潮的威胁

在2005年，英国气象局哈德利研究中心编制了一份报告，评估了到2080年，整个欧洲西北部将遭受风暴潮淹没的风险。报告指出，泰晤士河口处于高危地区，使大伦敦区面临未来洪水的严重威胁（见图2.3）。

当戴维·金爵士在担任政府首席科学家时，曾经预测过，如果全球变暖以目前的速率持续发展下去，伦敦将会因海平面上升而完全被淹没。他的担忧来源于南极冰核的研究发现，即在冰川时期大气层中 CO_2 的浓度为200ppm。在12000年以前，地球处于冰川鼎盛时期，在那时，海平面比目前的水平低150m。当 CO_2 浓度达到270ppm时，就会产生一个暖期，并导致冰雪融化。根据金爵士的报告，来自夏威夷毛纳洛天文台的最近测量结果（2008年3月）表明，大气层中 CO_2 的浓度为387ppm，并且以每年3 ppm的速度在继续上升 [引自《伦敦旗帜晚报》（London Evening Standard），2004年7月14日]。

自从戴维·金发出警告之后，全球变暖的影响已经呈加速状态，正如在第1章所讨论的。这意味着警钟应当在诸如伦敦和纽约这样的城市里长鸣。对于伦敦来说，唯一的中长期解决之道，就是建造河口拦潮坝，这同时也能产生可观的电力（见图2.4）。假使目前的水闸由于一次风暴潮的侵袭而遭灭

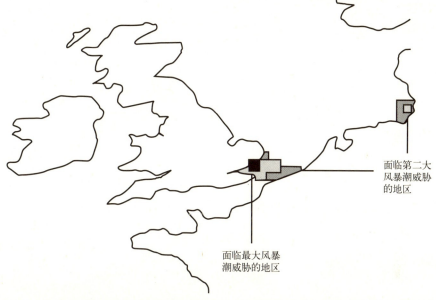

图 2.3　到 2080 年，欧洲西北部面临的风暴潮威胁
资料来源：根据哈德利研究中心的图表绘制

顶之灾，那么，对于伦敦造成的代价将是 300 亿英镑。

在上一个冰川期结束的时候，融化的冰雪导致海平面每 100 年上升大约 1m。根据位于纽约市的戈达德研究所的观点，导致海平面以这种速率上升的力量，"可以与我们在本世纪所体验到的力量相提并论"[施密特（Schmidt），2008 年，第 12 页]。一些科学家现在相信，到 2100 年海平面将上升 1m 是过于低估了气候变化的影响。廷德尔研究中心曾经发表一张直方图，从受威胁的国家和人口方面来预测这种影响究竟意味着什么（见图 2.5）。

气温

由于使用最先进的计算机，气候变化建模过程中的不确定因素已经日趋减少，尽管如此，仍然有人利用剩下的不确定因素大做文章，将其作为"再等等看"（wait and see）的理由。然而，毫无疑问的是，全球气温平均来说将会上升，尤其是在最近这几十年内。

英国气象局规定，标志热浪袭击的起始温度是 32℃。1973 年的夏天仍然保持着热浪侵袭的历史高温纪录，即在一处或多处地区，连续 15 天气温超过 32℃。[《全国灾难风险登记簿》（*National Risk Register*），英国内阁办公室（UK Cabinet Office），2008 年]。2003 年又是一个酷暑，据估计，在英国由于热浪侵袭导致的死亡案例增加了 2045 例。正如前文所述，在整个欧洲，这一数字据称达到 56000 例。

对于住宅这样的终身投资而言，现在就为应对高排放气候预设情景的影响而投资在防御性措施上，意义十分重大。这样做比极端事件发生后，诉诸于维修措施要更具有成本效益，而且效率更高。英国城乡规划协会（Town and Country Planning Association-TCPA）曾经举例说明了这种"极端事件"：

我们必须适应气温高达 40℃ 的城市。如果不采取强有力的行动，我们将会看到英国很多城市在夏季有相当长的时间超过 40℃。这一

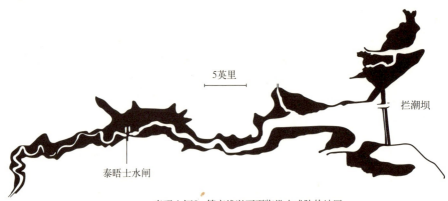

图 2.4 泰晤士河流域：5m 等高线以下将面临风暴潮威胁的地区，有充分而急迫的理由必须建设河口拦潮坝

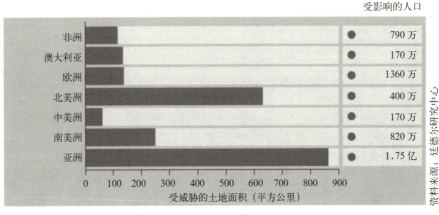

图 2.5 受海平面上升 1m 威胁的土地面积和人口规模
资料来源：廷德尔研究中心

情形将产生深远的社会、经济影响，更不用说环境方面的影响，成为破坏城镇作为生活工作场所的长期适宜性的威胁。

[罗伯特·肖（Robert Shaw），政策和项目部（Policy and Project）主任，2007 年]

正是 2003 年和 2006 年炎热夏季的持续高温，预示了将来的夏天会是什么样的。这样的高温在将来可能是家常便饭。现在就提议住宅设计能够抵御夏季白天 40℃ 高温，和夜间 35℃ 高温，是否为时过早？具有讽刺意味的是，建筑规范强调的重点一直都是通过保温和高水平气密性，来削减空间采暖的需求，而另一方面，所有的线索都指向更温暖的冬天和非常炎热的夏天。后面的章节将讨论这种可能性意味着什么。

根据荷兰皇家气象学会（Royal Netherlands Meteorological Institute）的安德烈亚斯·施特尔（Andreas Sterl）率领的研究团队的观点，随着气候变化愈演愈烈，气温峰值的上升幅度可能达到平均温度升幅的两倍。他们的结论是，在纬度 40° 之内的任何地区,在每十年内,都有10%的几率经历超过48℃的极端高温。他们还说,2003年40度纬度以内地区所经历的高温,在未来会是家常便饭(施特尔,2008年)。

英国气候影响计划(UKCIP)所开展的研究做出了预测,在最糟糕预设情景[全世界以市场为驱动力(World Markets),IPCC高排放预设情景]中,到2080年,英国中南部的夏季气温将超过平均水平4.5℃。在冬季,这些地区气温将上升3~3.5℃。

热岛效应

城市区域可以调节局地气候,而城市热岛效应(urban heat island-UHI)有可能是未来这种情形的最明显例证,即由于大城市累积的局地热量的释放,造成温度超过自然状态的水平。

城镇面临着双重挑战,一方面要适应局地微观效应,同时,又要应对全球力量驱动的宏观效应。英国气候影响计划做出的预测,表明了英国南北部在温度影响方面的差异。在南部,城市热岛效应将会放大这种影响,因为南部的城市开发项目高度集中。英国气候影响计划开展的另外一项研究,比较了新建住宅中卧室超过"热"不舒适临界值(25℃)的小时数,与办公室中超过28℃热不舒适临界值的小时数。图2.6比较了伦敦、曼彻斯特和爱丁堡三市从20世纪80年代至21世纪80年代预期的温度差异。

概括起来,全球变暖预计对英国的影响如下:

- 周期性地持续高温;
- 夏季降雨减少,导致干旱和供水紧张;
- 暴雨引发严重的洪涝灾害,程度超过2007年;
- 海岸侵蚀速度更快,引发相关的海岸洪水;
- 到2100年,风暴潮的发生频率增长20倍;
- 到2100年,英国部分地区的周边海平面上升80mm(其他的人更为悲观——预期3~4m升幅,假使格陵兰岛和南极西部大范围冰雪融化的话);
- 到2080年,英格兰南部夏季气温平均增长超过4.5℃;
- 出现数种严重气候事件影响并发的热点地区,尤其是在洪泛区、河口区和大都市地区;
- 重要的国家基础设施,例如,污水处理和供水设备面临越来越多的压力,这是由于夏季缺水风险越来越大,并且产生水质问题。

在2008年5月发表于《自然报告——气候变化》(Nature Reports-climate change)中的题为"坚决面对现实"(Squaring up to reality)的论文中,作者声称:

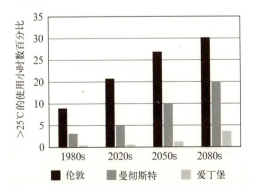

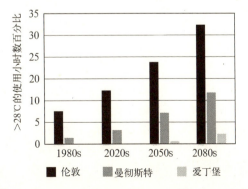

图2.6 在住宅和办公室中,超过热不舒适温度的小时数
资料来源:英国气候影响计划(2005年)、肖等(2007年)

一种奇怪的乐观主义——相信我们能够找到办法，全然避免上文所述的严重威胁——弥漫在G8峰会和联合国气候会议的政治舞台上。这是一种虚假的乐观主义，而且正在掩盖真相。我们越快地认识到这种错觉、直面挑战、实施严格的减排措施以及重大的适应性举措，那么，我们以及我们的子孙后代生存所面临的危害就会越小……[我们]知道立刻采取适应性措施，对于阻挡最坏的影响是至关重要的。

（帕里等，2008年）

　　我们很有必要仔细讨论未来气候影响的可能性，这样才能证明规划和建筑实践必须发生根本改变，以便在未来的几十年中提供保护的必要性。关于未来气候变化的速度和程度，仍然有许多不确定因素，但是，到目前为止的所有预测都低估了其影响。正如帕里及同僚所声称的，"我们已经失去了十年的时间，在这期间我们不断地谈论气候变化，却没有采取行动"（帕里等，2008年）。即便全世界在 CO_2 高排放预设情景中成功地改善了状况，建筑物和其使用者仍然不得不承担严重的气候效应。从现在开始就以建造的方式为人们提供庇护，以应对气候变化的最糟糕预设情景，远比事后修补更具有成本效益。现在行动，可以提供双赢的机遇。

为不可预测的未来而设计

以下是马克·利纳斯的观点：

　　我们所能设想的在政治方面似乎是有道理的预设情景，现在看来，无一能将全球气温上升维持在两度的极限之下，而这正是欧盟和英国的官方目标。这意味着，所有的预设情景中，都将会看到北极海冰的完全消融；亚热带地区不断扩张的沙漠和水资源日趋紧张；极端气候和洪涝灾害；安第斯山脉和喜马拉雅山脉冰川的融化。因此，我们更应关注适应：这是人类社会将不得不应对的气候影响，而不管在政治层面会发生什么……以温度升高4℃的情形来看，英格兰南部的温度有可能达到45℃——就是今天的摩洛哥马拉喀什的情形。

（利纳斯，2008年）

　　詹姆斯·拉伍洛克（James Lovelock）是盖娅理论（Gaia theory）[①]的创始者，他在一次接受电视访谈时认为，全球变暖已经无可阻挡[马隆和坦纳（Malone and Tanner），2008年]。这一进程将会一路发展下去，直到其灾难性的结局，而不管 CO_2 减排所产生的削弱效果。实际上，排放量一定会突破450ppm的临界点，从而开启一个气候变化影响的新时期。尽管如此，仍然有可能将大气层中 CO_2 的浓度稳定在一个人类社会得以生存的水平，尽管这需要大量的适应性策略。正是第二个临界点，才会导致气候改变进入失控状态，引发末日预设情景（doomsday scenario）。有一种观点认为，"不可逆转的"和"失控的"气候变化是同样的意思。当气温上升2℃之后，反馈系统将一路发展下去，直到所有的冰雪尽数融化。这可能发生在千年之后，因此诉诸于适应的论点仍然是有效的。这一议题有可能在未来25年中得出结论。与此同时，优先采取的措施是，建筑物的设计和建造应能够抵御预期的气候影响，使人类生存在可忍受的范围内，并且是安全的。假使"照常营业"的发展速率始终如一的话，这些气候影响将是不可避免的。

[①] 盖娅理论，又称为盖亚假说，认为地球上的生物共同限定并调控生命延续所需的物质条件；地球，更确切地说生物圈，因此被比作巨大的能自行调控的有机体。——译者注

在工业化国家，城市环境正是适合采取适应性措施，并将此作为当务之急的场所。这意味着建筑物和城市空间的设计要发生根本改变。直到现在，关于建筑设计的政策，只要涉及环境，就始终是亡羊补牢式的。也就是说，建筑规范总是一种对已经发生的问题的回应。在公共健康领域也是如此，在最近几年，在应对全球变暖和气候改变方面也是如此。没有一个组织能够像政府间气候变化专门委员会那样，确实认为"立刻在适应性措施方面进行投资，对于阻挡"全球变暖的"最坏影响是至关重要的"（政府间气候变化专门委员会，2007年）。

阿特金斯（Atkins）工程与设计顾问公司的基思·克拉克（Keith Clarke）在一次媒体访谈中认为，"我们设计建成环境的方式"必须"发生根本的改变……我们只能接受这一事实，即气候变化是人类面临的真实而重大的威胁。显而易见的是，这已经改变了我们设计所依循的标准"[《卫报》（Guardian），2008年6月27日]。

从这里开始，本书将有针对性地讨论上述这一切对建筑设计意味着什么，才能够抵御无法想象的气候影响。下一章将展现一些大大超前于目前最佳实践的建筑物。然而，可以视作真正能够抵御气候的建筑物，应当超前于当今最先进案例的程度，正如"最先进案例"超前于当前最佳实践标准一样，至少在本世纪内应当如此。我们谈论的是，如何为应对难以想象的未来而设计。

到目前为止，我们已经不得不向这样的事实屈服，即实际上可以确认的是，这个世界将继续排放碳，使其含量大大超过不可逆转的气候变化临界点，也就是450ppm的浓度标准。全球碳计划（Global Carbon Project）是监控全世界这一气体排放的组织。在2008年9月25日，该组织在一份报告中说，碳排放的速度比2000年快四倍。这主要是由于下述事实，年复一年，发展中国家的排放量不断增加，尽管发达国家的排放量已经或多或少稳定了。所以，尼古拉斯·斯特恩所提出的到本世纪末，平均气温可能升高6℃的预测也是低估的，在这种情况下，所产生的后果将是灾难性的（斯特恩，2009年）。正因如此，这种未雨绸缪的原则迫使我们通过建成环境的设计，来应对最糟糕的气候预设情景，以确保万无一失。

第3章
联合国碳汇交易机制

关于避免全球变暖的极端后果，还有一个需要关注的理由。这围绕着碳可以作为商品进行交易这一原则。作为碳汇交易机制的基础信念是，该机制的实施将使发达国家发起的驱动力更为强劲，依照这些国家在日本京都所作的承诺来减少相应的碳排放。这一机制运转如何？

在《京都议定书》(Kyoto Protocol) 的框架之内，大多数发达国家都同意在 2008～2012 年间削减其二氧化碳排放量，除了美国之外。一种实现该目标的机制就是限制大型工业化污染企业的排放量。这些公司得到每年排放固定数量 CO_2 的许可，该数值的计算是根据这些公司目前的年排放量而得出的。这些许可的排放量能够在欧洲排放交易计划 (Emissions Trading Scheme-ETS) 的框架下进行交易。这种想法的概念是，削减了排放量的交易者可以将富余的许可排放量卖给那些无法完成限制排放预算的企业。市场运作将会设定碳交易的价格。

在目前这轮交易刚开始的时候，有些工业企业虚报了碳需求量，冲击了碳交易市场，其结果是，碳的价格几乎崩盘。目前碳交易的价格是每吨 8 美元。拉里·洛曼 (Larry Lohmann) 撰写了大量关于碳汇交易的文献，他将这一现象描述为一种颁发给"污染大户的、使之按'照常营业'模式运转的执照"(洛曼，2006 年 a)。例如，德国市政公用设施集团——莱因集团 (RWE)，不仅无需支付任何排碳罚款，而且除了从不断上涨的石油和天然气中获利之外，还从贩卖碳信用 (carbon credits) 中获取额外的利润。

这一体系进入灰色地带的原因在于下述事实，即《京都议定书》允许工业国家的企业对发展中国家的减排项目进行投资。这是在"经核证的减排量"(certified emissions reduction-CER) 计划框架内实施的。这些"经核证的减排量"可以用来补偿一个企业的排放量信用，或者说，可以在公开市场上进行交易的信用。这就叫"清洁发展机制"(Clean Development Mechanism-CDM)，这种信用的评定是通过以一吨未排放的 CO_2 来表达的。到 2007 年 12 月，联合国已经批准了超过 1600 个"经核证的减排量"项目，都卖给了出价最高的竞价者。所批准的计划中包括印度的风力发电项目，拉丁美洲的从垃圾填埋中捕获甲烷的项目，以及中美洲的地热能源项目。

一家名叫森特理克集团 (Centrica) 的能源公司率领了一个私营企业联盟，最近从中国购买了价值 4 亿英镑的碳信用。中国是《京都议定书》约定之外的一个国家，每一至两周就新建一座燃煤发电站，并开始营运。这 4 亿英镑正在以更高的天然气价格转嫁给消费者。危险之处在于，排放交易计划简直就是一个把碳四处迁移的途径，与此同时，始终允许大型污染企业排放越来越多的碳。正如洛曼所说："这一机制有助于维持一个不公正的、以化石燃料为中心的工业模式，而此时，全社会正在摒弃这样的模式"(洛曼，2006 年 b，第 18 页)。

与此同时，如果发电站比现有同类发电站在碳排放方面有了些微改进，就可以要求补偿性收入。例如，印度新建了一座容量为 4000MW 的燃煤发电站，因其采用的技术比前人略微进步了一点，就有希望获得"经核证的减排量"额度。但是，这座发电站在其 25 年的生命周期中，每年仍然要排放大约 2600 万吨的 CO_2，却仍然因这一优惠政策而得到补偿。

在滥用这种体系方面最臭名昭著的情形都集中在三氟甲烷（HFC-23）气体上,这种气体是制冷剂生产过程中的副产品。作为温室气体的一种,一个分子的这种气体,比CO_2的威力大11700倍,使之成为一座潜在的金矿。由于这种巨大的差异,化学公司生产这种气体比销毁这种气体多赚两倍,将相关的"经核证的减排量"卖掉也比在常规市场上卖制冷剂多赚两倍。人们非常担心,制造商正在生产额外的三氟甲烷气体,目的就是为了销毁它,然后要求获得"经核证的减排量"补偿。

普遍的观点认为,碳汇交易已经创造出财富,但是,对于阻止大气层中CO_2浓度上升,几乎没有效果。尽管清洁发展机制代表着真正的碳减排,但是,实际上没有任何全球效益,这被帕特里克·麦克纳利（Patrick Mcnully）[1]描述为"零和博弈"（zero sum game）。如果接受方国家的一座煤矿在清洁发展机制的帮助下削减了甲烷的排放量,将没有任何全球性的收益,因为购买了抵消额的污染大户免去了减排义务。

由此可以从逻辑上推断出,将要在《京都议定书》的框架内实现的碳减排量的大部分,仅仅代表了在清洁发展机制的框架中减排量的迁移,但是,在碳排放污染方面并没有实际的削减。分析家已经估计出,京都协议要求发达国家实现的减排量的三分之二,可以通过抵消的方式来实现,而不是使这些国家的经济模式去碳化。因此,通过要求抵消而对《京都议定书》实施履约,实际上有可能是虚假的。当然,还有其他不诚实的途径也可以对《京都议定书》实施履约。

还有一种计谋就是将污染出口到国外。英国没有算入其进口物品中的CO_2成分,以及由飞机或海运产生的CO_2,并且声称,要计算这些排放量就太复杂了。因此,英国从日本进口的小汽车和从中国进口的服装,这些本该产生CO_2减排义务的商品,就成为漏网之鱼。尽管英国政府声称,自从1990年以来,已经减少碳排放16%,但是,也声称,实际上应当由英国负责任的温室气体排放,在这一时期增长了19%[赫尔姆（Helm）,2007年]。

除了清洁发展机制,还有一种非官方的补偿性碳汇市场,不受制于联合国的鉴定计划管辖。航空公司正在以有意识地适当多收取机票费,来帮助多种一两棵树,或者保护一小片雨林。有一段短暂的时期,英国石油公司（BP）在其名为"以碳中性为目标"（Targetneutral）的网站上,推广其补偿计划,告知消费者"现在有可能以碳中性的方式驾车"。

碳螯合能力的计算是否有可能达到某种程度的准确性,还是需要质疑的问题,例如,计算一棵树的碳螯合能力。一颗树苗对于CO_2减排是净贡献者,但是,贡献多少是存有争议的。随着树苗长成为大树,很有可能反而成为净污染者。

额外性

> 现存在的一个问题是,在京都缔约国减排义务中的三分之二,据说是通过购买补偿而实现的,而不是进行实际的碳减排。
>
> （帕特里克·麦克纳利引自《卫报》2008年5月21日,第9页）

补偿的问题已经广为人知,尤其是关于"额外性"（Additionality）[①]的问题。由清洁发展机制基金支付的发展到底实现了没有？如何证明额外性,是一个极为艰难的求证过程。额外性也为发展中国家创造了一个反常动力,这些国家就不用为碳减排立法了。如果节能措施后来会变成"照常营业"的预设情景,因此就不能正当地获得来自清洁发

---

① "额外性"是指该清洁发展机制项目所带来的减排效益必须是额外的,即在没有该项目活动的情况下不会发生。——译者注

展机制的收入，那么，政府为什么要实施这些能效措施呢？

在 2008 年 4 月获得批准的官方清洁发展机制项目中，超过 60% 都是用于建设水力发电的大坝，大多数都是在中国的项目。由于这些项目替代了燃煤的火力发电站，因此，这是资金的合法去处。然而，一家名叫"应对气候变化行动网络"（Climate Action Network）的非政府组织（non-governmental organization-NGO）曾经报告说，大多数发放了"经核证的减排量"（CER）资助金的项目，在 CER 申请之前，要么是没有竣工，要么就是还在建设中。这意味着本来就已经有建造这些项目的承诺，那么，可以认为在联合国这方面监管力度不够。环境作家奥利弗·蒂克尔（Oliver Tickell）声称（2008 年），96% 用于水力发电大坝建设的碳信用，是在工程建设开始以后发放的。即使额外性的问题能够得到解决，有些国家可能还是会缓建他们想要建设的项目，这样就够资格申请"经核证的减排量"资助了。

为了证明额外性，必须表明，如果发展商或者工厂主没有获得补偿性收入，就不会建造其项目，或者不会转向使用更为绿色环保的燃料，而且他们从补偿性资金启动开始算起十年内也是如此。

作为碳汇交易增长的结果，碳汇顾问这一新兴职业已经出现，因为，一般来说，企业是缺乏这类专业知识的，无法了解到哪里去安置他们的碳信用。这就催生了一个充满创造力的新领域，即挖空心思想出为什么一个发展项目没有清洁发展机制的补偿就无法实现。显然，顾问们都是证明一个项目如何凭借自身的力量无法实现的专家。一家位于美国加利福尼亚州的非政府组织声称［国际河流组织（International Rivers），2007 年］，许多水力发电的发展商已经声称，他们的项目只能生产出既定容量水坝的半数电力，这就意味着资金不足；解决办法就是清洁发展机制。"抵消额是一种虚构的物品，是由从你所猜想的本来会发生的额度中，扣除你希望发生的额度而创造出来的"。丹·韦尔奇（Dan Welch）（2007 年）在为《消费道德》（Ethical Consumer）杂志撰写的一篇报道中这样说。据称，有证据表明，由清洁发展机制执行理事会（CDM Executive Board）作为非额外（non-additional）项目被批准的项目中的 75%，在批准时已经完成。例如，"中国、南美洲和非洲的水力发电项目……中的大多数，正在采用'爱丽丝梦游仙境式的'的论证方式，假装他们在减排"（国际河流组织，2007 年）。

现在还出现了碳汇经纪人，他们买入碳信用，然后寻找合适的市场，例如，找到一个位于中国的风电场项目。在 2007 年，碳汇交易的价值达到了 600 亿美元，这其中也包括经纪人的份额。现在我们可以清晰地看出为何大型金融机构也在加入这一行列。

具有讽刺意味的是，就 2012 年之后京都议程的下一个阶段磋商，与几十年来全球最糟糕的经济衰退同时发生。可以预测的是，不断发展壮大的碳汇经纪人和顾问公司队伍正在为清洁发展机制的扩张四处游说，而这种机制的规则却在被削弱。上文所述的证据，仅仅是困扰着排放交易计划的问题的一个小案例。从短期来说，这一机制必须从根本上进行变革。在 2012 年之后，该机制必须由一种可以抵御骗局的机制所取代，实际上我们希望新机制越快出台越好。次生危机已经证明了整个银行系统和投资体系在缺乏政府监管和控制的情况下，是如何被破坏的。对于拯救地球、避免灾难性全球变暖的后果，自由市场并不是合适的机制。

还有进一步的反常现象。这种体系所提供的减排机制，是以在别处增加碳排放量为代价的。例如，碳信用可以通过回归生物燃料来获取。然而，这些作物可能生长的农田是在通过排干泥炭沼而形成的，因此释放出了甲烷，或者是种植在通过砍伐森林而开垦出来的土地上的。甚至一家钢铁企业的执行官也承认，欧洲碳汇的定价"不是为了减排，而只是将排放量转移到了别处"［英国钢铁

(UK Steel)贸易协会主席伊恩·罗杰斯(Ian Rogers),引自皮尔斯(Pearce),2008年]。"很多人担心……碳汇资本主义已经失控,尽管产生了大量的利润,然而,却无助于阻止全球变暖的进程。他们深深地怀疑这样的概念,即市场力量能够解决气候变化。"根据地球之友(Friends of the Earth)组织前任主席汤姆·伯克(Tom Burke)的观点:"相信这样的信念,就等于相信魔法"(皮尔斯,2008年)。

上网回购电价(feed-in tariffs)策略应当创造出一种真正的激励机制,来削减碳排放,同样地,购买价格也应当提供强有力的抑制机制,以阻止企业超过排放限额。我们不能让这颗星球的未来掌握在大型跨国商业机构的手中,而这正是眼下发生的事。

德国环保主义分子赫尔曼·舍尔(Hermann Scheer)拒绝"接受这一理念,即发放可以进行交易的排放权。这就好像发放毒品交易权,然后说,毒贩可以买卖这些权利"(舍尔,2008年,第44页)。

2012年之后

排放交易计划需要进行根本的变革,首要的任务应当是将碳排放"本国化"(nationalize)。目前,英国有60家左右的碳汇交易公司,似乎没有一家适合于这样的目标。我们不能接受这一论调,即碳汇只不过是商业化的自由市场的另一个组成部分。这是一件至关重要的大事,绝不能交给市场机会主义来操控。

欧盟环境专员(Environmental Commissioner)应当有权力为欧盟成员国设定强制性的碳排放标准,这一标准是根据国际承诺做出的,并且每年递减。由专员对每一个成员国分派配给量,这有可能是根据人均GDP来分配,还有可能根据私营、商业和工业领域的相对排放比例而进行调整。碳汇的买卖价格也由专员每年定价,专员可以设定最高和最低价格。如果市场运作要获得成功,碳汇的价格应当定得很高,对于市场的长期发展能力也应当充满信心。坚决不能由市场力量来决定碳汇的价格,而是由避免灾难性的气候影响所必需的减排量来决定。在此提出的一个建议是,碳汇的最初成本应当基于科学分析来确定,也就是分析根据政府间气候变化专门委员会所设定的中等程度排放预设情景,即到2050年,大气层中的CO_2含量大约为450ppm,气候变化可能加诸的危害。这就可以设定计算的基础,即将环境危害分配到每吨CO_2排放量上,假定CO_2占所有温室气体的75%。每一个成员国都应当拥有自己的碳汇交易市场,在欧盟范围内有责任地进行碳汇买卖,将资金分配给具备资格的大型项目。无法完成其减排目标的成员国只能购买碳信用。

碳汇交易存在的根本性问题在于,碳排放的测定是一门不精确的学科。这就使人无法相信一个污染者声称所排放的碳数量,尤其这一数据是基于污染者自己的估计时。由于能源是人为排放CO_2的主要来源,测定碳排放唯一有把握的方式,是确定消费者在给定的时间段,如,一个季度或者一年内,所消耗的燃料组成中碳的含量。戴维·米利班德(David Miliband)公开发表了言论,支持个别碳预算方案。这有可能需要更高的道德基础,但是,这一提案被英国首相打入了冷宫。中长期的最佳解决方案是,将目标锁定在对排放量产生重大影响的两个领域:建成环境和交通运输。同样重要的是,碳减排所必须经历的困难必须均摊,而且需要准确计算所使用的能源中的碳含量。与此同时,"迄今为止,欧盟的排放交易计划并没有导致任何碳排放量的净减少"[安杰(Ainger),2008年,第43页]。

本章附录提出了针对建筑物的碳预算策略提议。

附录

针对建筑物的碳预算原则

住宅

没有比现在更好的时机,来引入一种计

算因建筑物使用而导致的 CO_2 排放的强制性体系。能够涵盖所有不动产的碳预算体系正是解决之道。每一户住宅都会分派一个初始碳"配给量",这是根据该类型不动产的年平均排放量和房屋居住使用频度计算出来的。带有室内显示屏的智能计量器可以显示出消耗的电力和天然气的用量,以及 CO_2 预算的状态。显示图可以采用扇形统计图,表明每日剩余的碳信用。未使用的碳信用可以卖给官方的碳汇交易市场,价格由欧盟环境专员来设定,这就可以形成节能的重要激励机制。如果住户必须购买碳汇来满足其预算,那么,就要收取额外的费用,再加上管理费。住宅的碳预算体系必须考虑到许多变量:

- 用于居住的面积;
- 地点:城市或乡村;
- 气候区;
- 居住人数;
- 获取能源的方式(例如,那些没有连接管道煤气的住户可以获得更多的碳预算);
- 房产的使用年数;
- 居住者的年龄;
- 是否有残障人士;
- 对于低收入和单亲家庭给予特别照顾。

非居住建筑

在商业和机构建筑中,碳预算应当基于总体能源消耗情况,比如,120kWh/(m^2·年),而目标则是目前最佳实践所设定的标准,即 90kWh/(m^2·a)。与此同时,对于可购买的超出部分碳汇有所限制,比如只能占年度碳预算的20%。一幢单体建筑的碳预算可能需要考虑如下因素:

- 有人员使用的区域面积;
- 气候区,可能的话,包括微气候;
- 房产的已使用年数;
- 建筑物的历史重要性,例如,是否是一幢被列入保护名单的建筑;
- 楼宇营运的类型和电气设备的配备情况;
- 人员使用情况,例如,每周7天每天24小时使用。

对住宅和商业/机构建筑物来说,这只是在确定碳预算时必须考虑的要素样板。

交通运输

有效减少由道路交通产生的碳排放的方式是碳智能卡(carbon smart card)。当一辆交通工具得到机动车驾驶执照时,还会得到一张充有一定碳信用值的卡,在执照有效期内都可以使用这张卡。私人小汽车需要考虑的因素包括:

- 交通工具的类别,比如说,根据每公里行驶路程排放 CO_2 的克数(g/km)而分为3级,但是,在一段时期之内,比如说,5年,逐渐减少排放量,达到低排放车辆的标准;
- 车主所在的地点:城市或乡村;
- 特殊需要:残障、年龄;
- 慢性健康问题;
- 公共交通的可达性;
- 私用与公用的比率;
- 多种交通工具之间的调节。

增长最快的是由航空运输带来的排放。欧盟正在提议,这类排放量应当进入碳汇交易的框架内,无论是以航班还是以每位乘客的形式进行计算。只有当这一行动运用于全世界时,这种做法才完全合法。然而,实现的机会还很渺茫。现在所能采取的唯一强硬策略,就是征收碳税,其计算方法是基于航班的平均乘坐率或货运率,并且根据航班里程的不同而变化,在飞机起飞前或降落后征收。欧盟必须做好准备应对出现的后果,尤其是来自国家层面、商业和工业利益集团的反对。但愿这些利益集团能够认识到,他们未来的生死存亡取决于全世界共同快速和大规模地削减 CO_2 的排放。

注释

1 帕特里克·麦克纳利(Patrick Mcnully)是美国一个叫做"国际河流组织"(International Rivers)的智囊团执行主席。

第 4 章
设定可抵御气候住宅的样板

有一些独立的设计实例,可以看做是回应了阿特金斯工程与设计顾问公司提出的挑战,即基思·克拉克将之定义为"严格碳排放的"(carbon critical)设计(见第 2 章)。正是在德国,这一挑战以"被动式住宅"(Passivhaus)计划的开始实施首先得到了回应。

案例研究

德国达姆施塔特的被动式住宅

1990 年,德国启动了"被动式住宅"计划,在达姆施塔特建成一个超低能耗的示范项目。住宅围护墙体的 U 值[1] 为 0.10–0.15W/m^{2}K,墙体保温层厚度为 300 ~ 335 毫米。屋面保温层为 500 毫米厚,三层玻璃窗的 U 值达到 0.70W/m^{2}K(见图 4.1)。

图 4.2 示意了"被动式住宅"设计的基本原则。

被动式住宅的重点是留住热量,大多数情况下这是用 U 值来衡量的。在未来,一年中更多的时间段里,重点可能更多会是保持凉爽。

美国能源部(Department of Energy)成立了一个公/私合营的项目,名为"建设美国:在美国发展节能住宅"(Building America:Developing Energy Efficient Homes in the US)。其目标包括:

- 在社区规模提供节能达 30%~90% 的住宅;
- 将就地发电系统进行建筑一体化整合,到 2020 年,实现最终产能和耗能相等的"零能耗"住宅(zero-energy homes – ZEH);
- 帮助住宅建造商缩短建造时间和减少现场建筑垃圾;
- 提高建造商的劳动生产率;
- 为材料制造商和供应商提供开发新产品的商业机遇;
- 应用创新的节能和节材技术。

尽管还没有将目标设定为按照"被动式住宅"的标准大量建造住宅,但是,这一项目的确结合了这一标准的某些特征。该计划的主要目标是鼓励"全系统工程"(whole system engineering);而在英国,这被称作"集成设计"(integrated design)。其目标是"将传统上各自为政的建造行业的各个部门联合起来"。换句话说,设计和建造团队从设计的开始阶段就必须共同工作。竣工后的原型住宅必须进行严格的测试,然后这一计划才能进入批量生产。

英国索思韦尔的"能源自治试验住宅"(Autonomous House)

在"被动式住宅"的原型竣工后不久,诺丁汉大学建筑学院的两位建筑学讲师就接受了"被动式住宅"的挑战,他们在英国索思韦尔建成一座乡土风格的"能源自治试验住宅"(见图 4.3)。住宅于 1993 年建成,其风格受这一事实的影响,即基地靠近索思韦尔大教堂(Southwell Minster),这是一座诺曼式教堂,周边围绕着古朴的本土建筑。项目建筑师是罗伯特和布伦达·韦尔夫妇(Robert and Brenda Vale)。

这座三层高住宅的设计目标不仅仅在于

图 4.1　德国 1990 年达姆施塔特的被动式住宅
资料来源：维基百科

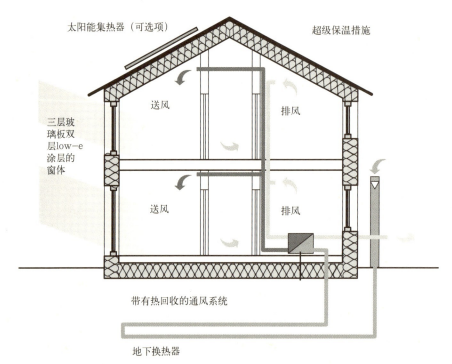

图 4.2　被动式住宅的特性
资料来源：维基百科

第4章 设定可抵御气候住宅的样板　29

存并过滤供使用；
- 容量为 2.2kW 的 PV 阵列设在花园中，屋顶上装设太阳能集热板。

图 4.3　索思韦尔的"能源自治试验住宅"，远观 2.2kW 的光伏电池阵列

净的零碳排放，而且在于不依赖大多数的城市管网系统，以证明是名副其实的"能源自治住宅"。住宅与电网连接的目的，是为输出来自光伏（PV）电池的富余电力。与外界唯一的其他连接，仅仅是一根电话线。该住宅的环境性能使其在目前的实践中处于领先地位。采用的主要设计元素如下：

- 在住宅的西面、花园一侧设有两层高的温室；
- 建造方式为重质构造，采用高性能保温层，具有高热质的特征（见图 4.4）；
- 以自然通风的方式回收热量；
- 供热水方式：太阳热能，以地源热为后备热源；
- 空间采暖：被动式太阳能，加上容量为 4kW 的燃木锅炉；
- 供水：由铜质雨水装置收集雨水，将之储

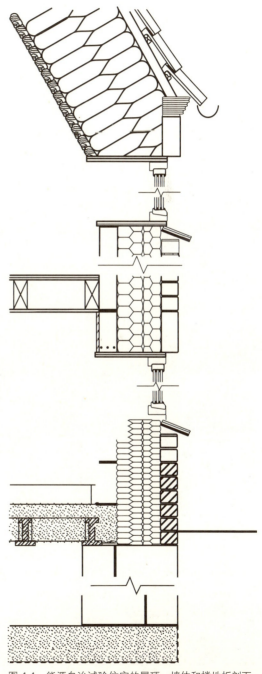

图 4.4　能源自治试验住宅的屋顶、墙体和楼地板剖面

U 值（单位：W/m²K）如下：

区域	U 值	构造方式
底层地面	0.6	
墙体	0.14	100mm 厚密实混凝土砌块，250mm 厚保温层，砖砌外墙
屋顶	0.07	500mm 厚纤维素纤维保温层
窗体	1.15	木窗框，三层玻璃
温室	2.1	充氩气、低辐射涂层的双层玻璃

项目中的建造材料都经过了仔细选择，以尽量减少其物化能量（embodied energy）。建筑耗能值，不包括燃木锅炉、太阳能集热板、和光伏电池板，则为 17kWh/（m²·年）。如果把这些产能数值计算在内的话，其性能超过了达姆施塔特的"被动式住宅"原型。

霍克顿住宅项目（Hockerton Housing Project-HHP）

韦尔夫妇除了设计索思韦尔的"能源自治试验住宅"之外，又在诺丁汉郡霍克顿村庄附近设计了一组超低能耗住宅（见图 4.5 和图 4.6）。霍克顿住宅项目是英国第一个能源自给自足的覆土生态住宅项目，这些住宅成为欧洲最节能的居住建筑。

建筑平面布局由一组狭长平面的单朝向住宅组成，北面完全覆土，土壤的覆盖层越过了屋顶。南立面完全为宽敞的日光间所占据，日光间连接着所有的住宅单元。

该建筑设计目标是成为部分的能源自治项目，采用了循环中水系统，产生的垃圾由芦苇床进行厌氧处理。PV 电池组和一架风力发电机补充其电力需求。该项目被描述为一种净的零能耗项目，其定义是，并网的住

图 4.5　1998 年霍克顿能源自给自足住宅项目的太阳能住宅，南立面和温室的外观

宅开发，至少在电力输入和输出方面是平衡的。就像索思韦尔的"能源自治试验住宅"一样，这一住宅开发项目就地满足了所有电力需求，因此，并不依赖于电网，使之成为真正能源自给自足的住宅开发项目。

霍克顿项目的设计是为满足特殊类型的生活方式，始终只能对少数人群具有吸引力。例如，该社区计划采用有机永续农业原则，在蔬菜、水果和乳制品方面实现自给自足。每户家庭只允许拥有一辆化石燃料的小汽车，要求每位居民每周为社区提供 8 小时服务性质的活动。该社区作为示范项目，表明了生活方式与建筑学之间的共生关系究竟意味着什么。

霍克顿项目有许多关键的特色：
- 与传统住宅开发项目相比，节省 90% 的能源；
- 在供水方面实现自给自足，生活用水从温室的屋顶采集，污水由芦苇床进行净化处理，其目的是为了满足欧盟洗浴水质的标准；
- 由于采用覆土构造，可以储备相当可观的热量；
- 从排出的热空气中回收 70% 的热能；
- 室内一侧的窗户采用三层玻璃，温室采用双层玻璃；
- 300mm 厚墙体保温层；
- 一架风力发电机的设置，减少了对电网的依赖；
- 安装于屋顶的光伏电池。

德国弗赖堡的太阳能住宅

1992 年，在布赖斯高的弗赖堡，弗劳恩霍费尔太阳能系统研究所建造了一幢住宅（见图 4.7）。这座住宅被描述为自给自足的太阳能住宅，这一实验性的设计是用来测试能源自给自足的可行性。在具有较高热工效率的建造方式方面，该建筑大大超越于其所处的时代，在南立面、东立面和西立面都设有太阳能吸热墙（Trombe wall）。这种墙体由 300mm 厚硅酸钙砌块组成，砌块的外侧是丙烯酸玻璃组成的蜂窝状透明保温材料（transparent insulation material–TIM），在透明保温材料与最外一层玻璃之间，是集成式的百页。当百页关闭时，U 值为 $0.5W/m^2K$，而打开时，为 U 值 $0.4W/m^2K$。没

图 4.6 1998 年霍克顿能源自给自足住宅项目的太阳能住宅，温室的室内

图 4.7 弗赖堡的太阳能住宅，弗劳恩霍费尔太阳能系统研究所

有开窗的北侧墙体由 300mm 厚硅酸钙砌块组成，支撑着 240mm 厚纤维素纤维保温层，外侧由木板提供保护。

安装在屋顶的 PV 电池提供电力，太阳能集热板为生活热水系统服务。这座住宅具有的独特之处是，光伏电池与电解装置相连，以制取氢，供给燃料电池，来提供连续的电力。三层 low-E（低辐射）玻璃是这座高度创新住宅说明书的最后一笔，使该住宅大大领先于其所处的时代。试验项目暴露出的唯一问题是，燃料电池的容量不足以应付极端寒冷的时期。

2009 年住宅开发的最新进展

这座试验性太阳能住宅已经证明，在 20 世纪 90 年代，弗赖堡市就是太阳能利用的样板，在 2008 年，《观察家》（*Observer*）杂志将其描述为可能是"世界上最绿色环保的城市"[《观察家》，2008 年 3 月 23 日]。由于该项目的意义已经延伸到单体建筑特征之外，我们将在第 8 章讨论生态城镇时详细阐述这一意义。

其结果是，弗赖堡在建筑物中实现了高效节能，尤其是大量住宅都达到了"被动式住宅"的能耗标准，即 15kWh/（m^2·年）（见图 4.8 和图 4.9）。

图 4.8　松纳希弗加能公司住宅开发
资料来源：维基百科

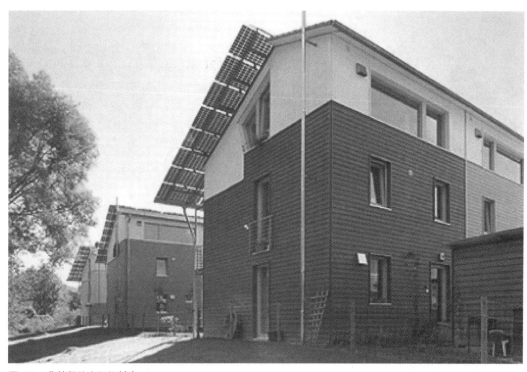

图 4.9　弗赖堡的太阳能村庄

可持续性与太阳能村庄

太阳能村庄（Solarsiedlung）是一个商业单位与住宅混合的开发项目。住宅是按照"被动式住宅"标准设计的。其中包括：

- 墙体内设400mm厚保温层，屋顶保温层厚度为450mm；
- 屋顶安装有1000m^2的PV，提供135kW的峰值电力；
- 没有使用空调系统——项目中采用被动式穿堂通风方式，并且带有夜间换气设备；彩色挑板从立面挑出400mm，使凉爽的空气能够通过格栅进入建筑物中，格栅还起着安全保护的作用；
- 一座社区热电联供站，其80%的燃料来自于附近的黑森林，20%来自天然气，屋顶上的真空管式太阳能集热板补充热能供应；
- 地源热泵在冬季供热，在夏季制冷。

所有联排住宅均朝南，设有大面积的窗户，尽可能增加太阳得热。砌体之间留有空隙，确保了冬季的保温效果。该项目的目标是将节能措施与可再生能源技术结合起来，供应项目内的所有能源需求。有些时候，还会有能源盈余。如果将电力输出到电网，房主可获得每千瓦时0.42欧元的补贴，并且这一价格维持20年不变。

英国的发展

北安普敦郡的阿普顿卫星镇社区是又一个正在建设中的生态项目。该社区所有住宅均满足英国建筑研究院环境评估方法（BRE Environmental Assessment Method – BREEAM）的优秀标准。这意味着这些住宅都表现出在能效方面与现行建筑规范相比的重大改进。英国建筑研究院环境评估方法目前已经由《可持续建筑标准》（Sustainable Building Code）进行了增补，在下文中将简要描述这一新规范。一些住宅的特色是安装了PV，其他住宅则安装了太阳能集热板。但是，这些住宅与弗赖堡的生态住宅形成了鲜明的对比。几乎毫无疑问的是，威尔士亲

图4.10　英国北安普敦郡阿普顿的生态住宅

王建筑学院（Prince of Wales Architecture Institute）的影响力在确定建筑风格方面是具有决定性的。该学院曾经为提议中的政府倡导的生态城镇描绘过蓝图，其中一个方案所体现的建筑理念在这个项目中得到了回应，这并不是巧合。

在阿普顿市，有两处挑战传统建筑学的反常规做法。第一处鲜明地表现在新建的小学校设计中，第二个就是零能耗工厂（Zedfactory）设计的零能耗乡村住宅（RuralZed）区的排屋（见图4.11），该项目由比尔·邓斯特（Bill Dunster）设计团队担纲，他们在伦敦南部建成了打破常规的贝丁顿零能耗住宅（BedZed）片区。为了理解阿普顿这一小片精美社区孤岛的意义，就有必要解释英国政府是如何下定决心，到2016年实现零碳排放住宅这一目标，以应对愈演愈烈的气候变化的。精确地说，英国政府已经宣布，希望其《可持续住宅标准》（Sustainable Homes Standard）的第6级，能够超过"被动式住宅"的标准。在2006年12月，英国社区和地方政府部（Department for Communities and Local Government）颁布了可持续住宅的标准，分为从1～6的级别。

英国的可持续建筑标准

在可持续住宅标准（Code for Sustainable Homes–CSH）的框架中，有九个需

在《可持续住宅标准》的框架下，CO_2 排放量的强制性最低标准星级分类，
表明与《建筑规范》L 部分相比的改进量　　　　　　　　　　　　　　　表 4.1

标准的级别	住宅中 CO_2 排放率与目标排放率相比，最低比例的减排
1 级	10
2 级	18
3 级	25
4 级	44
5 级	100
6 级	"零碳住宅"（Zero Carbon Homes）

资料来源："可持续住宅标准——为新建的可持续住宅设定标准"（Code for Sustainable Homes-setting the standard in sustainability for new homes）；社区与地方政府部，2006 年

要执行的范畴。表 4.1 表明了 CO_2 的排放标准。表 4.2 描述了在执行中涉及的九个环境范畴。

表 4.1 的最后一个级别意图代表一种净的"零碳住宅"，其中包括采暖、照明、热水供应，和其他所有住宅内的能源消耗。当然，这意味着必须有就地可再生能源资源（发电和供热）。

比尔·邓斯特设计的零能耗乡村住宅，是一种三居室的成套住宅的基本形式，专为中等密度的住宅开发而设计，达到了"标准"中的 3 级（见图 4.11）。根据这一级别，该住宅代表着比现行建筑规范有 25% 的能效改进。住宅采用木框架结构体系，50mm 厚混凝土板构成墙体体系的室内面层。赤土材质的拱形顶棚提供了更多热质，顶棚由二层的楼板隔栅来支承。底层和二层楼地板的表面是混凝土板，经打蜡形成平滑的表面。项目中总共使用了 21 吨混凝土，提供了大量热质。在外墙部分，结构构件之间的板墙筋中间容纳了 300mm 厚岩棉保温层。项目中使用的高性能透气膜，实现了强制性气密性要求。基本住宅套型的面积是 88m²。

为了达到"标准"中的 4 级水平，需要采用带有热回收装置的被动式通风策略，同时加上太阳能供应热水，以及一台燃烧木屑的锅炉。如果要达到 5 级，则需要增加七块朝南的、容量为 180W 的 PV 板，以及在北

图 4.11　英国北安普敦郡阿普敦的零能耗乡村住宅

《可持续住宅标准》中的环境范畴和议题摘要　　　　　　　　　　　　　　表 4.2

范畴	议题
能源和 CO_2 排放	住宅的排放率（强制性标准） 建筑构造 室内照明 空间除湿 带有能耗标签的大型家用电器 室外照明 低至零碳（low or zero carbon-LZC）技术 自行车存放 住家办公室
水	室内用水（强制性的） 室外用水
材料	材料的环境影响（强制性的） 有责任地获取材料——基本建筑构件 有责任地获取材料——饰面材料构件
地表径流	来自住宅开发区的地表径流管理（强制性的） 洪水风险
垃圾	不可回收利用的垃圾与可回收利用的生活垃圾管理（强制性的） 建造垃圾管理（强制性的） 堆肥处理
污染	保温材料的全球变暖潜势（Global warming potential-GWP） 氮氧化物（NO_x）的排放
健康与舒适	自然采光 隔声 私密空间 终生可用的住宅（强制性的）
管理	住宅使用手册 考虑周详的建造者计划 建造场地的环境影响 安全
生态学	场地的生态价值 生态强化 生态特征的保护 场地生态价值的改变 建筑的生态足迹

资料来源："可持续住宅标准——为新建的可持续住宅设定标准"；社区与地方政府部，2006年

向坡屋面中设置绿色屋顶。雨水收集则是完成设计说明书的最后一项。要达到第 6 级，需要增设一个日光间，再增加 21 块 PV 板，以满足照明和家用电器的用电需求。这样一来，套型的建筑面积则达到 100m²。

正如前文提到的，零能耗乡村住宅的前身是位于伦敦南部的贝丁顿零能耗住宅开发项目（Beddington Zero Energy Developmet – BedZED）。这是第一个基于超低能耗原则的相当大规模的社区开发。在史密斯于 2007 年出版的书中第 157～162 页，详细描述了该项目。

2007 年的建筑研究院创新展（BRE Innovation Exhibition）

在 2007 年，住宅开发商受邀在位于沃特福德的英国建筑研究院（Building Research Establishment – BRE）一块展示性基地上建造住宅。每座住宅的建造都是为了展示其设计如何满足"标准"中第 4～6 级的要求。创新展的基地也同样用来展示"场外"建造，或者叫做工厂预制建造方式所呈现的多样性。所有住宅的设计都是为适应紧凑的基地，这就意味着有些住宅必须建造到 3 层高（见图 4.12）。这次展览的部分意图是希望在这种严格的条件下暴露出可能产生的问题，而其中有如下两个问题出现了。

第一个问题是有些样板房最初无法达到气密性要求。在这种试验性项目中，这一点是可以理解的［奥尔贾伊托（Olcayto），2007 年］。展览中也表明有些建造方式更容易实现这一目标。

第二个问题与热质有关。住宅能够在未来持续存在，不仅仅要求高标准的节能效率，而且需要高水平的热质和结构坚固性。这就对轻型结构住宅的长期有效性提出了质疑，如图 4.12 和图 4.13 中所示的奥斯本住宅案例。

英国建筑研究院展览基地上的汉森 2 号（Hanson2）样板房与未来需求更为一致，该住宅采用的是重质结构的墙体和楼地面（见图 4.14 和图 4.15）。

图 4.12　英国建筑研究院的奥斯本住宅（Osborne House），采用轻质结构和低热质构件

图 4.13　奥斯本住宅的墙体剖面

第4章 设定可抵御气候住宅的样板　37

图 4.14　汉森 2 号住宅，建筑师：T·P·贝内特

图 4.15　汉森 2 号住宅，二层起居室

砖和混凝土组合起来的保温板材在场外预制。这种组合墙体，加上二层的混凝土板，使住宅拥有大量热质，能够承受夏季 40℃的高温，与此同时，结构坚固性能够抵御预期中超过 140 英里／小时的风暴。

首先，如果要大量建设真正能够抵御未来气候的住宅，需要在设计标准上做出根本性变革，这种改变必须大大超越现行建筑规范，甚至要超越英国建筑研究院场外预制住宅展所示范的标准。迄今为止，建造行业尚未表现出接受这种根本性变革的意愿。但是，如果英国建筑研究院的最新示范住宅可以视

作某种改变的话，也许情形的确已在改变。

在 2008 年 5 月，英国建筑研究院向公众展示了一座示范住宅，并且声称达到了"可持续建筑标准"的第 6 级，因此是真正意义上的零碳排放。但是，这正是问题所在。达到这一标准的住宅，往往有高水平的热质，建造费用将高达 50 万英镑，还要加上场地费用。最终的总费用将达 75 万英镑（见图 4.16）。

让我们回到关于零碳的争论中，在这个问题上存在着不一致的观点。如果仅考虑空间采暖和制冷，住宅的设计是能够接近于零碳排放的，但是，在住宅中还有很多存在碳排放影响的其他系统：照明、烹饪、大型家用电器、电视机等等。如果一幢住宅要实现真正碳中性，必须从可再生能源技术中获得足够的电力，来满足这些相关需求。政府看来决意坚持认为，这部分电力必须由建筑一体化的、或者就地发电的可再生能源系统来产生。这能够实现吗？

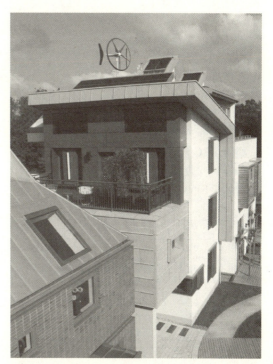

图 4.16　零碳住宅，由巴勒特住宅公司（Barratt Homes）开发，冈特·弗朗西斯建筑师事务所（Architect Gaunt Francis）设计

如果能够抵御未来气候的住宅要实现绝对意义上的零碳排放，就意味着必须采用建筑一体化的、或者说就地产能的方式，这些能源资源包括光伏发电（PV）、地源（Ground Source-GS）热泵、太阳能集热，以及如果条件允许的话，可能还包括微型风力发电。

社区与地方政府部案例研究：2009年的"可持续住宅标准"

萨里郡南纳特菲尔德市（South Nutfield）中街，达到"可持续住宅标准"（CSH）5级

这个开发项目包括两套双卧室公寓。所采用的建造方式是预制结构保温板体系（structural insulated panels - SIPS）。在SIPS系统中，结合了矿棉和膨胀聚苯乙烯保温层。楼地面采用的是带有矿棉和膨胀聚苯乙烯保温层的混凝土梁和建材（beam and block）系统（见图4.17）。该开发项目的主要可持续性特色如下：
- 被动式太阳能设计；
- 低流量卫生器具；
- 雨水的循环利用；
- 低能耗照明；
- PV阵列；
- 生物质能球料锅炉；
- 达到低能耗等级的大型家用电器；
- 经过FSC[①]认证的木材；
- 带有热回收装置的机械通风系统；
- 窗体采用的是带有low-e涂层的三层玻璃。

区域	U值	构造方式
墙体	0.14	带有50mm厚外保温层的SIPS板
屋顶	0.13	带有混凝土屋面瓦和400mm厚矿棉保温层的木构屋面
楼地面	0.14	带有75mm厚保温层的混凝土梁和建材体系
窗体	0.80	带有low-e涂层的三层玻璃
门	1.2	充分保温的

图4.17 DCLG案例研究：英国萨里郡南纳特菲尔德市中街4号，达到"标准"第5级
资料来源：社区与地方政府部

该项目最初的设计意图是希望达到"被动式住宅"标准，即在50帕压强条件下，实现每小时$1m^3$的空气渗透率。在项目中这个条件放宽到，在50帕压强条件下每小时$3m^3$，这是由于住宅通过达到其他的"可持续住宅标准"要求而弥补了这个方面的欠缺。最终的测试值是，在50帕压强条件下每小时$4.9m^3$。这反映出在建筑研究院创新住宅展上预制结构保温板建造体系所呈现的问题，看起来似乎是这种形式建筑体系的固有问题，此外，这种体系的其他固有问题就是缺乏热质。

诺丁汉大学能源住宅项目

诺丁汉大学在其能源住宅项目（Energy Homes Project）的框架内，在校园内推进了6座示范性住宅的建造，这一决策的背后就是"被动式住宅"原则。设计标准就是"被动式住宅"标准所设定的15kWh/（m^2·年）的能耗值。第一座将要建成的是巴斯夫（BASF）公司赞助的案例（见图4.18）。第二座是斯通加德住宅（Stoneguard House），

[①] 即Forestry Stewardship Council，森林管理委员会。——译者注

图 4.18　诺丁汉大学巴斯夫被动式住宅

已经接近于完工，接下来将要完成的两座住宅将由塔尔马克公司（Tarmac）建造。另一座住宅将展示一幢 20 世纪 30 年代的半独立式住宅是如何经过改造后，也能够接近"被动式住宅"标准的。巴斯夫住宅有望实现接近于零碳排放的节能效率。其造价有望吸引首次购房者。

U 值（单位：$W/m^2 K$）如下：

区域	U 值	构造方式
连接日光间的室内玻璃幕墙	1.7	
连接日光间的室外双层玻璃幕墙	2.7	
墙体和屋顶	0.15	
窗体	1.66	北立面为双层玻璃

该住宅显著的设计特色包括：

- 高效的紧凑型平面布局；
- 以日光间大量获取被动式太阳得热——在冬季用于采暖，其方式是通过调控太阳得热，以及将地下空气泵入来预热空间；在夏季，地下空气用于冷却；
- 设置高水平保温层，在北面、东面和西面开设比较小的门窗洞口；
- 地源热泵用于采暖和制冷；
- 底层地面的构造方式由填充混凝土的保温模板组成（见图 4.20）；
- 二层楼板由包含 150mm 厚聚氨酯泡沫保温层的结构板材组成；
- 气密性和减少热桥所产生的效果比现行建筑实践改进 90%；
- 使用专为轻质建筑而设计的相变材料，增加热质；
- 二层楼面和屋顶的饰面材料，采用科鲁斯钢铁公司（Corus）的彩色涂层城市（Colorcoat Urban）品牌覆面材料，其中屋顶涂有热反射涂料，U 值达到了 $0.15W/m^2K$；屋面材料获得"饮用水安全"的认证；
- 太阳能集热板可以提供 80% 的热水需求；
- 在需要时，生物质能锅炉可以提供额外的热量，锅炉的燃料为木屑球；
- 雨水流经细滤网后，注入容量为 3300 升的水箱中，用于花园浇灌和住宅中非饮用场合。

住宅能耗预期为大约 $12kWh/(m^2·年)$，相比之下，"被动式住宅"的标准为 $15kWh/(m^2·年)$。

斯通加德 C60 住宅（见图 4.19～4.21）有四间卧室和一个地下室。这座住宅将由教职员工和学生使用，他们同时将监控建筑物的性能。其特点是采用钢框架结构，其他许多生态和环境特征与巴斯夫住宅类同。此外，这一住宅采用了光导管，在最大限度上实现自然采光。住宅中设有中水管理系统，以便回收利用淋浴/盆浴排放的水，来冲洗坐便器，此外，住宅中还设有雨水收集系统。预计这座住宅将于 2010 年初竣工。

未来真正的挑战在于如何减少英国既有住宅的能源消耗，目前这些住宅占 CO_2 排放量的 27%。根据诺丁汉大学创新住宅项目（Creative Homes）的科研和项目主管马克·吉洛特（Mark Gillott）博士的观点，

图 4.19 诺丁汉大学斯通加德住宅

图 4.21 斯通加德住宅的钢框架

到 2050 年，2100 万幢住宅，或者说现有总量的 86% 的住宅，仍将继续使用。

在 20 世纪 60 和 70 年代，帕克·莫里斯（Parker Morris）为社会住宅设定了高标准，因此，今天应该寻找合时的途径，来建造可负担的住宅，不过，这种住宅应当能够承受炎热的夏季，以及风雨交加的严冬。在很多地区，这类住宅将能够抵御山洪暴发，因为暴雨期和风暴潮在频度和强度方面大大增加了。我们的目标应当是建成像"标准"中第 6 级那样先进的建筑，因为这一标准大大超前于现行建筑规范。这是否有可能实现呢？

注释

1 U 值是在 1℃ 的温差下，通过一个单位面积（通常是 1 平方米）的构件的热量。该值越小，保温水平越高。

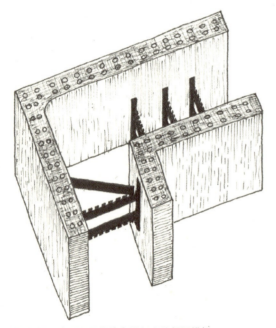

图 4.20 底层采用的填充混凝土的保温模板

第 5 章
可抵御未来气候的住宅

> 在未来九年之内,使零碳住宅从目前的极少数增加到每年新建 24 万幢,对与此产业相关的所有人来说,都是一种挑战……存在着市场自身无法解决的重大风险。
>
> [考尔科特评论(Callcutt Review),《住宅建设行业纵览》(An Overview of the Housebuilding Industry),2007 年,第 88 页]

很显然,我们必须承认,如果没有政府扶持,到 2016 年,要求所有住宅全面达到零碳标准的目标是不可能实现的。这种扶持可能采取何种形式,尚不明确。首先有必要理清"碳中性"(carbon neutral)与"零碳"(zero carbon)概念之间的区别。前者可以通过投资来补偿碳的排放,例如,投资于可再生能源项目或者保护可持续植树造林,这些项目通常都位于发展中国家。"零碳"一般只针对建筑物,意味着每年都没有净的 CO_2 排放。如果由可再生能源进行补偿,就可以允许建筑物排放 CO_2,这部分可再生能源既可以是建筑一体化的,也可以是就地产能的方式。

然而,仅仅实现零碳是不够的,理由如下。英国气象局的气候变化研究带头人维基·波普(Vicky Pope)在 2008 年 10 月 1 日《卫报》上发表文章说,目前已经有针对 2100 年气候变化带来,的影响的明确预测。这些假设是基于以下四种预设情景:

预设情景一

- 到 2010 年,全世界的碳排放量开始下降;
- 减排量很快达到每年 3%;
- 这导致到 2050 年碳排放量减少 47%;
- 到 2100 年,全球气温相比 1990 年的水平上升幅度为 2.1~2.8℃ 之间。

即使是这样的预设情景,仍可能跨越不可逆转的气候变化临界值。其影响包括 20%~30% 的物种面临较为严重的灭绝风险。暴风雨和洪水造成的破坏也可能增加。此外,如果升温幅度超过 2℃,植物和土壤就开始失去吸收 CO_2 的能力;海洋温度的升高也使其吸收 CO_2 的能力降低。

预设情景二

- 碳排放量较早开始下降,但是下降的速度缓慢。
- 2010 年开始行动;
- 每年排放量平均减少 1%;
- 到 2050 年,排放量降低到 1990 年的水平;
- 到 2100 年,气温上升幅度为 2.9~3.8℃ 之间。

这一预设情景的影响,包括丧失近 30% 的海洋湿地;由于大冰原的消融,导致海平面上升数米;热浪、洪水和干旱导致大量人员死亡。

在这种预设情景之下,气温非常很有可能升高至 4℃ 以上,这被认为是进入不断加速的气候变化的临界点,其原因在于甲烷从永久冻土层和海洋水化物中释放出来。我们应当记住,甲烷并未包括在目前政府间气候变化专门委员会的计算当中。

预设情景三

- 碳减排被延迟,并且速度缓慢;
- 2030 年开始行动,减排量与预设情景二相似;
- 到 2050 年,排放量将上升至高于 1990 年水平的 76%;
- 温度上升幅度为 4 ~ 5.2℃。

预设情景三的影响包括,近 1500 万人将受到洪水威胁,并且有 300 万人面临供水紧张的压力。炎热将影响全世界的粮食生产,尤其是在低纬度地区。

预设情景四

- 目前这种"照常营业"(BaU)的情形持续整个 21 世纪;
- 到 2050 年,碳排放量增加到高于 1990 年水平的 132%;
- 温度上升幅度为 5.5 ~ 7.1℃。

在其影响方面,这是一个未知的领域,但是,到 2100 年,将有大量物种灭绝,发生严重的海岸侵蚀,低洼地洪水泛滥,而且北极冻原将失去 10% ~ 20% 的冰。

以目前应对气候变化的全球性努力进展的程度来看,可以有充分的理由相信,在建成环境方面的适应性政策方面,应假定基于第三种或第四种预设情景。尽管这有可能证明是过于悲观的假设,但是,我们还需要考虑能源状态,这意味着在节能获益方面的额外成本可以很快得到补偿。

可抵御气候住宅的设计决定因素

从某些方面来说,发达国家住宅标准的提高,是作为对目前气候变化的亡羊补牢(reaction)式的回应。现在已经到了未雨绸缪(proactive)的时候,因为这个世界的气候正在朝着坏的方向发展,而且其速度超过了预期。因此,住宅值得引起特别的关注,因为这是建造领域中对生活质量影响最大的,并且是代代相传的一个部分。据估计,到 2050 年,既有住宅中的 87% 仍将继续使用。事实上,在英国,以目前的更新速率,将所有住房重建一遍需要 1000 年。既然这是一种如此问题成堆的长期投资,明智的做法是,现在就考虑如果最坏的气候变化影响预测成为现实的话,住宅应当具备哪些特征。这就意味着设计标准的设定应当能保证数十年后仍然有效,这其中要包括那些在"被动式住宅"或英国的"可持续住宅标准"中没有出现的特征。

就 CO_2 减排达成国际协议的目前进展,使我们可以认为,合理的做法是,现在就考虑假设 IPCC 高排放或最坏预设情景成为现实的话,设计所具备的特征应当能够减缓不利的影响。目前,这是很有可能成功的选择。因此,我们必须考虑,在这一个世纪的进程中,我们的既有住宅很有可能必须承受的挑战是什么。

即使是最不可能的假设,即在化石燃料耗竭之前,全世界设法得 CO_2 的排放量稳定下来,极端的影响仍然是几乎不可避免的。这些影响可以概括如下:

- 属于飓风和龙卷风范畴的特大风暴;
- 气温达到极端值,可能是极冷,也可能是极热,如果高空射流路线改变,并且/或者墨西哥湾流循环被打破的话;
- 持续的极端降雨,引起山洪暴发;
- 另一方面,蔓延的干旱对构筑物产生影响;
- 风暴潮引发洪水泛滥,特别是在洪泛区;
- 海平面上升效应被低气压放大,目前的上升速度为 3mm/年。

世界上很多地方已经在经历着 4 级飓风

或台风。这意味着风速在 131～155 英里/小时之间。最近的经验表明，美国并不能从这样的事件中幸免。即便是北欧也如前所述，未能逃脱局地性的、然而却是毁灭性的风暴。在 2008 年 8 月，这样的风暴几乎摧毁了位于法国北部的欧蒙村庄。由于在未来这样的风暴似乎将在更广泛的地区发生，而且可能更为频繁，所以，必须提出预警性原则，即我们现在就应当考虑住宅设计如何能够承受来自环境的如此狂暴的攻击。

实际上，我们的住宅能够承受暴风袭击所要求的许多特征，关涉到气候变化的数种极端影响。为了全面认识到我们所需要做出的改变的范围，合理的做法是首先考虑住宅的基本构件。

墙体

建造体系从砌体结构转向轻型结构的趋势，不仅仅限于英国，这种轻型结构通常采用木构，但是，也有以压制型钢构件为特征的结构体系。在美国，为达到"被动式住宅"标准而越来越流行的趋向在于，很多情形中是通过木框架建造体系来实现的。最重要的是，这是一种具有经济性的建造措施。

2008 年，英国建筑研究所举办了创新展，强调了开发商如何能够达到"可持续住宅标准" 4～6 级的途径，而这个级别很快会成为政府规范所要求的标准。所有住宅的共同特征是，大部分以场外预制的方式来建造。只有一幢住宅，即汉森 2 号住宅，在外墙中完全采用砖和砌块来建造。

从抵御风暴的角度来看，能够抵御气候变化的住宅应当采用重质砌体结构。我们的建议是，外墙砌体部分加起来的厚度至少要达到 240mm，例如，靠室外部分为 140 厚密实混凝土砌块构件，加上 100mm 厚室内侧的墙体。另外一种方法是，采用场外预制混凝土的建造方式。假使截面足够坚固，而且质量方面也是无可挑剔的话，也可以满足这一标准。如果要采用场外预制的保温板，那么，如果这些板材由钢框架建造方式提供支撑，也是适用的（见图 5.4）。图 5.5 中示意了这种技术如何运用于砌体结构的一种建议。

仅仅处理外墙是不够的。内部隔墙也应当采用混凝土砌块的建造方式，其厚度至少达到 112mm。结构刚度应该和外墙强度同样重要。理想的做法是，底层地面和二层楼面也采用混凝土制成，这既可以采用现浇的方式，也可以采用能够容纳设备管线的预制模块。

屋顶

无论坡屋顶还是平屋顶，当提到无法承受的风暴的破坏力时，都是首先要讨论的部分。即便是英国所经历的相对温和的风暴，也表明了大多数现代屋顶构造的薄弱之处。由于经济性原因，木构件的断面常常尽可能地减小。

尽管在大多数情形中，木材具有极佳的可持续特性，但是，它不能在将来运用在需要足够坚固，以抵抗极端风暴的断面中。破坏不仅仅由绝对风速造成，而且，风向的突变——这正是龙卷风的特征——也同样会造成破坏。屋顶木材的断面标准应当进行修订，将这些我们能够预期的荷载考虑在内。关键构件之间的连接件必须采用钢连接件和螺栓，以取代目前普遍使用的齿环连接件构架(gang-nail truss)。

风暴会产生巨大的吸力，所以，屋顶构件与外墙的牢固连接是十分重要的。在 20 世纪 60 年代早期，设菲尔德市经历了几次极端大风，对民用住宅屋顶造成了严重破坏，并导致建筑规范的修改，要求屋顶必须用钢片与墙体锚固在一起。未来的风险将按照指数级增长。在我们所示意的例子中，我们建议在外墙顶部应当设混凝土或钢圈梁，在屋顶构件之间形成牢固的连接，并提供与墙体的锚固连接。

30°的屋顶倾角是PV板和太阳能集热板的最佳安装角度。屋顶倾角的增高大大提升了在风暴情形中所承受的风荷载。然而，这意味着常规屋面瓦多数将不适用。在这种情形中，金属板覆面材料是最常用的替代品，尤其是锌板。这种屋面板往往采用立缝接口[1]，并涂有热反射涂料。这也有利于后安装的太阳能板，假如没有一开始就安装太阳能板的话。

门窗

采用木窗框的三层玻璃应当成为普遍标准，其U值达到小于$1.0W/m^2K$。然而，即便如此，在超大型风暴中，这种窗体仍然易损坏。这也是我们建议回归安装室外遮阳百叶窗的传统做法的数个理由之一，这种措施也能够抵御室外的极端温度。在欧洲大陆，"手风琴式"遮阳百叶窗是常见的新建筑特征（见图5.1）。

采用经过可持续认证的硬木制作的外门，应当超过现行的建筑热工规范，并且开设镶嵌钢化玻璃的小窗洞，其尺寸仅够识别访客。

在住宅朝向设置时，尽可能将山墙面朝向东西方向，墙面的开口尽可能小。这可以提供对主导风的屏障。此外，尽可能采用天然风障。在这种情形中，甚至莱兰氏柏树篱也可以派上用场，如果能够对树篱持续修剪保持形状的话。

温度

在建筑规范的形成过程中，例如，英国的建筑规范的L部分，迄今为止的重点仍然保存热量。在将来，很有可能保持凉爽与保存热量同样重要。在政府出台的《规划政策声明——生态城镇》(Planning Policy Statement：Eco-Towns) 中，在关于提议中的生态城镇的标准方面，声明住宅应当"结合最佳实践的做法来防止夏季过热"。这对轻型结构的可行性提出了疑问。这种建造方式可以有效地保持热量，但是，却不能有效地防止过热。

在2008年，英国劳工与养老金部（Department of Works and Pensions）委托气象局开展了一项研究，其报告得出的结论是，"天气将变得如此之热，以致英国的穷人和老人需要政府帮助，来支付夏季的能源账单，因为他们必须使用空调，以防止死于中暑衰竭"。这份报告总结道，到2050年，强度与2003年一样的夏季热浪将每隔一年就会发生（《卫报》，2009年1月8日，第9页）。这里有必要重述在第2章中提到的城乡规划协会（TCPA）的警告，即夏季温度将达到40~48℃。

英国已经正式通过了到2016年新建200万套住宅，以及到2020年新建300万套住宅的目标。由于贷款机构拒绝给承包商发放贷款，新住宅的建设几乎停滞下来，在这样的时刻，这个目标又一次得以重申。官方的观点是，实现该目标的唯一途径是，场外工厂预制的建造方式能够得以优化。这种言论就倾向于木框架轻型结构的建造方式，正如建筑研究院创新展上所展示的，这一点正是第4章讨论的重点。其优势在于建造速度和

图5.1 折叠式活动遮阳窗

成本。最主要的不利之处在于，这种建造技术在达到飓风级别的风暴中易于损坏，正如前文所阐述的，而且，正如示范案例所显示的那样，很难达到"标准"所要求的气密性水平。

重要的是，这些建筑物的热质过低，其室内环境的效应是，会放大室外的峰值温度，但是，对室外温度的低谷却并无反应。换句话说，高温将保持一整夜。2003年热浪的致命因素在于，夜间气温维持在大约35℃的状态持续了数星期之久。这意味着这类住宅的零碳性能，将因在高温的夏季，尤其是夜间，使用像房间那么大的冷气机而损害了。

正如在第4章中所讨论的，建筑研究院展览上的汉森2号住宅是唯一接近具备重要热质性能的住宅。这种性能意味着，抵御风暴所需的设计参数与热质要求相一致，并且这种性能应当与以U值定义的热效率分开考虑。这一点更加强化了倾向于外墙采用至少240mm厚砌体的论点。在这种墙体中应结合厚度至少为150mm的保温层，以满足"标准"中第6级的热工要求（见图5.5）。

砌体结构的另一个优势是，在达到气密性的强制要求方面，比轻型结构更有效，正如前文提到的，轻型结构在这方面遇到了困难。

热质，或者叫做体积热容量（volume heat capacity-VHC），是指材料在环境温度变化时，存储热量或冷量的能力，而并没有发生相变。其度量单位是千焦耳／平方米·开氏温标（kilojoules/m^2K）。典型材料的热质值为：混凝土2060，而砖墙为1360。因此，高热质对于外界温度起到了削峰平谷的作用。在冬天，热质材料储存热量，在夏天，减缓吸热，与此同时，也便于夜间散热（night purging）。在住宅中，这种通风策略可以通过被动的方式实现。贝丁顿零能耗住宅开发项目（BedZed）和乡村零能耗住宅开发项目（RuralZed）都采用了带有风向标的屋顶风帽，风向标使风帽总是朝向主导风。这意味着通风系统的进风对着上风向，而排出的气流受到下风向的吸力而被抽走。在冬季，换热器将排出的废气中的热量，传给进入的新风中（见图4.11）。

目前已经估算出，在一幢高热质的办公建筑中，"热滞效应"（thermal lag）可达6小时。随着气候影响日渐增强，很有可能建筑规范中将不得不包括最低热质标准（英国皇家建筑师学会，2007年）。

相变材料（phase change material – PCM）可以作为热质的补充。相变材料制作的灰泥（PCM plaster）含有石蜡核（nodules of wax），会根据温度变化从液态变为固态，或反向变化。因此，在这一过程中吸收或放出热量。相变材料可以放置在顶棚的空隙处，空气被风扇驱动流过这些相变材料，在白天，进行空气的再循环，或者在夜间冷却过程中释放到室外。[2]

对于这些建议存在着反对意见，其理由是，重质材料建造方式比轻型结构包含了多得多的物化能量。机敏的回答是，重质建造方式在整体和构件方面的预期寿命更长。这是以很高的代价达成的。然而，根据工程顾问公司第十工作室（Atelier Ten）的观点，"采用经测试的常规材料建造的常规重质建筑，比采用轻型结构的建筑寿命长得多。许多采用轻型建造方式的建筑物，其寿命依赖于防水密封材料和外露的金属材料，因而寿命很短——短至25年也非罕见。另一方面，我们已经看到，采用常规建造方式的建筑和传统建筑可以屹立数百年"。

在很多情形中，这种间接成本可以由降低的保险费用抵消。如果住宅将要建造在洪泛区，只有采取了根本性保护措施的不动产才有可能投保。由于气候变化的效应变得前所未有的日渐显著，人们评估不动产的价值时，总是要考虑"安心"因素。

图5.2 英国设菲尔德市被动式太阳能住宅，作者设计并居住

资料来源：建筑师：作者

被动式太阳得热

不是所有的环境影响都是自带价格标签而显现出来的。在20世纪60年代，被动式太阳得热成为在零碳住宅理想中达到顶峰的征途的第一步（见图5.2）。

从冬季很低角度的光照中获取的太阳能，仍是取自天然的有价值之物，应当结合在设计中。当太阳得热不足以减缓寒冷时，三层玻璃和带保温的遮光百叶可以提供保护。

暴雨和山洪暴发

在这里，又一次在轻型结构与砌体结构住宅之间看到了鲜明的对照。疾风骤雨交织，已经使欧洲一些采用木框架建造体系的居住建筑开发项目难以招架。在将来，结构坚固性会成为住宅最值得追求的品质。

英国、欧洲大陆和美国全都经历过由持续暴雨带来的严重灾害，通常这些灾害发生在山区。在山区，地表径流往往注入河流和溪流中。地面无法吸收如此强度的洪水，其结果是，下游河道泛滥，并淹没了农村和城市的排水系统。如果有着雄心勃勃的住宅建设计划，例如，英国政府所宣布的住宅建设目标，那么，将住宅建造在曾经历严重山洪暴发的地区，就是无可避免的，这些地区在第2章曾经述及。在这种情形中，必须采取额外的措施，这既包括在单体住宅方面，也包括在更广泛的环境方面所采取的措施。例如，在位于北安普敦郡的阿普顿市生态村庄中，洪水的风险由于平行于住宅的大型泄洪沟网络而得以减少（见图5.3）。

大量的建设开发需要大面积硬地，从而带来雨水径流的问题，因而更加加剧了山洪暴发的问题。在新的开发项目中，如超级市场的建设，应该强制要求硬质地面为可透水材料，而不是铺砌成路面。这也必须应用于住宅庭院中的铺地上。在街边停车越来越困难，而且/或者越来越昂贵的片区，在庭院中需要设停车区。

在洪泛区建造房屋是特别危险的，然而，如前所述，建造新住宅的压力使这样的开发项目不可避免。这就是为什么必须采取特别的措施，使这类住宅仍然可供居住，并且能够获得保险。新环境署（New Environment Agency）的首席执行官保罗·莱茵斯特（Paul Leinster）在经济事务研究所（Institute of economic Affairs）的一次题为"普通保险的未来"（The Future of General Insurance）的会议中发表了演讲，他警告保险业界说，经历过洪水袭击的住宅必须重建，以便更好地防备洪水。"在住宅遭水淹的地方，我们希望这些住宅能够按照抵御洪水能力更强的标准进行重建"。他告诉与会者说，用于修复由于洪水造成的损害的每年花费将从目前的10亿英镑上升到2080年的250亿英镑。面临洪水高危风险的住宅有可能从150万幢上升至350万幢。他继续建议保险公司为人们提供激励机制，鼓励采取防洪措施。对于新的开发项目来说，这也是同样实际的，或者说更加实际。

图 5.3 英国北安普顿郡阿普顿的联排住宅之间疏泄暴雨的土沟

结构方面的建议

最明显的防洪策略，就是将建筑物抬升，支撑在桩柱上。如果建筑物选用的是钢框架建造方式，这是最直接的策略。这种方式既可以用于单体住宅，也可以用于多层公寓。开敞的底层可以提供停车空间，在得到洪水预警时，场地可以清空（见图 5.4）。

另外还有一种方式，就是利用目前可行的许多种防水体系，其中有些体系是由表面涂层来形成防水层的。例如，一种叫做膨内传（Penetron）的涂覆型（paint-on）材料，可以在混凝土结构的内部形成致密的晶体网络，使之能够防水。然而，传统主义者会说可以抵抗强大洪水所产生的压力的唯一可靠而长寿命的技术，是采用地下室防水层的技术。图 5.5 示意了在一幢具有高热质的建筑中如何实现这种防水技术。

同时，延伸到墙裙以下的门窗应有止水密封。最有安全保障的方式是可以手动启动的充气式密封，其机制与机动车中使用的气囊相同。

在易受洪水侵袭的区域，最有效的设计之一是设置半地下室。如果土方开挖中，采用随挖随填的施工方法，为避免土方搬运，这种半地下室的设计就相当具有成本效益。这种方法的优势在于，将底层地坪的标高提升到至少高于室外地面一米以上。建筑研究院环境评估方法中"生态住宅"（Ecohomes）标准的建议是：

> 当接受评估的开发项目位于被定义为洪水暴发的中等年概率的洪泛区时，所有居住建筑的底层标高、与其相连的出入口和场地，均应设计为至少高于洪泛区设计水位 600 毫米。
>
> （"生态住宅"和"可持续住宅标准"，建筑研究院，2007 年）

在以上这两种方式中，都必须解决残疾人出入口的问题。

对钢框架结构与砌体体系二者进行详细

48　为气候改变而建造

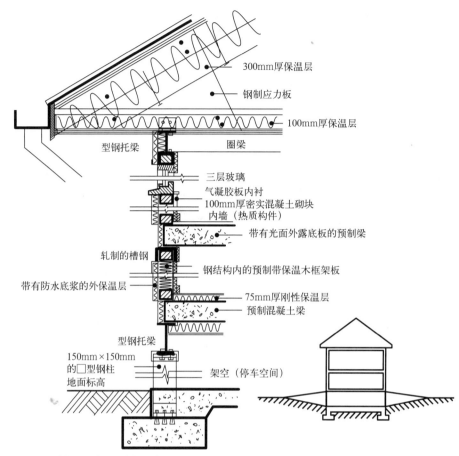

图 5.4　带有开敞式底层空间的钢框架构造体系

的费用分析是必须的，以明确何者更具有成本效益。前者的好处是大部分构件可以预制，而后者的优势在于热질更高。

在荷兰，人们越来越对带有内置式漂浮舱（flotation chamber）的住宅感兴趣。然而，这种住宅中的大多数是作为永久性漂浮住宅而设计的，它们可以跟随水面标高的不断变化而上下浮动。当出现伴随着海平面上升而来的土地短缺、这种住宅成为英国未来的一种选择时，这类住宅就会大行其道。目前开来，这似乎是太奢侈了。

家用器具也需要特别的关注。在南约克郡开展的一项防洪改造项目中，卫生间中都设置了 "栓塞式" 密封；尽管看上去不雅观，但是，估计能有效果。在设计标准改变之前这是权宜之计。我们必须说服卫生洁具生产商，为面盆、浴缸和淋浴设备提供带有螺旋式塞子，并且取消溢水口。

在 2007 年，格洛斯特郡经历了数次洪水灾害，一个大型变电站差点被淹没。假使这个变电站被淹，那么，数千户家庭可能连续几周都没有电力供应。在有洪水风险的区域，如塞温河与泰晤士河流域，有先见之明的做法是，利用安装在屋顶的太阳能光伏发电装置，为交流/直流双模式家用电器和设备供电，并且保持蓄电池组是充满电的。

人们对新住宅的需求不断增长，而且要将许多新建住宅的价格维持在首次置业者可负担的范围之内，由此带来的压力强调了这其中的两难处境，开发商和设计师在一边，

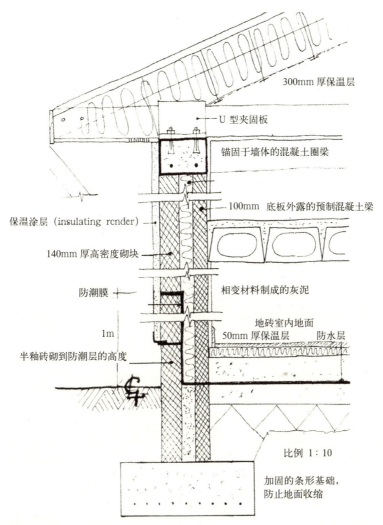

图 5.5 接近可抵御气候住宅的构造细部建议

而负责制定设计标准的政府在另一边。这会不会造成要求太高反难成功呢？本章和以下几章的目的是，在假设气候变化的最坏结果之下，如何考虑设计所面临的挑战。假设最接近奇迹的情形，CO_2 排放量有可能在引发不可逆转的气候变化之前稳定下来。然而，石油峰值和能源储备迅速减少的远景，却超越了奇迹的范畴。节能和非化石燃料发电的替代能源不是选择，而是无可避免。

有些住宅购买者会意识到在接近于可抵御气候住宅方面的投资价值，"但是，这转化成购买偏好却十分微弱：这个因素排在价格、面积和区位这些重要需求之后。这不足以对住宅建造商，或者通过他们对市场中的其他各方起到激励作用。"（考尔科特评论，2007 年，第 89 页）。

只有对建筑规范进行彻底修订，才能成功地保证所生产的住宅，其质量能够经受未来数十年气候变化的冲击。

图 5.5 是这种构造的概略想法，这些措施应当能为高温和几乎最强烈的山洪暴发提供保护。其中包括在室外地面之上至少 1m

的传统做法地下室防水层，门扇装有充气密封条，窗户采用船用型密封条。还应当有一些措施防止洪水通过卫生器具倒灌。外墙、楼底板和隔墙提供了高热质。相变材料制作的灰泥可以进一步增加热质。

额外的结构强度，例如保护屋顶构件的钢筋混凝土圈梁，可以保护住宅应对达到飓风级别的风暴。基础的加固可以防止地面收缩造成的损害，这种情形是严重干旱的后果——这也是一种气候变化预计会造成的影响。折叠式遮光百叶保护着四层玻璃的窗体。砌体结构的建造方式，加上带有热回收装置的低功率机械通风系统，能够保证达到最高级别的气密性标准。地源热泵可以为输送的暖风加温。倾斜度为30°的宽阔南向屋顶，将覆盖PV板和太阳能集热板。在夏季，深远的挑檐可以提供遮阳。在冬季，南向立面最大限度地利用被动式太阳得热。这些就是我们所能做的最接近零碳住宅的措施。

会有一些人认为这种建造实践会比木框架建造体系涉及多得多的物化能源。消耗的能量一方面是材料和建造所耗费能源的函数，另一方面是预期寿命的函数。在这个基础上来说，高热质的砌体住宅可以比木结构住宅展现出好得多的能源账单平衡。接下来，还要讨论结构坚固性问题。

支持木结构建造体系的人可能会指出，都铎式木框架建筑在500年后仍挺立不倒。然而，这些建筑通常用硬木建造，最常见的是橡木，而且其断面设计常常有很大的安全系数（多余用料）。即便如此，橡木也不是万无一失的。在1983年，我受委托在剑桥王后学院(Queens' College)回廊院落(Cloister Court)中的院长住宅（President's Lodge）进行一项修建性勘察工作。任务中包括查勘在砖砌回廊上建造的木结构长廊。支撑着长廊地板的是一道厚实的橡木"龙骨"梁，沿着回廊中心线通长设置。我发现这道梁在地板横梁与其榫合连接处沿长度方向裂开了。专门针对这个问题的顾问工程师认为，假使有合适的风荷载的话，随时会发生坍塌事故。往少里算，这道梁也有至少400年的历史了（史密斯，1983年）。

太阳能辅助的干燥除湿和空调系统

在高温时期，具有高热质的住宅有必要采取夜间散热方式，排除白天累积的热量。这可以通过太阳能驱动的除湿冷却过程来实现。该系统中包含一个除湿轮和一个转轮式换热器串联组成的循环，同时做到除湿和冷却（见图5.6）。本章附录更为详细地解释了这个系统。

关于因气候变化而增加的额外费用的争议越来越激烈，争议的焦点在于，科学上仍存在不确定性。因此认为，现在就为未来可能永远都不会发生的气候影响而投资，是不明智的。英国气象局的首席科学家驳斥了这种观点。

> 人们不应当夸大不确定性……目前对英国气候预测中的某些特征，是在物理学基础上做出的，并且得到一系列模型的一致确认，这其中包含了显著的气候变暖、海平面上升、和冬季降水增加……[英国气象局的]目标和从前一样，是确保政府和产业界拥有最适用的气候建议，以引导未来的投资。
> （米切尔，2008年，第26页）

为了实现这些措施，在建造方面所增加的成本，显然大大高于轻型结构的建造方式，这一点是无可避免的，但是，这些成本可以由保险费用的降低，和抵御气候变化的投资所具有的内在价值所抵消。与此同时，也有能源/CO_2排放方面的可避免成本，这是由

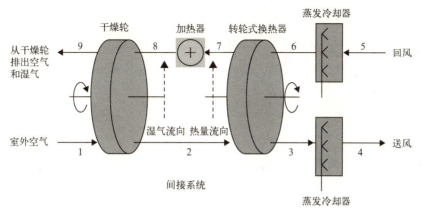

图 5.6　干燥轮和转轮式换热器除湿和制冷

于轻型框架结构在酷热的夏季必须使用移动式空调机组。

最后一点，人们越来越关注的问题是，要实现"可持续住宅标准"的第 6 级，只有通过就地可再生能源产能的方式。另一种办法是按照每千克 CO_2 向开发商征收可再生能源税，征收的依据是根据电脑计算出的每年超出零碳标准的每平方米 CO_2 排放量。税收可以由一个独立于政府的信托机构监管，其收入被指定用于城市基础设施规模的可再生能源生产。每幢住宅的能源使用状况都得到监控，显示出相当于排放了多少 CO_2。在住宅使用一年后，进行一次使用后评估（post occupancy evaluation-POE），如果有必要的话，根据评估结果调整征税值，任何超出排放标准的部分都加入能源账单。这比补偿计划更有效可靠，而后者已经产生了很多问题。

附录

干燥除湿和蒸发制冷

在某些环境中，高温加上高湿使常规空调的降温措施失效，因为空调偏向于降温而不是除湿。除湿仅仅是将温度降低到露点以下的副产品，露点是水汽凝结的温度。

干燥剂是一种吸湿材料，呈液态或固态，可以从潮湿的空气、气体或液体中吸收水分。液态干燥剂通过吸收的方式工作——水分以化学方式被吸收。固态干燥剂有很大的内部空间，能够通过毛细管作用吸收大量的水分。有效干燥剂的例子包括：

- 硅胶；
- 活性氧化铝；
- 锂盐；
- 三甘醇。

这种除湿方法需要经过一个加热的过程，以便使去湿材料变得干燥，或者叫重生，所需要的温度范围为 60～90℃。一种方式是通过真空管式太阳能集热器提供热能，当日照不足时，由天然气作为后备。或者，另一种方法是利用废热，例如，来自斯特林热电联供（CHP）机组的废热。

作为空调系统的全面替代方案，干燥除湿方法可以与蒸发冷却联合使用。空气通过旋转的干燥轮干燥后，通过一组换热器，例如转轮式换热器，进行冷却。如果有必要，还可以通过蒸发冷却器对空气进一步冷却，然后再送到建筑物中。

温度为室温的排出废气也首先通过蒸发

冷却器，然后通过转轮式换热器，在这一过程中进行冷却。这就使转轮式换热器可以对新风进行冷却。空气通过转轮式换热器之后被加热，然后导入干燥轮，去除湿气，最后排到室外空气中。

这种系统存在一些问题，即该系统不易进行精确的温湿度控制，而且在干燥气候中不那么有效。积极的一面是，的确能够提供全新风系统。（更深入的阐释，参见史密斯，2007年，第3章）。

注释

1 或者可以采用金斯潘公司（Kingspan）的KS1000直立锁边屋面系统（kingzip standing seam roof system）。
2 对于建筑物中的冷却技术更全面的描述，参见史密斯（2007年）书中的第3章，"制冷的低能耗技术"（Low energy techniques for cooling）。

第 6 章
建筑一体化太阳能发电

英国政府的目标是，到 2016 年，所有新建住宅都要实现零碳排放。这是令人信服的目标吗？就光伏电池（PV）来说，平均每座住宅需要大约 $10m^2$ 安装在南向屋顶上的电池板，这样才能满足电力需求中适当比例的一部分。这是一种高品位能源（high grade energy）。但是，家庭能源需求中的大部分可以用低品位能源（low grade energy）来满足，即空间采暖和生活热水。从经济性角度来看，太阳能集热板的装机成本仅仅是 PV 板的四分之一。一般住宅都没有足够的屋顶面积可以同时安装太阳能发电设备和集热产能系统。以目前的技术水平，很难使一般住宅实现零碳排放。即使最节能的住宅仍然需要额外的能源资源，这既可以是场外发电的形式，也可以是来自局部能源网的热电联供（CHP）机组，或者是国家电网的电力。

在国家层面上来讨论这个问题，就更加清楚了。如果整个国家必须由可再生能源供应动力，这其中不包括核电以及带有碳捕集和封存（carbon capture and storage-CCS）技术的燃煤发电，那么，这些主要产能技术方式中的任何一种都会占用巨大面积的土地和海洋。例如，以生物质能为例：即使整个国家 75% 的土地都用来种植能源作物，仍不能满足全国的能源需求。如果以太阳能光伏发电来满足电力需求，PV 电场的面积则与威尔士的国土面积相当。

根本之处在于，从油气时代转向使用可再生能源的过程中，我们不得不大幅削减来自建筑、工业和交通领域的能源消耗。就住宅来说，必须尽量减少对外部能源的需求，这意味着能效水平要大大高于"可持续性标准"所设定的第 6 级。

目前，英国国家电网的容量为 75 吉瓦左右，允许的峰值电力需求为 60 吉瓦。到 21 世纪 20 年代，英国发电容量中大约有 30% 的设备将退役。

以目前可再生能源替代常规能源的速率，到 21 世纪 20 年代，将会有相当可观的能源黑洞，假使不是提前到来的话。电力生产商协会（Association of Electricity Producers）的一位发言人声称："我们正在快速接近发电缺口状态，并且需要花费至少 1000 亿英镑，用于新建更环保的发电站"。这个观点得到了议会商业和企业委员会（Parliamentary Business and Enterprise Committee）的支持，该机构曾经警告说，"如果要避免灾难性的电力短缺的话，就必须新建发电站，以提升蓄电和发电容量"（议会商业和企业委员会，2008 年）。

住宅消耗了英国 27% 的能源，因此，住宅设计必须尽量减少对电网的需求。我们所面临的大好机遇在于，未来十年中，电网容量将会从目前的大约 75 吉瓦逐步下降，因此，能源负担轻的住宅（energy-light homes）既体现了社会责任，也关系到自身利益。英国节能基金会（Energy Saving Trust）做出的最乐观的评估表明，带有一体化可再生能源设备的居住建筑，能够满足英国电力需求的 40%。

在未来的数十年，住宅作为微型发电站的作用将会是至关重要的。据廷德尔研究中心估计，英国可再生能源产能的潜力为 5.7MWh/人/年。戴维·麦凯（David Mackay）将这一数值提高为 6.6MWh/人/年，他假设公众的反对意见已经消除了（麦凯，2008年）。

英国政府的要求是，达到"标准"第 6 级的住宅，应当由来自就地产能或一体化可再生能源作为能源的补充。最显而易见的资源就是太阳能。但是，首先要考虑一些基本问题。从太阳辐射获得能源，受纬度、朝向和倾角的影响。图 6.2 比较了巴塞罗那、佛罗伦萨、苏黎世、布里斯托尔、海牙和马尔默等城市太阳辐射水平的差异。例如，30°倾角的南向坡屋顶，在巴塞罗那可以接收大约 1650kWh/（m²·年）的太阳辐射。另一方面，在布里斯托尔，只能期望得到大约 1200kWh/（m²·年）的太阳能。30°倾角的东西向坡屋顶，在这两座城市都会少接收 200kWh/（m²·年）的太阳辐射；平屋顶的情形大致相同。

再举一个例子，英国剑桥位于纬度 52°地区，在春秋季中午时分到达地面的阳光，是赤道地区太阳辐射的约 60%。在这个城市里，安装在住宅屋顶的典型晶体硅（cSi）电池阵列的峰值输出约为 4kW，年平均发电量为 12kWh/天。麦凯引用的一个案例研究是位于剑桥郡的一座住宅，屋顶安装了 25m² 晶体硅（cSi）太阳能电池阵列。年平均发电量为每天 12kWh，意味着每平方米太阳能电池板的输出功率为 20W（麦凯，2008 年，第 41 页）。

图 6.2 示意了在不同倾角和朝向情形下 PV 电池的平均效率。

图中表明，安装在立面的 PV 如果与屋面安装的太阳能电池相结合，可以获得显著的太阳能贡献量（solar contribution）。

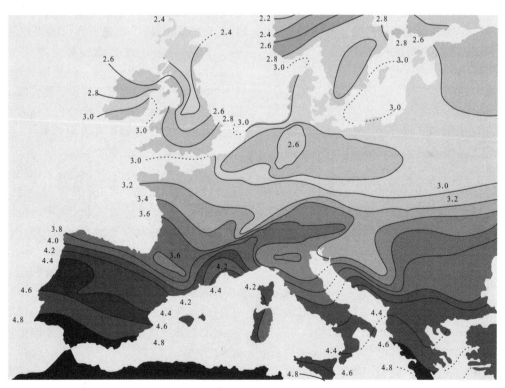

图 6.1　欧洲的太阳辐射地图，单位：GJ/（m²·年）
资料来源：《能源》（*Energie*），西班牙塞尔达研究所（Institut Cerda），2001 年，以及巴塞罗那 TFM 太阳能公司

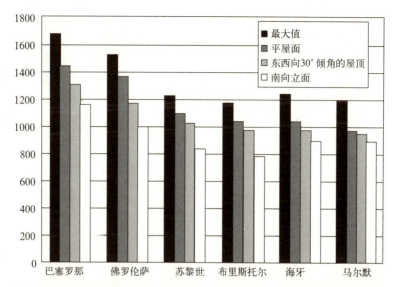

图 6.2　各城市太阳辐射比较 [kWh/(m²·年)]；30~36° 南向斜屋面、平屋面，以及东或西倾斜 30° 的屋顶和南向立面

资料来源："太阳电力城指南——能源供应的新方案"（Solar ElectriCity Guide-new solutions in energy supply），引自《能源》，2001 年，第 23 页

光伏电池

尽管 PV 不是最具成本效益的住宅可再生能源产能形式，但是，以电力的形式生产高品位能源的想法有着心理学上的吸引力。在这一点上，英国与欧盟其他成员国相比，仍然存在严峻的不利因素，因为英国仍然必须依靠实行上网回购电价（feed-in tariff – FIT）。这就是说，输入到电网的可再生能源，可以获得溢价，高于提供给消费者的供应价。毫无疑问，我们追随德国和西班牙的那一天一定会来到，在这两个国家，上网回购电价政策已经蓬勃发展，延伸到制造业领域，以满足不断增长的需求。

第一代太阳能电池

迄今为止，市场仍由第一代晶体硅电池（cSi）主导，其峰值效率可达到大约 20%。这种电池非常昂贵，而且回报期远远超过其预期寿命，只有依靠大幅度的上网回购电价政策，才会具有吸引力。

纵观这种电池的发展历史，曾经出现过一些问题。1999 年，在荷兰阿默斯福特附近的尼乌兰新镇，完成了一个大型城市规模的 PV 项目，其峰值电力输出为 1.35MW，使用的是晶体硅光电电池。该项目包括 550 幢住宅、一所小学、一所幼儿园和一幢运动设施综合楼。这个项目暴露出一些在大型社区规模的 PV 项目中会出现的问题，例如，在一次调研中，有 11% 的问卷应答者没有意识到他们的住宅是连接着 PV 发电设备的 [《可再生能源世界》（Renewable Energy World），2008 年 9-10 月刊，第 114-123 页]。

尽管这一项目举世闻名，但是，还是有一些居民甚至要求移除家中安装的 PV 电池板。这些年来，居民们一直都对维护标准抱怨不休。造成这一问题的原因，部分在于由于荷兰政治局势的变化，政府不再承诺支持光伏发电，在 2003 年到 2008 年间，不再为 PV 产能提供激励政策。房屋所有权的变化以及发电设备所有权的变更对于问题更是雪上加霜。与此同时，新搬来的房客或者新入住的业主可能对项目更少承诺。因此，重要的是，从项目一开始，条款严格的维护合同就要到位。这有可能成为一种远程监控服务系统,能够核查产能状态和系统性能,其目的是优化能源输出和系统维护。当每个住宅业主安装PV设备之后,就有责任维护这些设施,以保障自己的投资,并致力于实现其峰值性能。

第二代太阳能电池

薄膜技术

市场分析家的预测认为,晶体硅(cSi)技术将很快被第二代薄膜系统所取代。第二代系统大多效率比晶体硅电池低,但是,由于采用滚压工艺生产,比晶体硅电池便宜得多。因此,按照每瓦成本来计算的话,这种电池一定会胜出。所以,这也是大多数商业研究的重点,因为第二代电池能够批量生产,具有市场竞争力。薄膜技术是由半导体化合物构成的,制作工艺是将这种物质喷涂到弹性基质上。据称,这种电池所需要的材料体积仅仅是晶体硅电池的1%。通过调整薄膜配方,这种系统可以吸收不同波长的光波能量。例如,使用铜、铟、镓和硒的电池(CIGS)可以达到19%的效率,成本仅仅是晶体硅电池的几分之一。预期在五年内,这种电池的成本将达到与电网发电成本相当的水平。碲化镉(CdTe)电池也是这类电池中有望获得成功的一种。

第二代太阳能电池的另一类产品是能够模仿光合作用的染料基电池。这种电池由洛桑大学(University of Lausanne)的迈克尔·格雷策尔(Michael Gratzel)和布赖恩·奥里甘(Brian O'Regan)研发,它们使用有一种含有钌离子的染料。这些离子能够吸收可见光,和自然界中的叶绿素作用类似。这种染料涂覆在二氧化钛(titania)半导体的纳米晶上。二氧化钛的电子特性是,能够从钌获取电子,驱使电子进入电路中。

这种电池采用夹心结构,在两层透明电极之间夹入一层10微米厚、涂有染料的二氧化钛薄膜。被紧紧包裹的纳米晶形成多孔膜,最大限度地提高电池吸收光线的能力。电极之间的空间充满含有碘离子的液态电解质。这些离子取代了那些被光子运动从染料中击出的离子。两个电极连接起来形成电路,承载着电荷的释放。

在直射阳光下,这种电池的光电转化效率为10%左右,但是,在多云的天气条件下,在漫射光照射下,能效可达15%,因此,这种电池尤其适合于北方的气候。据说这种电池的成本只有晶体硅电池的20%,而且由于澳大利亚发现了大量钛矿床,成本有望进一步降低。

第三代太阳能电池

未来趋势主要在于提高第二代太阳能电池,如格雷策尔PV电池的性能,并降低其成本。华盛顿大学的研究人员实现了染料敏化太阳能电池技术方面的阶段性突破。研究者已经发现,使用粒径大约为15nm的光敏微粒,将它们组合成粒径大约为300nm的"聚合微粒",可以导致光线散射。这意味着光线在太阳能电池内行进更长的距离。这些球体的复杂内部结构形成了约1000平方英尺的表面积,表面上涂覆染料,可以捕捉光能。通过使用二氧化钛基染料敏化太阳能电池,我们预期这种"米花球"技术可以将能效提升,大大超过格雷策尔电池的11%的效率(见图6.4)。

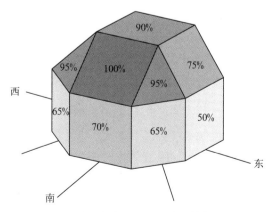

图6.3 依据角度和朝向不同的PV发电效率
资料来源:《可再生能源世界》,2005年7-8月刊,第242页

塑料太阳能电池

能够导电的塑料可以让进入的光线释放出电子。这种太阳能电池由液态塑料制成。塑料涂覆在基质上,有点类似于印刷工艺。眼下的目标是达到 10% 的光电转换效率。即便是这样的效率水平,这种电池由于制造成本低廉,仍然对市场有吸引力。

另一条研究路线试图通过倍增照射于电池上的太阳光,来尽可能提高硅电池的性能。聚光式太阳能电池将光线聚焦于晶体硅 PV 电池上,可以达到 40% 的效率。在特拉华大学(University of Delaware),科学家使用 20 倍率聚焦的太阳光(20 倍于太阳光的功率),达到了 42.8% 的效率。实验的过程是,将入射光线分解成其组成成分的波长,然后将每一种波长的光导入一种对应的化学物质,这些化学物质能够达到某种波长的最佳光电转换效率。这种电池的不足之处在于,首先,需要直射阳光才能有效运作,并且,第二,价格仍然非常昂贵。

弗劳恩霍费尔太阳能系统研究所(Fraunhofer Institute of Solar Energy System)也在聚光式太阳能电池技术方面开辟出新的研究领域,他们采用多结(multi-junction)电池,达到了 37.9% 的效率。这是通过聚焦 300~600 倍的太阳光而实现的。

还有一种技术是在聚光式太阳能 PV 中结合冷却装置,SUNRGI 公司申请了这项技术的专利,到 2010 年,将可以运用于并网或离网的 PV 发电设备(见图 6.5)。

麻省理工学院(MIT)的科学家研究出聚光式 PV 技术的另一种变式。这种系统既没有采用追光系统,也没有设置电池冷却系统。其原理是,太阳能电池由多层玻璃板集成,整个玻璃区域都可以收集光能。然后,太阳能被传输到玻璃边缘,在窗户的四周设有 PV 电池,光能在这个区域内作用于 PV 电池。每一层玻璃上都涂覆染料分子,各层玻璃共同工作,可以吸收各种波长的光线。然后光线以不同的波长再次发射出来,在玻璃板中传输到玻璃四周的太阳能电池上。通过这种办法,能够尽可能收集每一种波长的太阳能。据称,以这种方式将太阳光聚焦在太阳能玻璃板四周,可以将每组太阳能电池的光电转换效率提高 40%。此外,电池的特性使它们也可以当作窗户来用,尽管透光率有所降低。

图 6.4　由粒径为 15nm 的颗粒组成的"米花球状"聚合微粒
资料来源:华盛顿大学材料科学和工程系

图 6.5　SUNRGI 公司的"极限聚焦"(XCPV)聚光式太阳能电池系统,带有获得专利的冷却电池技术
资料来源:《可再生能源世界》,2008 年 5-6 月刊,第 12 页

麻省理工学院的研发团队认为，由于这种系统易于制造，因而可以在 3 年内推向市场，与常规 PV 电池相比，成本将大为降低。

研究战线清晰地划分为两个阵营，一个是通过太阳能聚光方式将晶体硅技术升级，另一种是采用薄膜技术。贝内特·达维斯（Bennett Daviss）在《新科学家》杂志上撰文支持后一种方式，他声称"也许这是真正的太阳能未来所在，未来的前景不是高效却昂贵的电池，而是在于巧妙的新设计，使生产成本极为低廉"（达维斯，2008 年，第 37 页）。艾伦·黑格（Allen Heeger）是 PV 塑料的发明者之一，他认为，"关键的比较标准是每瓦多少美元"（达维斯，2008 年，第 37 页）。人们越来越认识到，这才是 PV 技术的未来。

光伏发电与城市设计

城镇展现了 PV 应用的理想机遇。城镇有着高度集中的安装 PV 的潜在场所，并且有着大量的能源需求。与此同时，坚实的城市基础设施可以支持本地化发电设备。据估计，在合适的墙面和屋面安装的 PV 设备所发出的电力，可以满足总需求的 25%。PV 发电的最大机遇在于成为建筑物的内置系统。预期到 2010 年，建筑一体化光伏发电（building integrated PV-BIPV）将会占全世界 PV 装机容量的 50%，这一比例在欧洲还会更高。

在城市环境中，大规模采用 PV 发电有赖于人们对这种设备所带来的视觉变化的接受程度，特别是在具有历史文脉的场所。目前，仍然有障碍需要克服，而且规划政策指南有可能必须修改，以便为在建筑改造中运用 PV 创造有利而合理的条件。

在给定的地点，PV 发电的效率取决于以下这些因素：

- 相对一致的屋顶高度——紧凑型开发是屋顶安装 PV 的理想之选；
- 朝向；
- 立面的开敞程度——更加开放的城市肌理，能够充分发挥立面 PV 的发电潜力；
- 建筑物之间的遮挡——尤其是在太阳高度角发生季节性改变的情形下。

表面对体积比

不论是安装在立面还是屋顶的 PV 设备，可供安装的表面面积主要取决于表面对体积的比率（surface to volume ratio）。表面对体积比越高，意味着越有机会在立面安装 PV 设备。然而，在高密度环境中，建筑物之间的遮挡将限制立面安装的机遇。另一方面，表面对体积比较低，则意味着适合屋面安装 PV 的机会。

在确定立面安装 PV 的可能性时，建筑物之间的间距也是重要因素。建筑物之间的间距大，而且有南向立面的话，尤其适合安装建筑一体化立面 PV 设备。同样，宽阔的街道和城市广场为这种 PV 安装模式提供了绝好的机会。较为紧密的城市肌理，则指向屋面安装 PV 的模式。建筑一体化 PV 的适宜性取决于许多因素。例如，在市中心，平屋顶是最合适的，既有灵活性，外观也不显得突兀。在考虑坡屋顶时，朝向、倾角和美学方面的影响都必须考虑在内。

反射光是 PV 发电能源的有用补充形式。城市中心的很多建筑立面都有很高的反射光值，这给对面建筑立面上的 PV 发电设备提供了高水平的散射光，因此，朝向就不那么重要了。在玻璃幕墙建筑中，安装遮阳装置是礼节所需。这是将 PV 结合到遮阳装置中的另一个机会。当办公楼进行翻修改造时，在立面中结合 PV 设备是具有成本效益的措施。

在历史保护区，这个问题需要特别敏感地处理。下一代薄膜 PV 看来可以提供将 PV 整合到建筑中的机会，而不会危及这些建筑物的历史完整性。

这一节得出的结论是，在英国这种纬度地区，将主要获益于薄膜太阳能技术，这种技术可以最大限度地吸收光能，而不仅仅是直射阳光。在南欧，家用规模的聚光式太阳能 PV 可能是具有成本效益的选择，因为相

第6章 建筑一体化太阳能发电

对较小的电池面积就可以提供足够的电力。第14章讨论了南欧如何在城市基础设施规模上利用聚光式太阳能源。

改造建筑中的一体化 PV

在《尖端可持续性》(*Sustainability at the Cutting Edge*)(史密斯，2007年)一书中，作者特别描述了一幢建筑物，这就是位于曼彻斯特的英国合作社保险公司塔楼(Co-operative Insurance Society-CIS)(见图6.6)。在本书中继续以此作为案例的原因在于，这是英国建筑改造中整合PV的最具雄心的案例。尽管没有颇具吸引力的上网回购电价政策的扶持，PV技术暂时不会具备成本效益，但是，如果有必要进行大面积立面改造，因安装PV而附加的成本，可以使其成为接近具有经济效益的选择。这也是使得英国合作社保险公司管理层将其总部服务塔楼转变为一座垂直发电站的因素之一。该大楼的设计出产电力可达到80万kWh/年。尽管在曼彻斯特市高层建筑不断涌现，合作社保险公司塔楼仍然是一座地标性建筑。这表明在建筑改造中整合PV，也能使其成为一座具有鲜明特色的建筑。

图6.6 曼彻斯特CIS塔楼，翻新改造中利用了PV板
资料来源：帕姆·史密斯(Pam Smith)

第7章
太阳能、地热能、风能和水力能

太阳热能

太阳辐射是最丰富的能源，每年到达地球的太阳辐射大约有219000TWh（太瓦时）。太阳热能和光伏（PV）技术是两种直接利用太阳能的技术。PV技术倾向于吸引多数人的注意力，可能是由于这是一种"高科技含量"和现代化的技术，其生产的产品可以服务于多种用途。这种技术位于科学的前沿地带，并且仍然有可观的发展潜力。而另一方面，太阳热能技术是一种相对科技含量较低的系统，在日照充沛的国家有着相当长的发展历史。太阳热能技术所面临的另一个问题是，对CO_2减排没有直接贡献，与大型工业公司也没有联系，富余的能源不能输出到国家电网。在2008年，国际能源署（International Energy Agency）在给G8峰会各参与国的关于可再生能源的报告中，就忽略了这一技术，这是有特殊用意的。

根据2008年欧盟的协议，到2020年，整个欧盟20%的能源将来自可再生能源资源，在这一框架下，英国的可再生能源比例是15%。英国政府颁布的《可再生能源战略》（Renewable Energy Strategy）中建议，为了达到所设定的15%的目标，提高可再生能源产热的份额，比提高可再生能源发电水平可能更容易实现。部分原因在于，产热并不会导致电网的复杂化。还有一个原因是，由于英国严重依赖风力发电，使其有可能在未来出现可再生能源的短缺。在英国，热能占最终能源需求的49%，占CO_2排放量的47%。空间采暖、通风和水加热是热能需求的主要组成部分。《可再生能源战略》的结论是，有必要"发展全新的可再生能源产热方式，提供大量的激励机制，来推动这一新的市场"[能源和气候变化部（DECC），2008年a]。

这表明了一种范式的转变：提升可再生能源产热的地位，使其位列于供奉着诸如PV和风能等的可再生能源众神的万神庙中。政府承认资金补贴是必须的，例如，"可再生能源产热激励计划"（Renewable Heat Incentive Scheme），其形式类似于上网回购电价政策，度量单位是英镑／兆瓦时热能。这些补贴是提议中的"可再生能源产热激励计划"机制中的组成部分，这样就可以为CO_2减排做出显著的贡献。

即便是在英国，在英格兰南部，南向屋面上安装的真空管式太阳能集热器，可以达到50%的效率，相比之下，目前的PV技术能达到的峰值效率为20%。根据地点不同，一组$10m^2$的太阳能集热器阵列，每年可以产生4MW时的热能。图7.1表明一组$3m^2$太阳能集热板的实验结果，平均每天生产3.8kWh的太阳热能。实验中假定每天消耗100升60℃的热水。从这个图表中可以看到，在出产的总热能（黑色线条）以及热水消耗量（红色线条）之间，每天有1.5～2kWh的缺口。绿线表示产生的太阳热能。位于底部的品红色线条，表示用来驱动该系统所消耗的电能（麦凯，2008年，第40页）。这种太阳能集热板的面积是一般住户的典型安装面积。

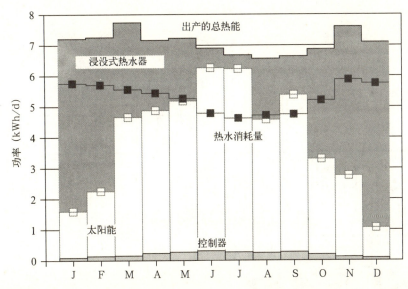

图 7.1　3m² 太阳能集热板的太阳能输出值

跨季节蓄热式太阳能集中供热站（CS-HPSS）

跨季节蓄热技术背后的原理是，在夏季聚集热能，以满足冬季的能源消耗所需。有三种主要的蓄热技术。

- 蓄水层蓄热（Aquifer heat storage）——在温暖的季节，通过钻井向天然形成的蓄水层注入热量。在冬季，该系统反向运行，热能通过区域管网进行输送。
- 砾石/水蓄热（Gravel/water heat storage）——在以防水塑料衬底的坑洼中，填入砂砾－水的混合物，作为蓄热媒介。储存容器的侧面和顶部必须经过保温处理，如果是小型蓄热坑，则底部也必须保温。热能可以直接或间接地注入储存容器中，或者抽取出来。
- 水箱蓄热（Hot-water storage）——这种系统由部分或全部埋入地下的钢或混凝土水箱组成。

采用跨季节蓄热方式的集中式太阳能供热站的目标，是对于至少 100 户公寓的住宅开发项目，达到 50% 的太阳能保证率（solar fraction），即在空间采暖和生活热水的总热能需求中，由太阳能提供 50% 所需的热能。太阳能保证率是指在全年的能源总需求中，太阳能供应的部分所占的比例。对于所有这些系统的安装，都需要得到相关的水资源管理部门的许可才能进行。

截至 2003 年，在欧洲，面积超过 500m² 的太阳能集热器装机容量已经达到 45MW。欧洲规模最大的十个安装项目分别位于丹麦、瑞典、德国和荷兰，多数是为住宅综合楼服务的。德国第一个太阳能辅助的区域供热项目在拉芬斯堡和内卡苏尔姆投入使用，这是作为政府研究项目"太阳能 2000"（Solarthermie 2000）的一部分而实施的。这些项目已经得到证实，可以成为针对今后发展计划颇有价值的试验田。

其中规模最大的项目之一位于腓特烈斯港，这个项目刚好可以用来阐释系统的运行机制（见图 7.2）。该住宅片区有 8 幢住宅楼，容纳了 570 套公寓，在这些公寓楼屋顶上安装的太阳热能集热器总面积达到 5600m²，所收集的热能被输送到中央供热机组，或者是供热分站，随后被配送到需要供热的公寓中。可获得热能的居住面积达 39500m²。

在夏季，多余的热能被导入跨季节蓄热

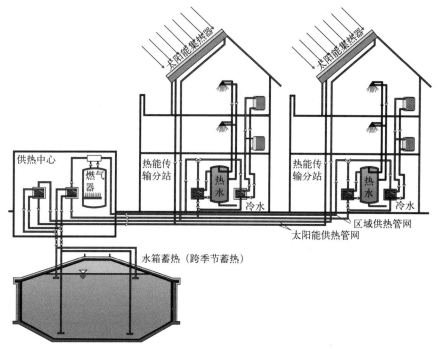

图 7.2 德国腓特烈斯港 CSHPSS 系统示意图
资料来源：《可再生能源世界》提供

设备中，在这个案例中，就是蓄热水箱，可储存 12000m³ 的热水。

该系统的热能输出每年可达 1915MW 时，太阳能保证率为 47%。按照月份统计的太阳能与化石能源之比，表明从 4～11 月（包含这两个月），太阳能基本满足了所有的能源需求。这一时期的主要能源需求是生活热水（见图 7.3）。

混合技术

太阳能发电与太阳热能的融合，是这两种技术的终极目标。PV/热能的混合系统能够将所吸收的太阳辐射能量实现最高的转换率。热能从 PV 模组中抽取出来，用来加热水或空气，与此同时，通过冷却电池，保持系统的最高光电转换效率。英国有一项实验项目位于百富阁可再生能源中心（Beaufort Court Renewable Energy Centre），该项目由 E 建筑师工作室（Studio E Architects）设计。PV/热能（PVT）屋顶由 54m² 的 PVT 板组成，安装在一座生物质能作物仓库的屋顶上。总面积为 170m² 的太阳能阵列，包括 54m² 的 PVT 板，和 116m² 的太阳能集热板。PVT 板包括一套将光能转化为电能的光伏模组，以及背面的一套铜质换热器，用来捕获剩余的太阳能。这种太阳能板由荷兰的能源研究中心（ECN）研发，结合了壳牌太阳能公司（Shell Solar）的 PV 模组，和 Zen 太阳能公司（Zen Solar）的集热组件，能够同时出产电力和热水（见图 7.4）。

另外一种方式是由太阳动力（Heliodynamics）公司发明的。他们研发的混合式太阳能设备的组成是，一排排缓慢移动的平光镜围绕着小巧的、高品位砷化镓 PV 电池。这些镜面将太阳光聚焦在 PV 电池上，既可以出产电力，也可以加热水。这可能是一种很有前途的技术。

第7章 太阳能、地热能、风能和水力能 63

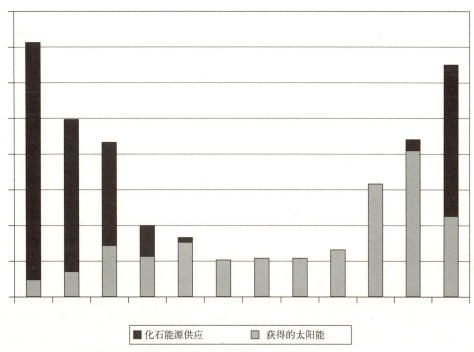

■ 化石能源供应　　■ 获得的太阳能

图7.3　每年腓特烈斯港项目的输出能源值，单位：kWh

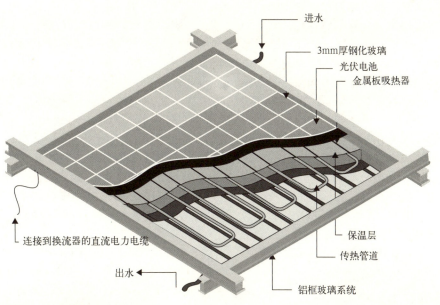

图7.4　PV/热能混合式太阳能板
资料来源：E建筑师工作室提供

跨季节地下蓄热

地下蓄热系统采用 1100m³ 的水体，储存由 PVT 和太阳能集热板产生的热能，以便在较冷的月份供建筑物使用。蓄热水体的顶部覆盖着 500mm 膨胀聚苯乙烯制成的漂浮顶盖。顶盖周边采用铰接方式，可以容纳水体的热胀冷缩，而且设计中也结合了一种悬架系统，假使水面降低的话，可以用来支撑顶盖。倾斜的侧边无需保温措施。只要蓄热水体周围的土壤是干燥的，就可以作为保温层，并提供额外的热质，增强了水体的蓄热能力。由于水的热容量很高（4.2kJ/kg℃），使其成为蓄热的优选媒介。

在夏季，建筑物中几乎没有或者完全没有热能需求，因此，PVT 阵列所产生的热能将被输送到蓄热水体中。在秋季，PVT 产生的一部分热能将直接输送到建筑物中，多余的部分将注入蓄热水体。在整个夏季和早秋，蓄热体中的水温将逐渐上升。在冬季，PVT 产生的太阳热能将少于建筑物的热负荷，热能将从蓄热水体中抽取出来，对进入建筑物的空气进行预热。随着热能被抽取出来，蓄热体中的水温将下降。有些热能也会散失到周边环境中。据估计，这部分热能占整个夏季注入蓄热体中热能的 50%。来自蓄热体中的相对低品位的热能，可以用来预热进入建筑物的空气，因为室外空气的温度比水温低。

到目前为止，多晶硅和非晶硅电池已经运用在这种方式中，并且在家用热虹吸式热水系统（与泵吸系统正相反）中进行的试验已经获得成功。通过这种方式回收的热能，可以用于生活热水系统。规模更大的系统正在设计中，适用于公寓楼和小型办公楼。

这种既能发电又能产热的双重能力带来的额外益处是，提高了两种技术单独运用时的成本效益。

小规模风力发电

微型风力发电不太可能在引导未来数十年的能源革命方面发挥重要作用。这里涉及三个因素：首先是风轮机的容量或者叫"负载"系数；充其量这个比值只能达到 30%。这一数值是指一架风力发电机能够输送到住宅或电网中的额定功率的比例。第二点，在建成区，由于建筑物、街道和开敞空间的布局，造成风速不稳定，会出现乱流。第三，一般认为，平均风速超过 7m/秒或 16mph（英里/每小时），是风力发电设备取得商业成功的必不可少的条件。在英国，只有 33% 的陆地区域能够达到这样的风速（麦凯，2008 年）。

图 7.5 显示了英国冬夏两季平均风速的分布情况。图中数据大部分集中在在苏格兰，这里是风电场最密集布局的地区。只有极少数地区超过了 7m/秒这一具有经济可行性的风速临界值。

直径为 1.1m 的微型风轮机的工况是，假定平均风速超过 6m/秒，可提供大约 1.6kWh/天的电力。麦凯（2008 年）描述了一种商品名叫做安培尔（Ampair）的容量为 600 瓦的微型风轮机，将其安装在英格兰中部小镇住宅的屋顶上，平均发电量为 0.037kWh/天。

规模更大的机组可以服务于建筑组群，一个精彩的案例研究是位于诺丁汉郡的霍克顿住宅开发项目（Hockerton Housing Project）。项目中一共有五户家庭组成了一幢覆土建筑，共安装了两台容量为 5kW 的独立式风轮机（free-standing turbines），同时在住宅屋顶上安装了 PV 设备。从 6~9 月，这些能源设备的月输出电力多半少于 200kWh。这个记录引起我们注意的是，PV 在家用规模的能源组合中发挥着重要的作用，尤其是与小规模风电机（6kW 及以上）结合在一起时。

目前，在城市环境中，出现了越来越多的三重螺旋式（triple helix）垂直轴风力发电机（见图 7.6），例如，利物浦艾伯特码头（Albert Dock）的滨水区。静音旋转公司（Quietevolution）生产的风电机额定功率为 6kW，假定在平均风速下，每年可产出

第7章 太阳能、地热能、风能和水力能 65

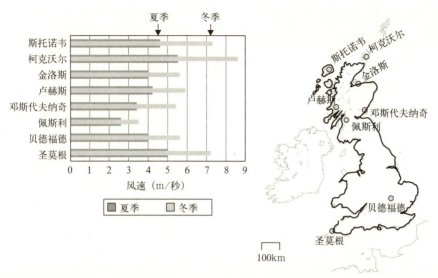

图7.5 1971～2000年期间，10m高度的英国冬夏两季平均风速
资料来源：麦凯（2008年，第264页）

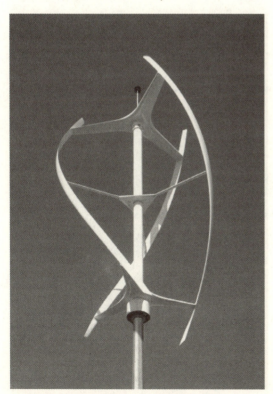

图7.6 静音旋转有限公司的三重螺旋式风轮机（qr5型）
资料来源：静音旋转（quietrevolution）有限公司提供

10000kWh的电力。机组高14m，直径3m，但是，如果安装在高大建筑的屋顶上，只需要8m高，例如，位于克罗伊登的宽景公寓楼（Fairview apartment）中（见图7.7）。

一家名叫阿尔特克尼卡（Altechnica）的风力发电公司为一系列建筑一体化风轮机申请了专利，其设计目的在于增大风速。这些机组的共同名称叫做"风成平面"（Aeolian Planar）或者"翼形集风器"（Wing Concentrator）。其设计是为了充分利用风速与电力输出的3次方关系。这就意味着，风速增加25%，将使电力输出翻一番。这些设备也被称作"建筑物放大式风能系统"(building augmented wind energy systems)。对该技术的研发意味着：

- 在给定输出功率下，风轮机的尺寸可以减小。
- 风轮机的年输出值大大提高。
- 风轮机的利用系数（capacity factor）大大提高。
- 风轮机可以在更低的风速下"接通"（cut-in）。
- 更简单的锁定偏移（fixed yaw）式风轮机能够得以实现。

图 7.7　克罗伊登伦敦路甲秀楼住宅公司的静音旋转螺旋式风轮机

- 具有更低风速特征的场地变得具有风力开发可行性。
- 城市场所更具有风力开发可行性。

- 风轮机可以在一年当中更多的时间内发电。
- 由于这种有效的"新"能源资源，CO_2排放量将大大降低。

"风成屋顶"（Aeolian roof）由特别设计的适合于风轮机的屋顶形式组成，带有特定形状的整流装置或者叫做翼面，其设计是为了使流过建筑屋脊的风速增大。同时，整流罩或者叫风翼也保护了转子。这个系统适用于横流式（cross-flow）或轴流式涡轮机（见图 7.8），甚至在相对低的风速和有湍流的情况下也能够发电。从结构方面来说，这是一种坚固耐用的系统，尽可能减少了屋面荷载。正在测试阶段的原型机表明，振动不会传递到结构中。

获得专利的"风成翼"（Aeolian wing™）聚风式发电系统（Wind Energy Concentrator Systems）家族中的"建筑物放大式"（Building Augmented）的变式中，包括几种不同的选择，其中有"风成屋顶"（Aeolian roof™）系统，适用于多种屋顶轮廓，包括曲面、拱顶、薄壳和薄膜屋面，当然也适用于双坡、单坡屋面和平屋顶。这种系统不仅适用于新建建筑，同样也适用于翻修改造项目（见图 7.9）。

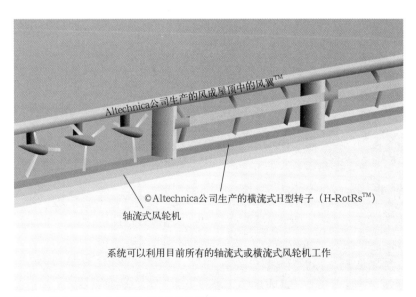

图 7.8　适应于横流式或轴流式风轮机的屋脊
资料来源：Altechnica 公司的德里克 · 泰勒（Derek Taylor）提供

第7章 太阳能、地热能、风能和水力能　67

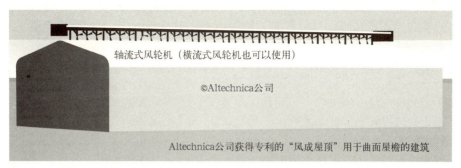

图7.9　用于联排住宅的风成系统
资料来源：Altechnica公司提供

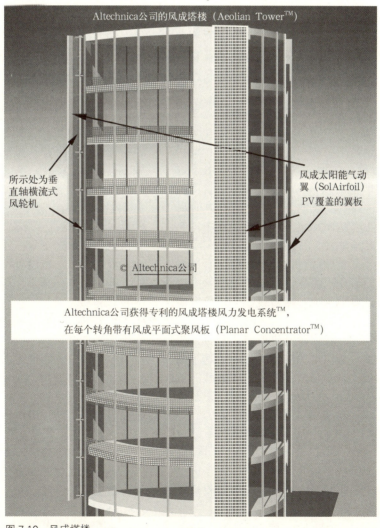

图7.10　风成塔楼
资料来源：Altechnica公司提供

阿尔特克尼卡公司还设计了适用于高层建筑的系统（见图 7.10）。

风成塔楼（Aeolian tower™）系统的设计，就是为了将风电机结合在建筑物侧边和／或转角处——尤其是在高层建筑中。安装高度提升了风力发电技术的生产力，而且，安装在建筑物侧边或转角部位，减少了在高层建筑上利用风力发电设备的可见度。同样，不论在新建建筑，还是在建筑改造方面，这一技术都十分具有潜力。

热泵

热泵看来似乎不应当包括在未来主流的可再生能源技术之列。事实上，在欧洲大陆，热泵的广泛应用表明，这种技术在有望实现零碳能源产能的竞争中发挥着重要的作用。

热泵是冷冻技术的延伸，其原理是抽取土壤、空气或水中存留的余热，用于补充空间采暖或提供生活热水。地源热泵（ground source heat pump-GSHP）充分利用了这一事实，即地面以下 6m 处土壤的恶温度恒定在 10～12℃。在地下 3m 处，土壤的温度在 8～15℃之间波动。在反向模式中，热泵也可以用于制冷。目前的技术可以实现在建筑物的不同部分同时供热和制冷。有很多人认为，热泵技术将在建筑低能耗技术中广受欢迎。这种技术成本相对较低，运行方面具有经济效益。

如果有 PV 以及蓄电池组作为后备，为水泵和压缩机提供电力的话，那么，这种系统就能够成为零碳排放系统。系统的性能系数（co-efficient of performance-COP）最多可达 1∶4。这意味着使用 1kW 电力，可以获得 4 千瓦热能。如果地下回路位于蓄水层中，那么，还可以获得更高的性能系数，这是因为水温的恢复非常迅速。热泵还可以作为带有热回收装置的通风系统中回收热量的补充来源。

在社会住宅领域，越来越趋向于在建筑改造中以地源热泵替代燃油的中央供热系统。一种广泛应用的系统是产热公司（HeatGen™）生产的成套地源热泵设备。以下摘自产品手册中的性能说明：

产热（HeatGen™）品牌是一种地源热泵成套设备，尤其适合于英国的住宅，能够提供所有的采暖和热水需求，无需使用直接电加热系统作为后备。

典型的做法是，每幢住宅在产权宅基地内设置一口钻井，与汀普莱斯（Dimplex）地源热泵设备连接，热泵机组既可以安装在住宅内，也可以放置在花园围栏内。地能有限公司（EarthEnergy）承担了"替换锅炉"（replace the boiler）所需要的一切工作，这样，采暖工程师的工作范围与安装传统系统是相似的。

这种"每户一个钻孔"的解决方案，能够根据住宅的热损失定制设计地下回路，这种方案提供了：

- *就地可再生能源；*
- *低运行成本；*
- *低 CO_2 足迹；*
- *外观不显眼——从室外看不见；*
- *既没有明火，也没有可燃气体；*
- *没有温室气体排放，也没有让人讨厌的噪声*
- *无需处理／储存燃料；*
- *无需规划许可；*
- *只需要供电基础设施；*
- *每周 7 天、每天 24 小时随时可用；*
- *长寿命；*
- *随着时间流逝，工作性能不会降低。*

产热（HeatGen™）公司生产的地源热泵，是解决既有住宅中能源贫困的一种可负担方式，这些住宅缺乏燃气管网供应；不仅能减少能源账单，改善租户的生活质量，而且大大减少碳排放。

新建住宅开发项目可以即刻使用产热（HeatGen™）系统，实现就地可再生能源的规划承诺，遵从"建筑规范"和"可持续住宅标准"的要求。

目前正在将热泵系统的规模扩大，服务于更大型的建筑物。例如，英国一组规模最大的地源热泵系统，其额定功率为4MW，目标是为丘吉尔医院（Churchill Hospital）提供所有的供热和制冷需求，这家医院是牛津拉德克利夫医院国民医疗保健信托会（Oxford Radcliffe Hospital NHS Trust）的一部分。项目的设计负荷为2.5MW，富余的容量作为重要的后备容量。

在欧洲大陆，空气源热泵（air sourced heat pump-ASHP）非常普遍，尤其是在瑞典，尽管该国冬季气温极低。这种系统的安装成本比地源热泵更低，性能系数大约在3.5：1。其缺点是，当室外气温低于4℃的时候，如果湿度也很高，会发生冻结。低温高湿的情形在英国司空见惯，但是在瑞典却不多见。因此，在英国，能源平衡必须考虑到设置加热设备，以便在霜冻时期系统仍然能够运行。

空气源技术已经证明在大型建筑中越来越盛行，尽管看起来在技术层面不会有根本性的改进，但是，规模经济将使这种系统成本降低，因为这是一种坚固耐用的系统，能够24小时提供可靠的低品位热源和冷源。随着薄膜PV技术跨越成本与电网供电一致这道门槛，将PV与热泵联合工作，可以提供真正零碳、低维护、长寿命的热源和冷源（关于热泵技术更详细的描述，参见史密斯，2007年，第4章"地热能源"）。

微型燃料电池

微型燃料电池目前开始出现在面向未来的家用规模能源技术中。第15章将详细描述色列斯（Ceres）能源公司容量为1kW的燃料电池，这种电池看来可以在居住建筑领域大显身手。[1]

曾经有段时间，人们认为家用规模的未来能源技术在于斯特林热电联供系统。这是一种外燃机系统，对气缸的一端进行加热，而同时相对的另一端则被冷却。由于气缸两端的压力差，而推动活塞运动。在家用市场出现的第一代机组中，活塞的垂直运动被转化为旋转运动，并且连接到一台发电机上。接下来一代的系统采用的是自由活塞式斯特林发电机，其发电原理是，通过封闭气缸壁和活塞内磁场的相对运动来发电。机组产生的热量用于生活热水，由燃气炉作为补充热源（史密斯，2007年，第9章）。到目前为止，这一技术还存在着工程问题的困扰，即活塞和气缸制作工艺中所要求的极为精密的容差问题。

如果获得大型公用事业公司的支持，例如，英国天然气集团（British Gas），色列斯能源公司的燃料电池就有可能在家用热电联供市场上与斯特林技术形成激烈的竞争。燃料电池技术是集成型的，没有运动部件，而且机组可以产生热量，而不是需要输入热量。

小规模和微型水力发电

微型水力发电在可再生能源的万神庙中没有突出的地位。然而，在德比郡新米尔斯首先安装的机组，将改变人们对这种技术的看法。新米尔斯的机组由阿基米德螺旋泵（Archimedes Screw）改进而成，这种水泵最初的设计目的是提升水位。将其反向运用，水泵的旋转运动就可以驱动发电机。这种螺旋泵在德国制造，是托雷斯水力发电计划（Torrs Hydro Scheme）的核心部件（见图7.11）。水泵长达11m，宽2.6m，重11.3吨。该水泵机组用来从戈伊特河收集水力能，提供给附近英国合作社集团（Co-operative）的超市和当地住宅。这个项目由总部位于曼彻斯特的合作社集团（Co-operative Group）提供赞助，合作社基金会（Co-operative Fund）还提供了一笔补助金，帮助成立了这个归属于社区的电力企业。该

图 7.11　德比郡新米尔斯的戈伊特河上的阿基米德螺旋泵

企业在 2008 年开始运营，现在每年可发电约 240000kWh，足够给 70 户家庭提供电力。

微型水力发电计划将大幅度进展，拟在兰开夏郡塞特尔安装一个类似的水力发电项目。同时其他地点也在考虑之列，包括设菲尔德。合作社集团开始将其资金扶持扩展到英国国内的其他项目上。

生物燃料

生物燃料并未排在可再生能源的领先者之列。这是因为生物燃料将被来自交通工具的能源需求所垄断，还有一个作用就是成为热电厂燃料组合的一部分。在家用领域，球粒状生物燃料可以发挥作用，但是，空间的限制决定了这一技术只能是非主流的。本文所涉及的技术是有可能在趋向零碳建筑的过程中发挥核心作用的技术。然而，我们不得不说，从本质上来讲，绝对的零碳建筑目标是达不到的。[2] 就地可再生能源的产能量，从未足以抵消在建造过程和建筑使用过程中所排放的碳。然而，场外（*offsite*）可再生能源则是另一回事。

注释

1　www.cerespower.com

2　到 2016 年，住宅和所有家用设备实现净的零碳排放目标，只有依靠可再生能源发电才能达到。政府的规范表明，"计算（关于零碳的）中可以包括就地和场外可再生能源，如果场外可再生能源是通过设置一条专用管线输入到住宅中的话。"["零碳住宅和非居住建筑的定义"(Definition of Zero Carbon Homes and Non-domestic Building)，社区与地方政府部（DCLG），2008 年 12 月，第 10 页。]

第 8 章
生态城镇：机会还是矛盾？

本章首先回应第 5 章提出的根本性理念：

> 考虑到建成环境漫长的生命周期和建造成本，我们要为面对气候变化仍然牢不可破的社区而规划和创作，这一点十分重要。新开发项目的设计必须应对未来的气候，而不是历史气候记录。[我们]必须应对未来几十年甚至几百年的不断变化的气候。
>
> （肖等，2007 年）

在 1992 年，奥地利的居辛小镇还是靠近铁幕（Iron Curtain）[①]的一个逐渐衰退的场所。到 2001 年，小镇实现了能源自给自足，这是由于从当地油菜籽和使用过的烹饪油中提取生物柴油加以应用，再加上太阳能供热系统和太阳能发电技术的运用。此外，小镇还安装了汽化站，从生物质能制取蒸汽，将富余的电力输送到电网。这些举措不仅带来了生活水平的提高，而且这些新生行业又创造了 1000 个新的就业机会。结果是，小镇的 CO_2 排放量减少了 90%。

这是抓住机遇成为接近碳中性的许多城镇中的一个例子，其驱动力不仅在于化石能源不断攀升的价格，而且也是由于温室气体减排的需要。在英国，这样的城镇叫做"转型城镇"（Transition Towns）。然而，本章的重点在于介绍英国的 10 个生态城镇计划。

生态城镇案例研究

布赖斯高地区弗赖堡的沃邦镇

英国生态城镇概念的灵感大部分来源于位于德国东南部的弗赖堡市，尤其是沃邦地区（Vauban）。

弗赖堡地区太阳能化"solarisation"的起始阶段可以追溯到 1975 年，当时该社区通过游说，成功阻止了在相当靠近维尔市的地点建设一座核电站的提议。接下来产生的能源短缺危机，迫使该市居民充分利用弗赖堡这一德国阳光最充沛地区的地理优势。1981 年弗劳恩霍费尔太阳能系统研究所的成立，是弗赖堡市逐渐成为德国太阳能之都的激励因素。这或许是弗赖堡太阳能革命背后的驱动力，而现在该研究所成为欧洲最大的太阳能研究机构。

自从法国人于 1945 年进驻弗赖堡，直到 1991 年，这里一直都呈现出一派军事化面貌。在 1991 年，法国人最终从沃邦基地撤出。随后，该市于 1994 年成立沃邦论坛协会（Forum Vauban Association），鼓励公众参与到这一前法军基地的发展当中，目的在于创造一座未来的理想生态城市。该市以多种多样的方式发起了社会学、建筑学和城市设计方面的一场变革。在沃邦镇，绿色生活方式是强制性的。例如：

- 所有建筑物的建造必须达到能耗 65kWh/(m^2·年)的标准，六年后，即在 2002 年，该标准成为整个德国的建筑标准。

[①] 铁幕指的是冷战时期将欧洲分为两个受不同政治影响区域的界线。——译者注

- 该市能耗标准的设定减少到 40kWh/(m²/年) [现在的国家标准是 75kWh/(m²/年)]。住宅的首选能耗标准是达到被动式住宅 (PassiveHaus) 的要求，即 15 kWh/(m²·年)。采用三层玻璃的窗体是强制性措施，最小 U 值为 1.2W/m²K。
- 环保的建筑材料，如天然材料集成的墙体，得到广泛运用。
- 太阳能的利用达到最大限度。标志性的太阳能开发项目就是加能公司 (Plus-energy) 的商住混合体（第4章）。项目建筑师是罗尔夫·迪施 (Rolf Disch)。
- 为行人、骑自行车的人以及公共交通提供优先权。有轨电车系统和公交车为居民提供便利，使该地区基本上不需要私家小汽车。
- 在小汽车使用方面，有强有力的抑制因素，包括在"被动"区严格限制小汽车的拥有数量。拥有一辆小汽车将支付 12000 英镑的停车费，外加每月管理费支出。
- 尽管这个开发区是高密度的，但是，仍然留有布置小花园的空间，住户可以种植水果和蔬菜。

弗赖堡市的热能由区域供热计划项目来提供，其中包括一座燃烧木料的联合供能站、生物垃圾的厌氧消化产能设备、一座从油菜中获取能源的联合供能站，以及一座燃烧木屑的热电联供 (CHP) 站。

对某些人来说，沃邦的城市意象就是住着一群绿色极端主义分子的贫民窟。一位居民认为，"有些人强烈反对小汽车，这一点已经在某些街道造成了冲突。而且，居住在弗赖堡最军事化的绿色兵营⋯⋯也是一种耻辱"（《观察家》，2008年a）。

然而，弗赖堡突出的积极特征是太阳能的开发利用，其中大部分是光伏发电 (PV)。该市的"太阳能概念 2000" (SolarKonzept 2000) 计划和兰德县 (Lander) 政府共同提供了资金补助。每一户安装太阳能发电和供热设备的家庭，可以获得 40% 的补助，补助金额的上限不超过相当于 8000 德国马克。除此之外，联邦政府在《可持续能源法》(Renewable Energy Law) 的框架下提供了优惠的上网回购电价。结果是，弗赖堡市总共安装了 10000m² 太阳能板，总发电容量达到 4.3MW。因此，毫不奇怪的是，弗赖堡成为世界上居领先地位的 PV 制造商太阳能构件公司 (SolarFabrik) 及其下属的分销公司太阳风暴 AG 集团 (Solarstrom AG) 的总部。

结果是，弗赖堡市成为一个杰出的公众参与的榜样，以及全世界太阳能利用的展示窗口，正如加能住宅项目 (Plusenergiehaus) 所展示的那样（见图 4.8 和图 4.9）。建筑师罗尔夫·迪施设计了"太阳船"(Sonnenschiff) 项目中的 60 户住宅，其宗旨就是出产富余的能源。目前为社区每年获利 6000 欧元，这是由于政府也在提供着补贴。

瑞典斯德哥尔摩的哈马尔比·舍斯塔德

英国政府最近比较推崇的生态开发区，是位于瑞典斯德哥尔摩的哈马尔比·舍斯塔德 (Hammarby Sjostad)。项目任务书要求设计出一个将斯德哥尔摩传统内城特色与现代建筑相结合的开发区，同时与自然环境保持一致。项目中包括 9000 套公寓，可容纳 2 万居民。纲要中强调了必须将大型建筑、公共空间和人行通道整合起来。事实上，纲要的清单是最全面的，或许还是带有限制性的；但是，其结果却造就了一个在视觉方面涌现灵感的城市片断。

英国的生态城镇

英国对于生态城镇的纲要与沃邦的更为接近，而不是哈马尔比。这些纲要不仅规定了设计和建造的详细计划，而且还描述了生活方式。生态城镇应对了以下三个挑战：
- 气候变化；
- 发展更可持续的生活方式的需要；
- 增加住宅供应的需求。

政府的条件

政府对于生态城镇的定义是:"在一年时间里,开发区内建筑物的所有能源消耗中,排放的净二氧化碳数量为零或负数。规划申请中必须证明如何实现这一目标。"所有建筑物都必须包括在内:商业建筑、公共建筑和住宅。

生态城镇应当证明如下这些特征:

- 通过整个城镇规模的新设计,达到可持续的零碳生活方式;
- 随着现有城镇的增长,设计良好的新建居住区的作用在于,成为增加住宅供应的组成部分;
- 利用各种机遇,设计和交付可负担的住宅;生态城镇中必须包含30%~50%的可负担住宅,并且实现各种产权和家庭规模的混合。

生态城镇要求小结

政府在《规划政策说明1》(Planning Policy Statement 1-PPS1)中设定了生态城镇的规划目标,其中包括:

- **通过以下措施促进可持续发展:**
  - 确保生态城镇所达到的可持续性标准,应大大超过现有城镇的相应水平,可以为开发项目设置一系列具有挑战性和能够充分发挥其潜力的最低标准,尤其是通过:提供大量最优质的绿色空间,接近自然环境;在居住区内部和周边提供发展空间的机会;通过"主动式设计"(Active Design) [www.sportengland.org/planning_active_design] 原则和健康生活选择,促进健康和可持续的环境;以在其他开发区中不总是具有实践性和经济性的方式,为充分利用产能节能技术的城市基础设施提供发展机会;在当地提供住宅类型和产权形式的适当混合,以满足所有收入群体和家庭规模的需求;充分利用可观的规模经济和土地增值,以推广新技术,为诸如交通运输、能源和社区设备提供城市基础设施的服务。
- **通过以下措施减少开发区的碳足迹:**
  - 确保生态城镇中的住家和个人能够将其碳足迹(carbon footprint)减少到最低限度,实现更可持续的生活方式。

[社区和地方政府部(DCLG),2009年]
生态城镇的条件应当是:

- 新建开发区;
- 规模足够大,能够支持必要的服务设施,并建立城市同一性;
- 达到足够的运行最小规模,以提供更高的可持续性标准;
- 能够提供5000~20000户家庭的居住;
- 通过与自然环境的连接,提供高标准的绿色空间;
- 在建筑物内部和周边提供活动空间,尤其是为儿童使用;
- 能够通过"主动式设计"原则和健康生活选择,提供健康和可持续的环境;
- 能够提供到达工作空间的便利交通,提供可行的本地经济模式;
- 提供能够抵御气候变化的社区;
- 靠近现有的或者规划中的工作职位,能够连接到大城市或小城镇。

生态城镇应当交付高质量的局部环境,满足《规划政策说明》中所设定的水资源、防洪、绿色基础设施以及生物多样性的标准,还要考虑不断变化的气候对这些因素的影响,以及与更广泛的最佳实践相结合,以应对夏季过热,以及气候变化带给自然环境和建成环境造成的影响(社区和地方政府部,2009年)。

最具有争议性的条件与就地可持续能源相关:

> [建筑物应当]通过直接节能技术、就地低碳和零碳产能措施、连接到开发区的低碳和零碳供热系统供应的热源,来实现至少70%的碳减排(包括空间采暖、热水供应和固定照明设备),这是与目前

通行的、颁布于 2006 年的 "建筑规范" L 部分所设定的标准相比较而言的。

(社区和地方政府部，2009 年，第 2 部分)

城镇大部分地区将实现无小汽车行驶的状态。车辆共享（car-sharing）方式将替代私人拥有小汽车。一个潜在的激励机制是，生态城镇的职员将为居民和商业企业提供个别化的通行规划，使他们适应几乎没有小汽车的环境。通过雨水收集和对厕所产生的灰水的再利用，生态城镇将实现"水中性"。换句话说，开发区对供水的需求将不超过基地未开发时的需求。概括起来的最低要求是，所有住宅必须达到"可持续住宅标准"至少第 4 级的要求。

甚至还有人建议，零售商应当大量提供肉类和乳制品含量低的产品。这是由于许多报告表明，大量减少肉类食品的消耗，可以将经由食品生产而产生的生态足迹（ecological footprint）减少 60%。所有这一切都是为了实现"一个星球生活"（one planet living）的目标。目前英国的生活方式假使变成全世界的模式的话，将消耗掉三个地球的资源（美国的模式将消耗 4 个地球）。

为生态城镇设定的严格条件已经产生了后果。到目前为止，第一阶段最终选中作为开发基地的十个场地中，有九个都没有满足招标所设定的条件。获得成功的一块基地是位于诺里奇东北部的拉克希思（Rackheath），在评估中得了 A 等。然而，这并没有使政府偏离其生态雄心的方向，建造规划将从 2010 年开始。

生态城镇：一种批评

关于生态城镇项目，还有一些担忧，其中一个是，十之八九的开发商会诉诸于轻质木框架构造方式，以便在成本限制的前提下，满足零碳设计标准。这可能与利用最佳实践应对夏季过热和气候变化的影响的要求是矛盾的，正如在第 4 章中所讨论的那样。

更为严重的情形是哈马尔比·舍斯塔德这一旗舰项目所面临的命运，该项目广泛采用了轻质建造方式。发表在《建筑物设计》（Building Design）杂志中的一篇头版文章，就发出了这样的警告：根据瑞典国家技术研究所（Technical Research Institute of Sweden）佩尔·英瓦尔·松德贝里教授（Per Ingvar Sandberg）的观点，由于木框架和塑料面层之间渗透出的水蒸气而产生的问题，正在使这座城镇面临"一枚嘀嗒作响的定时炸弹"（赫斯特，2007 年）。他的报告强调了在这种建造方式中可能出现的缺陷。同时，报告也指出，在这种系统中，仅仅依赖气密性薄膜是否能达到强制性的气密性标准，尚不确定（松德贝里，2007 年）。

这对于英国的生态城镇计划有着重要的意义。在英国可能也有一座类似的生态城镇，就是位于东汉普郡的博登·怀特希尔（Bordon Whitehill）。区议会（District Council）的首席执行官威尔·戈弗雷（Will Godfrey）公开宣称："住宅可以用预制木板建造，这些木材来源于当地经过管理的林地"（《观察家》，2008 年 b）。

在第 4 章，我们论证了轻质框架和板材建造方式由于缺乏热质，不适用于我们所设想的未来温度，假使气候变化以现在的发展模式持续下去的话。"第十工作室"工程顾问公司（Engineers Atelier Ten）也认为，这样的构筑物可能只能维持 25 年，而不是城乡规划协会（TCPA）所认为的几个世纪之久。

有一种担忧已经公开讨论过，即政府正在接受建筑与建成环境委员会（Commission for Architecture and the Built Environment–CABE）和生态区域发展集团（Bioregional）的建议，后者是一家具有环保意识的开发公司。他们认为，居民必须接受监控，以确保其碳足迹至少比英国的平均水平减少三倍。这可能意味着监控小汽车出行的次数，以及住家和商业机构出产的垃圾类型。他们还建议，必须采用热像成像技术，以确定哪些住宅正在浪费能源。他们还要求所有住宅都由可再生能源驱动，而天然气只是作为后备燃料。

住房部长卡罗琳·弗林特（Caroline Flint）在宣布生态城镇创新计划时，总结了该计划的意图："我们将要从根本上改变人们生活的方式。"她的话语意味着什么是很显然的。

政府声称，生态城镇计划与新市镇发展计划（new towns programme）完全不同，后者的高峰成就是米尔顿凯恩斯市。这的确不同。然而，其背后的乌托邦理想却是始终如一的，自从花园城市运动（Garden City）的样板莱奇沃思市诞生之后，这种理想曾经支撑了所有城市开发所展现的"大拆大建"（clean sweep）。生态城镇是这一理念的最新展示。

这个最新版本比所有的前任都更为极端。关于这一理念的杰出批评家或许就是西蒙·詹金斯（Simon Jenkins）。他在《卫报》中撰文指出，根据"空关房办事处"（Empty Homes Agency）的观点，"建造新住宅比翻修旧宅多释放4.5倍的碳"。他继续说明："一座生态城镇的建设必须从零开始，建造住宅、道路、下水道、商店以及所有的服务设施。假装声称这比将现有居住区进行扩建和'绿色化'在碳减排方面更有效率，实在是荒谬的。"他得出结论说："保持乡村的绿色和将人类聚居地的碳减排效益最大化的途径，就是使既有城市运转更良好。这些城市中到处都有可利用的土地……城市就是新的绿地"（詹金斯，2008 年）。

这一论调与安妮·鲍尔（Anne Power）教授——罗杰斯勋爵创设的"城市工作组"（Urban Task Force）的主要成员之一——以及约翰·霍顿的反对意见是一致的。"解决住房危机的唯一可持续方案在于，将城市'回收利用'，而不是在绿带上进行建造。"他们撰写的文章得出的结论说："雄心勃勃却面临困境的大型，将人类的能力推到了极限，然而，在城市中狭小而拥挤的空间内，我们发现无数城市再生的迹象。这才是我们寄托未来希望之所在"（鲍尔和霍顿，2007 年）。

建筑评论家乔纳森·格兰西（Jonathan Glancey）在《卫报》上撰文认为，"这些生态城镇根本不是良性发展的项目。这种计划更像是对土地的巧取豪夺，更有利于开发商和销售商。"他得出结论说："生态城镇反映了空想的彻底失败。其中没有对设计的注重，完全不担心城市规划专家的意见。"

罗杰斯勋爵建筑师事务所则旗帜鲜明地表明了立场：生态城镇是"政府所犯下的最严重的错误之一"，而且这一错误在泰晤士河口开发项目（Thames Gateway）中从规模上得到了放大。罗杰斯勋爵最近在国会上议院中发言说："泰晤士河口开发项目——欧洲最大的城市再生项目——至今仍在美丽

图 8.1　泰晤士河口开发计划中的主要住宅项目

1. 巴西尔登区 10700户
2. 瑟罗克区 9500户
3. 巴金和达格纳姆区 20000户
4. 刘易舍姆区 10000户
5. 格林威治区 19000户
6. 达特福德区 15500户
7. 格雷夫森姆区 9200户
8. 梅德韦区 16000户

的泰晤士河岸散布像玩具城一样的劣质住宅以及像'大胆阿丹'(Dan Dare)①那样的玻璃塔楼,这一定是有什么地方不对劲了。我担心我们现在正在建造未来的贫民窟"(《卫报》,2008年12月28日,第13页)。在这同一篇文章中,报道了地产开发商斯图尔特·利普顿(Stuart Lipton)爵士在对泰晤士河谷论坛(Thames Gateway Forum)会议发表的演讲,他发出的批评之声是:"这会成为英国历史上最大的一个被'傻瓜'建筑学(Noddy architecture)通俗化的项目吗?"(见图8.1)。

裁决

生态城镇背后的目标是值得称赞的,但是,被放错了地方。政府的逻辑依据是,生态城镇能够影响整个国家的城市与乡镇;这是经典的涓滴效应(trickle-down effect)。②事实上,这在财政方面并没有起作用,看起来似乎在建成环境中也无法运作。适合于生态城镇的详细规范也同样应当对所有的城镇有益处。将资金导向大都市的更新改造,使之趋向生态城镇的标准,要好过建设几个闪闪发亮的样板,这有可能变成"要求太高,反难成功"的又一个例子。在最坏的情况下,生态城镇可能应验了地方政府协会(Local Government Association)提出的威胁性话语:"它们有可能成为未来的生态贫民窟,如果在建造中没有关注居民从哪里可以获得工作和培训的话"(《观察家》,2008年7月13日)。

迈克尔·爱德华兹(Michael Edwards)是米尔顿凯恩斯市建设初期的建筑师之一,他曾经表达过上述这种观点,他说:"它们的定位实在规模太小了。使5万人口的小镇实现最低限度的自给自足,都是极为困难的"(《卫报》,2008年12月28日)。

在经济衰退时期,开发商倾向于在绿地上开发一些交通便利的高档次项目,而不是那些在城市棕地上、可能遭遇维修问题的开发项目。其结果是,现有城镇有可能在有限的开发资源方面显得极为匮乏。在本书写作的时候,大量被废弃的起重机就是明证。

此外,提议所有的城镇都有可能实现真正的零碳排放,也就意味着要求采取大量的节能措施,而且假定了就地可再生能源的能量密度,然而,这有可能是达不到的。生态

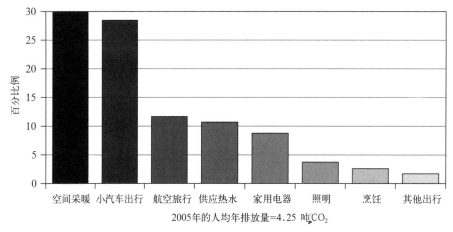

图8.2 平均到个人的年 CO_2 排放量所担负的比例
资料来源:环境、食品和乡村事务部(Defra),2006年

---

① 《大胆阿丹》是英国的经典科幻漫画。——译者注
② 涓滴效应是指在经济发展过程中,并不给与贫困阶层、弱势群体或贫困地区特别的优待,而是由优先发展起来的群体或地区通过消费、就业等方面惠及贫困阶层或地区,带动其发展和富裕,这被称作是"涓滴效应"。——译者注

城镇有可能成为证明最佳设计如何满足最高生态目标的机遇。然而事与愿违，在解决问题的条件方面，所有迹象都指向了自相矛盾。

城镇的适应性行动

在整个人群中，已经有越来越多的压力要求个人改变生活方式。图 8.2 表明在 2005 年，平均每个人对促成全球变暖问题所应担负的责任；空间采暖和小汽车出行显然是最大的促成因素，两者占总数的近 60%。

为了回应这种形势，在草根层面，有一种与生态城镇计划平行的创新行动，叫做"转型城镇"运动。运动背后的初创原则在于，对政府应对气候变化和迫在眉睫的石油峰值问题会采取适当行动这一点缺乏信心。因此，各个社区联合起来采取行动。激发这一运动的灵感产生于 2003 年，来自罗布·霍斯金斯 (Rob Hoskins)，他是可持续生活方式课题的讲师。第一个"转型城镇"是位于德文郡的托特尼斯。该市向居民提出了 12 个步骤的指南，以实现可持续的生活方式。第 1 个步骤就是成立一个指导团队，以推动项目进展。第 2 至第 11 个步骤是关于提升意识、创建工作组，来讨论诸如食物和燃油这类话题，还有联络地方政府的技巧。第 12 个步骤是终极挑战，需要创建一套能源行动计划。托特尼斯市甚至设立了自己的流通货币，只能够在本地商业中使用。

在托特尼斯市之后的转型城镇，是位于东萨塞克斯郡的刘易斯市。该项目取得了巨大成功，以至于最终成立了乌斯河谷能源服务公司 (Ouse Valley Energy Service Company)。政府部门的财政补助帮助该市在整个地区启动了带补贴的可再生能源技术项目。目前共有 100 个"转型城镇"，最近的一个是日本的富士野 (Fujino)。这样一种运动相比生态城镇来说，也许与这个时代的"自下而上"的精神更为合拍，而生态城镇表达的是对所有不那么有环保抱负的人的含蓄指责。然而，对后者来说，帮助却是唾手可得的。

在本章开头提到的城乡规划协会的可持续社区指南，吸引了"城市环境中应对气候变化的适应性策略"(Adaptation Strategies for Climate Change in the Urban Environment-ASCCUE) 项目的注意，该项目致力于提升潜在的绿色空间品质，以减缓气候变化对城市环境的影响。这个项目已经提出了大都市规模的风险与适应性评估的方法论，以支持减缓气候变化影响的政策。作为一种政策性工具，该项目首先广泛地分析了大城市尺度下的气候影响，以便为社区规模的分析铺平道路 [格威廉姆等 (Gwilliam et al)，2006 年]。

"城市环境中应对气候变化的适应性策略"项目报告针对大都市规模，提出以下建议：

- 高品质的绿色空间，由充分获得灌溉的开放空间网络连接而成，能够为不同人群使用（一种"绿色网络"），此外还有生态、娱乐和蓄洪方面的益处。城市生活中的基础设施除了显而易见的绿色植物之外，还包括绿色屋顶和墙面。在植物的健康生长方面，必须保证能够接近水源。此外，气候变化意味着更长的生长季节和物种的变化。
- 通过喷泉、城市水池和湖水、河水、运河等实现蒸发冷却。
- 遮阳将会越来越重要，可以通过树木（阔叶的）、更深远的屋檐出挑、狭窄的街道（峡谷通风）和遮篷来实现。
- 通过巧妙的建筑形式和朝向，实现被动式通风。

在邻里尺度调节温度

在局地层面调控温度变化的主要措施包括：

- 使蒸发冷却的效果达到最大限度，例如通过路缘绿化、行道树、绿色屋顶和立面等措施。"城市环境中应对气候变化的适应性策略"项目的报告指出，如果城市绿化减少 10%，在高排放预设情景中，到 21 世纪 80 年代，将导致曼彻斯特市区地表温度的增长达到最大值。

- 通过池塘、路边洼地、泄洪湖、喷泉、河流和运河等实现蒸发冷却。
- 建筑朝向和开窗布局都要考虑将太阳得热减少到最低限度。
- 立面材料采用吸热值更低的材料。
- 在人行道、道路和停车区域采用浅色面材，使吸热减少到最低限度。
- 采用穿孔铺路板，便于雨水渗透。
- 作为绿色屋顶的替代方式，可以采用反射性材料，使得热减少到最低限度，有助于降低室内温度。

热岛效应

目前人们越来越关注建成环境使周边温度升高的方式。在伦敦市中心，"热岛效应"可以使温度比空旷的乡村环境高6℃（见图8.3）。

根据英国气象局的观点，热岛效应是以下因素的结果：

- 从工业建筑和住宅中释放（以及反射）出来的热量；
- 混凝土、砖和沥青碎石在白天吸热，在夜晚将热量释放到低层大气中；
- 由玻璃建筑和窗户反射的太阳辐射——因此，一些城区的中央商务区有相当高的返照率（albedo rates）（被反射的光线的比例）；
- 从小汽车和重工业释放出的吸湿性污染物质起到凝结核的作用，导致云层和烟雾的形成，它们会吸收辐射——在有些情况下，还会渐渐形成污染丘（pollution dome）；
- 对伦敦热岛效应的研究最近取得的进展表明，污染丘也能够过滤一部分入射的太阳辐射，因此能够减少白天的热量积聚；在夜晚，污染丘可以吸收一部分白天累积的热量，所以，这些污染丘有可能减少城市和乡村地区之间明显的温差；
- 城市地区相对来说缺乏水体，这意味着蒸发蒸腾作用所需要的能量比较少，更多的能量用来使低层大气升温；

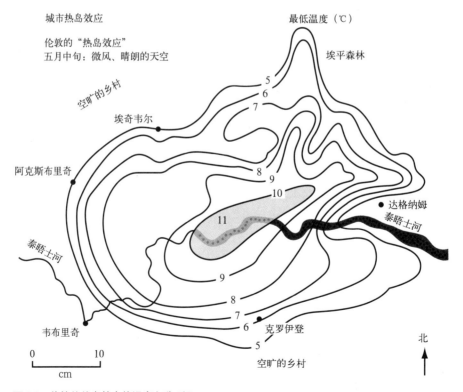

图8.3 伦敦的热岛效应使温度上升6℃

- 缺乏强劲的风,因而热量既不能散开,也不能从乡村和郊区带来凉爽的空气——通常是在无风的夏季夜晚,可以明显地确定城市热岛效应,通常是在反气旋受阻的情况下(见图8.4)。

即使一座像切斯特这样的小城市,也会经历严重的热岛效应,到了城市边缘,这种效应就会大大减少(见图8.5)。

城乡规划协会(TCPA)的罗伯特·肖(Robert Shaw)在回应充满创意地利用建筑物内部和周边空间的诉求时,以如下警告提出了反对观点,即"通过促进高密度发展来节约城市土地的糟糕想法,会使热岛问题更为恶化,应当空出或创造一些空间,来种植树冠大的树木,再加上绿色空间和屋顶,才能帮助城市在夏季降温,使城市洪水的风险减少到最低限度"(城乡规划协会,2007年,第2页)。

城乡规划协会报告中有一幅示意图(见图8.6),囊括了许多缓解高温产生的问题的策略(城乡规划协会,2007年,第19页)。本章结尾之所以强调温度,是因为这是全世界居民将要承受的影响,正如2003年所展现的那样。洪水、甚至暴风雨可能是局部事件,但是,高温则是广泛性的,而且无处可逃。

阿布扎比的马斯达尔市

用一个项目来做本章的结束,似乎是合适的。这个项目有希望为未来的零碳城镇设定标准,尽管气候区不尽相同。启发这个最具雄心的"零碳排放"城市规划的因素不是全球变暖,而是能源危机。马斯达尔市(见图8.7)是阿布扎比酋长国规划的中心部分,在可再生能源利用方面居领先地位,以此作为这一石油和天然气储备殆尽的时代的保护屏障。在其形式的很多方面,将体现出阿拉伯传统城市的特色,如狭窄的街道和广阔的有顶人行道(见图8.8)。这座城市的能源将由光伏发电、太阳热能、风能和生物能源供应。整个城市布局中,朝向设置为东北方

图8.4 逆温层造成污染丘

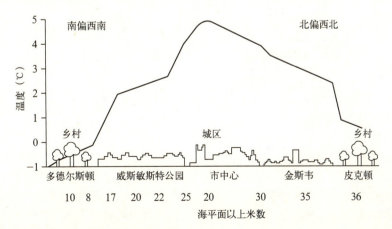

图8.5 英国切斯特的极端热岛效应

调节高温的策略菜单

这张示意图概括了能够提高适应性能力的一系列行动和技术

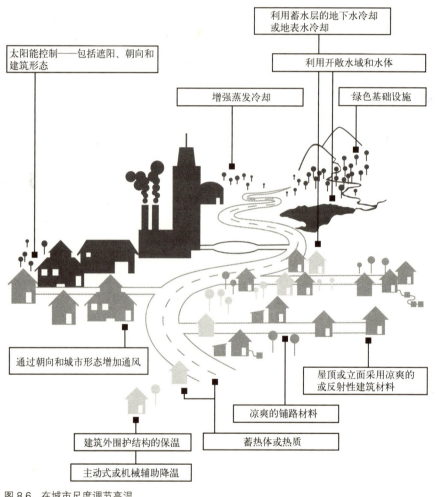

图 8.6 在城市尺度调节高温
资料来源：城乡规划协会提供

向，使照射在建筑立面和窗户上的直射光减少到最低限度。该市将容纳大约 5 万名永久居民，加上大量的学生、学术研究人员和技术人员这类暂住人口。这座城市将实行无小汽车制，小汽车被一种快速客运（personal rapid transit—PRT）系统所取代。每一辆车可乘坐六人，由蓄电池驱动，蓄电池的充电功能则由太阳能提供。这些车辆可以在城市的地下通行。乘客可以对汽车进行线路安排，前往大约 1500 个车站中的任意一个。

第8章　生态城镇：机会还是矛盾？　81

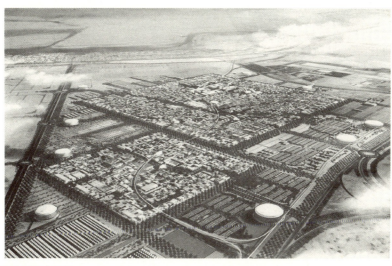

图 8.7　阿布扎比的马斯达尔市
资料来源：阿联酋阿布扎比的马斯达尔市总体发展规划，2007 年。业主：马斯达尔－阿布扎比未来能源公司（Future Energy Company）穆巴达拉发展公司（Mubadala Development Company）。商业策划：安永公司（Ernst and Young）。建筑师：城市设计：福斯特及合伙人事务所（Foster + Partners）。可再生能源：E. T. A. 公司。气候工程顾问：超日建筑能源工程公司（Transsolar）。可持续性－城市基础设施：WSP 能源公司（WSP Energy）。采暖通风与空调工程（HVAC）顾问：WSP 公司。交通：Systematica 公司。概算：西里尔·斯威特有限公司（Cyril Sweet Limited）。景观顾问：古斯塔夫森·波特（Gustfason Porter）

图 8.8　马斯达尔市的街道
资料来源：阿联酋阿布扎比的马斯达尔市总体发展规划，2007 年。客户：马斯达尔－阿布扎比未来能源公司穆巴达拉发展公司。商业策划：安永公司。建筑师：城市设计：福斯特及合伙人事务所。可再生能源：E. T. A. 公司。气候工程顾问：超日建筑能源工程公司。可持续性－基础设施：WSP 能源公司。采暖通风与空调工程（HVAC）顾问：WSP 公司。交通：Systematica 公司。概算：西里尔·斯威特有限公司。景观顾问：古斯塔夫森·波特

这是一个很好的机会，有可能实现一座真正零碳的城市，但是，下述事实使之有一点讽刺意味，即这是由英国建筑师诺曼·福斯特设计的，其碳排放方面的数据图表是由生态区域发展集团（Bioregional）计算的。尽管马斯达尔市坐落在与英国大相径庭的气候区（尽管到2050年，有可能差别没有那么大），但是，这个项目仍然有许多特色值得欧洲地区借鉴。尽管福斯特勋爵正在中东地区和中国设计生态城市，但是，英国的生态城镇却是大部分受开发商的支配。我们似乎已经从"店小二民族"（a nation of shopkeepers）①发展成为专为出售出租而建造的商人（spec builders）之一了。

附录

《规划政策说明》摘选：在考虑中的生态城镇

　　可持续性评价（Sustainability Appraisal）、栖息地法规评估（Habitats Regulations Assessment）和环境影响评估（Impact Assessment）

Q5 你对于附属的可持续性评价／栖息地法规评估或环境影响评估有何意见？

Q6 你对于生态城镇选址的可持续性评价／栖息地法规评估中确定的问题有何意见？

　　Q6.1 彭伯里（Penbury）（斯托顿）
　　Q6.2 中库尼顿（Middle Quniton）
　　Q6.3 怀特希尔－博登
　　Q6.4 韦斯顿奥特莫尔（Weston Otmoor）和查韦尔
　　Q6.5 福特
　　Q6.6 圣奥斯特尔[陶土社区（China Clay Community）]
　　Q6.7 罗辛顿（Rossington）
　　Q6.8 马斯顿谷
　　Q6.9 东北埃尔森纳姆（North East Elsenham）
　　Q6.10 拉什克利夫（Rushcliffe）（诺丁汉郡）
　　Q6.11 大诺威奇
　　Q6.12 利兹城市区域

　　尽管曼比（Manby）、柯尔堡（Curborough）和汉利格兰奇（Hanley Grange）这几个选址的可持续性评价（Sustainability Appraisal-SA）已经开展，但是，这几个地点并没有向前推进，因为出资人从项目中撤回了计划。

　　Q6.13 柯尔堡
　　Q6.14 曼比
　　Q6.15 汉利格兰奇和剑桥郡

---

① 此为拿破仑讥笑英国的言论，最早是由亚当·斯密在《国富论》中提出这个短语。——译者注

第 9 章
住宅遗产

英国有着独特的众多住宅遗产，这归因于它们在发动工业革命过程中曾经起过的作用。许多住宅都是仓促之中建造的，以容纳快速经济扩张所带来的劳动力。但是，也有例外：有些住宅是由乐善好施的作坊主建造的，他们承担了为雇员谋福利的责任。世界闻名的案例包括利兹附近的索尔泰尔，以及伯肯黑德附近的森莱特港阳光小镇（Port Sunlight）。而 19 世纪其余建成住宅中的大部分，以 20 世纪 50～80 年代的官方观点来看，都被认为是等待拆除的主要候选者。利物浦就是体现了这种态度的典型案例。

拆除旧房政策被认为是具有成本效益的，因为人们认为铲除低劣质量的住房然后重建，比翻修改造更为便宜。在英国的主要城市，对老旧的联排式住宅进行拆除和原址重建，始于 20 世纪 30 年代，这一进程在 20 世纪 40 年代又得到纳粹德国空军的"卖力"帮忙。具有讽刺意味的是，在英国现存的大约 2700 万需要大量翻修改造的住宅中，相当一部分比例却是在战后重建和发展政策的框架下取代这些被拆除的不动产的新住宅。

统计学

案例研究

根据 2006 年《英格兰住房情况调查》(English House Condition Survey)的报告，英格兰现有 2200 万幢住宅，其中 70% 为房主自住，而 260 万住宅属于私人出租类型。1919 年以前的住宅占 22%，其中 94% 为私人拥有，71% 为房主自住。

在整个 20 世纪下半叶，在住户组成方面发生的最大变化是，单人居住形式的兴起。在 1971 年，这种居住形式占总量的 17%，到 2000 年，已经达到 32%。单身住宅也是最不节能的 [英国节能基金会（Energy Saving Trust），2006 年]。根据社区和地方政府部（DCLG）(社区和地方政府部，2006 年) 的报告，据估计，到 2026 年，住宅数量将以每年 20.9 万户的速度增长，其中 75% 将是单身住宅。这将对市场住宅总量的面貌产生直接影响，对建造成本加诸更多的压力。结果是市场更强调数量，而不是质量（见图 9.1）。

住宅状况

在英格兰，有 920 万幢住宅被认作是"顽疾"（hard to treat）住宅。这部分加起来达到住宅总量的 43%。顽疾住宅的定义是，不论什么原因，无法容纳"大宗设备"，或者说"具有成本效益的节能措施"（环境、食品和乡村事物部，2008 年 b）。"大宗"措施包括阁楼保温层、中空墙体保温层以及采暖系统的改造，例如，安装天然气中央采暖系统。

2008 年，英国政府同意接受住宅能效合作组织（Energy Efficiency Partnership for Homes）的建议，即到 2050 年，与住宅相关的碳排放必须减少 80%。英国绿色建筑协会（UK Green Building Council-UK-GBC）被授予职责来牵头这个项目。现在需要出现的情况是，英国绿色建筑协会的确被允许领导这一进程。该协会直截了当地陈述了自己的观点，即"广泛认同的是，目前所采取的行动水平，将无法实现雄心勃勃的长

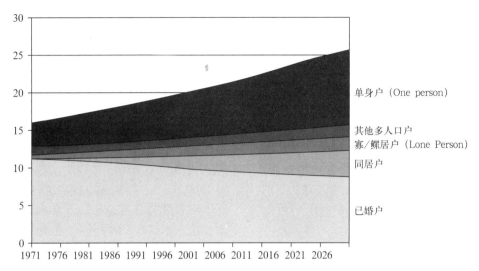

图 9.1　1971～2026 年英格兰住户增长细目
资料来源：贸工部（Department of Trade and Industry）（2006 年）

期碳减排目标所要求的节能标准"（英国绿色建筑协会，2008 年）。与此同时，气候改变议会委员会（Parliamentary Committee on Climate Change）已经设定了至 2020 年的中期目标。这些目标是以三个五年计划的形式出台的。政府打算在 2009 年春天对这些提案进行回应。这种挑战的规模可以从图 9.2 的柱状图中看到。

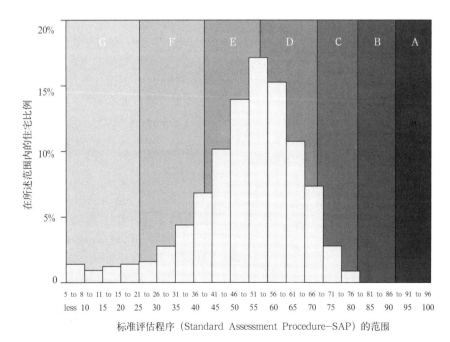

图 9.2　所面临的挑战是将 90% 的既有住宅提升到能效证书（Energy Performance Certificate – EPC）的 A 级和 B 级
资料来源：基于建筑研究院（BRE）绘制（2007 年）

解决方案

我们必须现在就实施削减需求的措施,例如,实心墙体保温,以实现设定的到2050年的目标,尽管这些措施暂时不具备成本效益。低至零碳(low to zero carbon-LZC)技术将有必要应用在大部分住宅中,如果说尚不能应用在所有住宅上的话。

(英国绿色建筑协会,2008年)

这份报告建议,政府应当:
- 设定长远的碳减排目标,即到2050年住宅领域至少减排80%,并且设定每五年的中期目标;
- 设立强制性目标,按时间划分阶段,逐步改进现有住宅的能效;
- 提供财政激励机制,以扶持低碳住宅;
- 重新考虑现有交付机构(delivery bodies)的作用和职责范围;
- 探究发展带有指标的"低碳区划"的可行性,通过整体住宅翻修改造的区域或地区应用机制,来支持改善和进展。

所有住宅存量和居住形式范围的复杂性,表明这是一个颇为棘手的挑战。然而,在"欧盟建筑能效指令"(EU Energy Performance in Buildings Directive)第7条款的框架下,能源效率证书(Energy Performance Certificates-EPC)将提供一种聚焦于问题细节的机制。[1] 在上述第2点中提到的强制性要求,将包括地方当局的法定义务,即要求所有房主和土地所有者在规定时间,比如说,2年之内,获得不动产的能源效率证书。这就为问题的解决提供了具有操作性的措施,把问题缩小到邻里尺度。

关键的问题是:CO_2 减排80%的策略,其操作性含义是什么?设定目标还是相对容易的部分,如何在全国范围内展开针对这一标准的有效升级计划,所需要的政府干预相当于通常战时的水平。

操作和管理

英国绿色建筑协会提出的建议是,"遵循住宅减排的目标……政府应当发展出一套国家层面的交付策略,在角色和责任方面提供清晰的定义,这包括希望地方当局、个人、社区和供应链应当做些什么"(英国绿色建筑协会,2008年,第9页)。

这与作者在这个十年的早期为英国工程和自然科学研究委员会(Engineering and Physical Sciences Research Council-EPSRC)设计的研究计划是一致的,该计划建议,对一个国家层面的项目计划来说,整个国家的操作结构必须一致(史密斯,1998年)。显然,英国节能基金会(Energy Saving Trust-EST)是监控这一计划的机构,它向政府负责,确保计划的有效率运作。该机构将汇总翻修改造工程的设计说明书,设定性能标准。

管理的下一层级应当是地方当局。议会应当负责在管辖范围内和设定的时间范围内,发布法定的省碳指标。节能基金会应当在项目实施的时间段内,派驻一名成员到该地方当局。议会将利用能源效率证书的数据,根据邻里的特征对其运作进行微调。一个邮政区划内所有住宅的平均能源成本,将成为合约的基础,以确保在能源和翻修的总造价中,达到15%的平均盈利。

运作职责将委托给已证明在该领域具有能力的专业项目管理公司。实施项目的承包商应该是得到认可的能源服务公司(energy service companies-ESCO),它们将承担能源供应和节能措施安装的双重责任。有人建议说,合同的范围应当包括一个邮区,地方当局(local authority-LA)认可能源供应和翻修运作的合同价,后者根据住宅类型的不同,实施固定价。这份特定的邻里合同是与地方当局签署的,在合同期内,房主将锁定能源服务公司,而地方当局则确保能源服务公司不会滥用其垄断地位。工作将基于滚动式程序展开,一个邻里接着一个邻里地顺序进行，从节能状态最差的住房开始。为了鼓励自住房主和土地拥有者积极参与，还要设定一个带补贴的借贷计划作为激励机制，但是，这一计划只在特定的邻里项目实施的时间段内有效。

目前，政府的承诺仅限于"碳排放减量目标"（Carbon Emissions Reduction Tar-get-CERT），这一计划将对中空墙体和阁楼保温层，以及低能耗照明设备进行补贴，直到2020年。英国绿色建筑协会对此评论道："然而，仍然存在的问题是，一旦中空墙体和阁楼保温层以及低能耗照明设备这种可轻易实现的目标已经解决，如何进一步提出节能措施，并对这些措施实施补贴。目前，更高成本的措施只有微乎其微的市场，如果没有重大的政策干预，这种情况不太可能改变"（英国绿色建筑协会，2008年）。

牛津大学环境变化研究所（Environmental Change Institute）于2007年发表的报告《难以接受的事实》（Home Truths）概括了这种必需的"重大的政策干预"。这份报告认为，要实现至2050年住宅领域省碳80%的目标，每年的花费将达到119.5亿英镑。细目如下：
- 每年36.5亿英镑，用于低息贷款计划；
- 每年33亿英镑，通过设定目标的零碳区划，来解决能源贫困；
- 每年26亿英镑，用于在其他计划中，为地方当局的协调人角色提供资金，以及发展供热管网；
- 每年24亿英镑，用于提供税收激励机制，鼓励对于改造项目的积极参与。

对于目前的计划发起人来说，所有这一切都有一点似曾相识的感觉。英国工程和自然科学研究委员会（EPSRC）所开展的研究，其主要目标是测试下述假设，即大力度的住宅存量改造计划，对于财政部来说，最终会产生净的节约（沙普尔斯等，2001年）。上述观点得到牛津环境变化研究机构（Oxford Environmental Change Unit）的布伦达·博德曼（Brenda Boardman）发表的言论[在2000年在房屋经理学会（Institute of Housing）所做的演讲]的支持，即状况恶劣的住宅每年会发生的健康服务费用为10亿英镑。

在当时（大约2000年），英格兰积压的既有住宅维修工作，所需费用估计为190亿英镑[《经济学家》（The Economist），2001年5月5日]。英国绿色建筑协会的报告估计，每年用于修整和维护的账单，现在已达到240亿英镑。改造这些住宅存量所需的额外费用，估计为每年35亿～50亿英镑。这其中积极的方面在于，这些将要支付的费用，意味着翻修改造呈现出的商业机遇，在目前新建建筑领域不景气的时期，这可能尤其能够获益。

无法回避的政策性当务之急

能源贫困

重中之重是解决能源贫困户的需求，所谓能源贫困户，是指所发生的能源费用占收入10%以上的家庭或个人。

在过去，对于社会住宅的大部分资金扶持，都是指向安装带冷凝锅炉的节能中央采暖设备。然而，我们可以看到，在没有充分保温的住宅中，安装节能的中央采暖设备是一种浪费，因为，能源贫困户无力支付系统运行所需的费用，因此系统不能发挥全部的效益。实际的情况是，如果墙体保温没有得到改善的话，中央采暖方式增大了室内空气与墙体的温差，从而加剧了冷凝问题。

对于社会中的这一领域，除了提供100%的翻修改造一揽子费用的资金扶持之外，别无他法。对于这些有资格获得100%资助的房主，必须签订每年10%的弥补性收入协议，以阻止他们从出售住宅中赚取改造所带来的附加值。

能源保障户的选择

对于那些轻易就能承担能源费用的房

主来说，似乎没有改善住宅热工性能的需求。在1999年，合作社银行（Co-operative Bank）为客户提供了低息贷款，对住宅进行"绿色"改造。在发放了六位数的宣传材料之后，得到了大约60位客户的回应，而只有30多位客户接受了这项服务。安装公司在当时政府设定的"能效性能标准"（Energy Efficiency Standards of Performance-EESoP）管理体系之内来实施这些改造项目，但是，他们很难劝说住户接受这些节能措施，即便是免费的。如今，情形也没有什么大不同。

无可回避的事实是，如果希望房主更多参与自愿性质的改造项目，必须有某种激励机制。即便在今天，除了能源贫困户之外，这个领域的许多人并不认为能源费用是个大问题。为了使能源改造一揽子计划对于能源保障户来说也具有吸引力，并且补偿因施工造成的扰动，每年能源费用加上能源措施的偿还款，应当比之前在"同样温暖基础"（same warmth basis）上的能源费用至少减少15%。对处于标准评估程序（SAP）/能源效率证书（EPC）等级中的低端住宅，我们应当对住宅热工性能进行80%～90%提升水平的改进，这样一来，"同样温暖基础"的能源账单就会显示出客观的费用减少，但对舒适度增加来说，则非常显著。显然，对于很多不动产来说，将热工标准提升到经济性的舒适水平，将会导致超额的还款成本（repayment costs），如果算上市场回报率的话。

英国工程和自然科学研究委员会的一项研究成果表明，只有当10～15年的低息改造贷款可行，而且如果房屋在偿还债务前就出售的话，贷款能够清欠，那么，才会有大量能源保障户房主参与改造计划。这就意味着必须有补助来弥合房主可接受的费用与贷款的市场回报率之间的差距。解决方式有可能是政府出资一半，其余部分由能源公司提供。这就是由碳汇交易带来的进款的合理目的地。对有些人来说，有必要寻求低额起点的贷款（low start loan），并且偿还款与通货膨胀相关联，这就使真正的偿还费用或多或少是恒定的。

总结起来，对于房主的吸引力在于：
- 住房增值；
- 如果基于固定还款额基础，消除了15年内偿还翻修工程的实际成本；
- 减少维护费用；
- 增加舒适性；
- 增进健康；
- 一旦贷款还清，能源费用就会大大减少；
- 为不断攀升的能源价格提供永久的相应缓冲，尤其是在"石油峰值"之后。

私人出租户

毫无疑问，最具挑战的问题是与私人出租领域相关的，在这种情形中，通常由租户付清所有的能源费用。在这方面，或许无法避免强制性的法规。首先，需要制定法规来要求地方当局将获取令人满意的采暖标准证明，作为发放住房福利（housing benefit）的一个条件，使私人房主与注册的社会住宅房主更为一致。

第二点，必须要求用于出租的住宅在预定日期之前，比如说2020年，满足能源效率证书（EPC）C等级的最低条件。与此同时，对于规范的应用，应当有严格的标准，即如果一幢房产经过了重大改造，那么，整个房产都必须提升到现行建筑规范的标准。

遗憾的是，对列于"顽疾"住宅底端的房产，即便采用最慷慨大方的、具有成本效益的改造措施，也是回天无力，在这种情况下，唯一的选择就是拆除和重建。

成本估测

对现有的联排式实体墙住宅进行外贴75～100mm厚保温材料的节能改造，成本为8000～10000英镑；中央采暖设备的平均成本在4000～5000英镑。然而，正如前文所解释的，在保温措施不充分的住宅中，安装节能的中央采暖设备，是没有效率的。保罗·埃尔金斯（Paul Elkins）[引自"绿色联盟"（Green Alliance），2009年]对于住宅存量开出了这样的处方："这一计划[碳排放减量目标（CERT）]的最终目标，应当是每年改造100万户住宅，使其达到超高效的节能标准，按照相对保守的估计，这可能导致每户费用达到大约1万英镑，每年的总投资为100亿英镑。尽管那样，还是要花1/4世纪的时间，才能把英国的住宅存量提升到碳减排80%目标所需求的节能效果"，这一目标是英国政府为2050年做出的承诺。

然而，如果将获益考虑在内，这一图景就不那么使人畏惧了。上文引用的英国工程和自然科学研究委员会的研究项目认为，假定6%的贴现率，一个为期15年的计划将会产生大约24亿英镑的社会效益。现在，这一数字还会增长。当下一轮碳汇交易计划于2013年实施的时候，还会有进一步的效益增长。

财政部的获益

- 从能源费用的减少中获得更多的闲置资本；
- 社会服务需求的减少；
- 随着与寒冷潮湿相关疾病的减少，国民医疗保健机构（National Health Service-NHS）将产生费用节约；
- CO_2排放减少，有利于实现英国的减排目标；
- 在2001年，就业获益（employment gain）方面的估计是，每39000英镑的直接获益会产生一个新职位，每80000英镑再多产生一个职位，这是由于间接创造的就业职位[再次消费因素（respend factor）①]。这些数据要根据通货膨胀进行调整。在建造领域失业率居高不下的时期，还应当考虑到省去的付给求职者的补助。

总而言之，有六个关键点：

- 由于私营领域有着相当大的吸收能力（超过50%），针对改造项目的15年以上贷款，就应当是低利息的。
- 一旦改造完成，应该有至少15%的能源费用加上还款费用的减少，而不是先前的只减少能源费用。
- 对于能源贫困户（根据可支配收入进行计算）来说，补贴应当满足改造的总费用。
- 项目实施应当按照一劳永逸、循序渐进的方针进行，从能源贫困户最多的邻里开始。
- 私人房主必须提供达到令人满意的采暖标准证明，这个要求就是，到2020年，其房产必须达到能源效率证书（EPC）的C等级。
- 技能短缺意味着必须着手培训计划，并将之作为当务之急，以此创立一大批翻修改造技术工人的队伍，在资质方面必须达到国家标准。

设定标准，例如，碳减排80%，存在的问题是，这些标准无法与固定基数联系起来。各家各户在能源使用模式和房产热工性能方面有着几乎无穷的差异。更合适的方法是设定最适宜的技术措施，这些措施在一定时期内的改造计划中，例如，15年的改造计划中，是可负担的。

尽管博德曼估计的总费用（博德曼，2005年，第100～101页）是相当可观的，但是，有鉴于花费数10亿英镑以使金融机构免于遭受其贪婪和不负责任的后果，也可以认为，这些费用是正当的。

历史住宅的生态改造

在2009～2014年间，国民信托有限公司（National Trust）将要启动更新改造5000幢建筑物的计划，以使这些建筑物满足最低限度的环保标准。这些措施包括最大限度地增设阁楼保温层、安装双层窗或者第二层窗、带有温度调节装置的采暖控制系统、

---

① respend factor 指那些受雇于翻修计划的人可能消费的金额估计值，也就是说，产生的新职位。——译者根据作者解释注

高效照明系统、节水设备和雨水储存设施。对于包含城堡、贵族居住的大型豪华住宅、教堂、农场村舍、城市联排住宅和半独立式住宅以及公共住宅的房产存量来说，这是一个大得令人生畏的挑战。这些建筑物中的大部分都具有历史价值，这意味着生态改造必须对其历史和审美品质十分敏感。由于大部分房产是维多利亚时期和更久远时期的，环境干预对于建筑使用以及长期的完整性都有着重要的影响。

该信托公司致力于达到能源使用和垃圾总量的大幅减少。尽可能采用当地材料和本地服务设施。作为一家慈善机构，这个信托公司在可利用的资金方面是受限制的。然而，该公司认识到，许多措施可以减少其营运成本。例如，该公司正在与合作伙伴 npower 可再生能源公司合作，安装生物质能采暖系统和采用太阳能技术。

技术建议

由于篇幅有限，这里只能简略介绍目前可行的技术方案，使既有住宅至少达到能源效率证书的 C 等级。

实心墙体住宅

在所有的情形中，屋顶／阁楼应当安装至少 250mm 厚的保温层，管道和冷水箱必须充分保温。外墙应当进行保温，达到技术可行的最高标准。在大约 130mm 厚实心墙体工程情形中，应当尽可能采用外覆面材料作为保温层，如果保温层采用矿物纤维，则至少需要 100mm 厚，如果采用酚醛泡沫体，则至少需要 75mm 厚，外加防水涂料。从 20 世纪 20 年代晚期以来的中空墙体建筑，应当采用 75mm 厚酚醛泡沫体外保温，或者干衬里保温层，例如，背衬采用获得专利的气凝胶，同时加上中空层的保温措施。

所有窗户都必须替换成等同于三层玻璃的窗体，最好是采用木框架，U 值至少达到 $0.8W/m^2K$。在历史保护区内的建筑物有特殊的问题。在这种情况下，安装第二层窗通常是唯一的选择。在所有情形中，通往室外的门应当满足现行建筑规范的热工标准。

有可能产生能源贫困的最大量住宅类型之一，是 19 世纪的联排住宅（见图 9.3 和图 9.4）。这些住宅通常立面很窄，平面进深很大，背面是 L 形状的。墙体是 9 英寸（22.5cm）砖砌，前立面贴面砖，背面采用普通砖。

针对这种住宅类型，已经提出了一个策略，即住宅背面采用外保温——这部分包括了大部分的墙体面积——前立面采用干衬法进行保温。这种操作方式必须对檐口细部、以及下水管和雨水管进行调整，尽管地面连接部分不需要处理。其他问题可能出现在窗子侧边和转角处。

热损失的主要来源是底层地面的构造。对于实心楼地面来说，唯一的选择就是在现有地板上铺设 25 毫米厚的刚性保温层。那么，门和墙裙等都需要调整。如果地面采用的是架空木地板，最佳策略是替换为混凝土地面，上面再铺设刚性保温层。还有一种方法，就是在木搁栅之间填充保温材料，这种情况下就要涉及地板面的抬高。如果地板下的空间足够大，允许人员进入施工，那么，安装保温材料就不需要额外的扰动了。

据称，老旧住宅中将近 40% 的热损失是由于空气渗漏。开敞的火炉是一种快速的热能损失通道，如果这种热量没有加以利用的话。如果想保留家中的明火烹饪，唯一的解决办法是采用带有烟道套筒的封闭式燃木炉子。防风措施是改善热工效率计划的重要部分。测量气密性的标准方法是，当建筑物处在 50 帕压力状态下，评估由于空气渗漏造成的每小时换气率。一幢普通的新建住宅换气率可达到每小时 15 次（15ACH50P）[2]，所以，我们可以假定旧住宅的情况要严重得多。从正确的角度来考虑，换气率应该是 2ACH50P。在所有气密性经过重大改进的情形中，重要的是要结合机械辅助或被动式管道通风系统，使换气率达到至少每小时一次。对于旧房产来说，折中的合理渗透率应该达

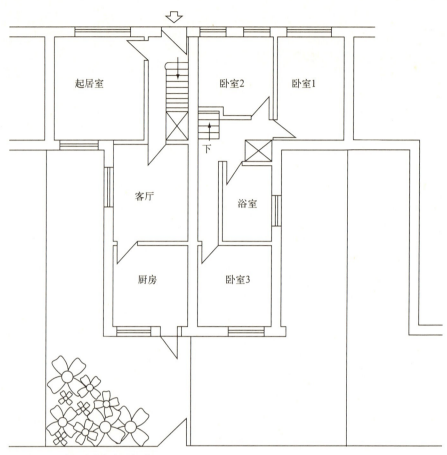

图 9.3　19 世纪联排住宅的标准平面图

图 9.4　英国设菲尔德市随处可见的维多利亚时期半独立式住宅

到 5-6ACH50P。

在炉灶上方抽风是很重要的。应当考虑安装抽风系统，在一氧化碳／一氧化氮出现时就能够自动启动，即便采用的是电炉，也应安装这种抽风系统，因为以后电炉也会改成天然气炉具。一般来说，与煤气管道相连的烟雾报警器是应当安装的，但是，不要安装在厨房里，厨房里安装温感器更为适宜。

对于空间采暖来说，在湿式系统中，应当根据住宅的热工效率来选择冷凝锅炉的容量。所有散热器都应当配备温度调节阀，这样就可以单独调节每一组散热片，同时还有中央控制系统。控制设备和调温器应当简明易懂，便于操作。

在大多数情况下，耗电量最大的家用电器是带有冷藏冷冻功能的双门冰箱。在改造项目的一揽子计划中，选择一款超低能耗的（斯堪的纳维亚式）机组，对电费账单有着重要的影响。（更多信息，参阅史密斯，2004 年）。

案例研究：维多利亚式实心墙体房屋

当卡姆登区议会决定对奥古斯丁路 17 号进行翻修改造，并将其作为社会住宅时，这处房产实际上已经被废弃了（见图 9.5）。该项目详细的设计说明包括：
- 所有窗户都采用高性能木框架、充填氩气的双层玻璃；
- 外覆面材料采用金斯潘公司（Kingspan）出品的保温材料，U 值为 $0.19W/m^2K$；
- 楼地面和室内保温层；
- 屋顶保温，U 值为 $0.15W/m^2K$；
- 气密性标准达到，在 50 帕压强下，每小时每平方米换气 6.7 立方米（$6.7m^3/m^2/hr$）。请注意：这是英国的标准；在欧盟其他成员国和美国，测量标准是：在 50 帕压强下，每小时总体积的换气次数。实际上，无法将这两种方法进行比较。

这是一个代价高昂的运作项目，从长远来说，卡姆登区议会无法负担将区内所有实心墙体住宅存量升级到这样的标准所需要的花费。所以，这不仅是一个翻修改造最佳实践的展示项目，而且也表明如果要解决住房问题，政府扶持是至关重要的。

多层建筑翻修改造

在现存的多层住宅中，大部分都是由地方当局或者住房协会在管理。这使大范围翻修改造计划能够得以在政府补贴扶持的情形下开展。设菲尔德市有一片典型的高层公寓旧房，目前正在进行翻修改造（见图 9.6）。

对于已完成项目的裁决意见是，能耗方面仅有些微的减少，但是，舒适度和健康方面有很大的改进。在相关 CO_2 排放量方面，有大幅度减少。其负面效应是，人们担心是否能以房租的上涨来负担改造费用。

图 9.5　伦敦卡姆登区奥古斯丁路 17 号
资料来源：卡姆登自治区议会

图 9.6 英国设菲尔德市墓园路公寓楼，2009 年

图 9.7 伦敦大学霍克里奇宿舍楼，翻新改造后
资料来源：科尔·汤普森·安德斯建筑师事务所提供

案例研究：伦敦大学学院霍克里奇宿舍楼

一个设定了既有高层建筑标准的多层改造项目，在一所英国的大学校园内完成。根据该项目的建筑师——科尔·汤普森·安德斯（Cole Thompson Anders）事务所的托尼·纳托尔（Tony Nuttall）的描述："霍克里奇大楼（Hawkridge House）改造项目于今年（2008）竣工，设计中在现有的瑞玛预制混凝土大板（Reema Precast Concrete Panel）①结构外侧，增设了 100mm 厚 Sto 保温体系（Stotherm）的膨胀聚苯乙烯外覆面材料——由于风荷载的原因，矿棉在这种情形中不适用。U 值达到 $0.28W/m^2K$。"（见图 9.7）。

注释

1 能源效率证书（EPC）背后的运算法则存在着问题，因为这是从 RD SAP 05（标准评估程序）中衍生而来的，有人认为这是有缺陷的。
2 这是欧盟／美国的测量方法，而不是英国的系统。

---

① 瑞玛体系建筑，是英国首创的高层预制混凝土隔墙板槽现场浇筑稳定框架、高层横隔板现浇固定的结构体系。——译者注

第10章
非居住建筑

在整个欧盟地区,建筑物占据 CO_2 排放量的大约一半。在英国,住宅占据 27%,其他建筑物则占据 23%。这类"其他建筑物"包括:公共建筑——政府办公楼、既包括地方政府,也包括国家政府,还有医院、中小学校和大学——商业办公楼和工业建筑的房产及附属用地。

英国政府已经设定了自用建筑物的 CO_2 减排目标,而且,在几乎所有情形中,都远远没有达到这些目标,即便是在一些最近建成的建筑物中也是如此。这个目标是,到 2010～2011 年间,实现减排 12.5%。目前已经实现的减排量是 4%,但是,这主要是由于国防部(Ministry of Defence-MOD)大楼的减排而实现的。如果不算这部分减排量,那么,实际上排放量增加了 22%。即便是国防部的减排量也由于其将部分职责转交给私营公司国防评估与研究局(QuinetiQ)而显得与实际不符。如果把这部分因素考虑在内的话,那么整个英国皇家资产管理局(Crown Estate)的总体减排量下降到 0.7%〔可持续发展委员会(Sustainable Development Commission),2007 年〕。

建筑审美品质和能效的对立,在帝国战争博物馆北翼(Imperial War Museum North)表现得尤为突出。当时不可能对该建筑的建筑师丹尼尔·利贝斯金德(Daniel Libeskind)提出任何能效方面的设计要求,所以,我们不能因为如下事实而批评他:即这座图像式的建筑物在能源效率证书的 A 至 G 等级评定中位于最低端。有一些最尖锐的抨击直指英国新议会大厦(Portcullis House)这一旗舰开发项目。这是英国国会大厦威斯敏斯特宫(Westminster Palace)的最近一次扩建项目。在回应一个议会提出的问题时,我们可以看到该建筑物目前的能耗值达到 $400kWh/m^2$,比当初设想的高四倍多。这部分是由于建筑使用方式造成的,尤其是信息技术(IT)方面活动的几何级数增长。这一问题也同样使东英吉利大学(University of East Anglia)校园中具有开创性的朱克曼联合环境研究所(Zuckerman Institute for Connective Environmental Research-Zicer)大楼的设计师感到挫败,这强调出整个非居住建筑领域面临的一个根本性问题。

世界观察研究所(Worldwatch Institute)发表的一份报告指出,越来越依赖于互联网进行办公,表现在与办公楼相关的 CO_2 排放量的大幅增长。根据分析家麦金西(McKinsey)和同僚提供的数据,据预测,到 2020 年,为满足互联网使用和数据存储所需要的能源将翻一倍(马尼卡等,2008 年)。这些增长量中的大部分来自中国和印度互联网利用率的快速增长。在这两个国家,电力生产方式主要是燃煤火力发电。在 2007 年,中国占全世界与 IT 相关的碳排放量的 23%(布洛克,2008 年)。

因此,将整个非居住建筑领域的新建建筑的能效提高到最大限度,显得更为重要。美国能源部(Department of Energy-DoE)已经启动了一个"净的零能耗商业建筑创新计划"(Zero-Net Energy Commercial Buildings Initiative-CBI)。先进的绿色建筑技术加上就地可再生能源发电技术,致力于到 2025 年实现净的零能耗目标。这个计划将通过五个国家级实验室的通力协作来推动,这些实验室将提供科学资源。研究人员将促进"建成环境的根本性变革、降低建筑物的碳足迹(carbon footprint),以及加速清洁的、节能建筑技术的商业化运用"[戴维·罗杰斯(David Rogers),美国能源效率秘书长副助理(Deputy Assistant Secretary of Energy Efficiency),2007年5月]。

2007年颁布的"能源独立与安全法案"(Energy Independence and Security Act)授权美国能源部与私营企业、能源部国家实验室、其他联邦机构以及非政府组织展开协作,以促进绿色建筑的能效提高。

能源部的计划值得在此引用,因为这对于所有发达国家和发展中国家都具有意义。该计划将促进:
- 技术研发;
- 在多个气候区赞助试验项目和示范性项目;
- 提供技术扶持,鼓励技术的广泛应用;
- 为建造者开发培训材料和研究培训计划;
- 针对新建和既有建筑的节能要求,进行公众教育;
- 规范制定机构的工作,确保技术能够适当地获得应用;
- 分析针对建造商、房产主和租赁户的激励机制,确保具有成本效益的投资是建立在生命周期基础之上的;
- 测量和验证节能效果的方法的开发。

零碳排放办公楼(在第5章中有明确的定义)在本世纪第二个十年中,将成为英国的强制性要求。从图10.1和图10.2中可以清楚地看到这一挑战的规模,因为全空调标准化办公楼在为出售目的而建造的办公楼建筑领域,仍然是偏好的选择。

根据机电工程师费伯·蒙塞尔(Faber Maunsell)事务所的观点,超过50%的CO_2排放量,来自与建筑物无关的设备。能源需求增长最快的是IT设备。费伯·蒙塞尔事务所在为低碳办公楼开出的处方中,建议通过以下途径将采暖、制冷和照明的需求减少到最低限度:
- 低能耗电器设备;
- 良好的气密性;
- 遮阳装置;
- 保护免受太阳得热影响的技术;
- 自然采光;
- 混合模式的通风系统。

那么,这就需要对各个系统进行能效优化,以减少CO_2的排放:
- 热回收装置;
- 自然通风;
- 水泵和风扇的变速传动(包括软启动马达);
- 照明控制系统;
- 热电联供;

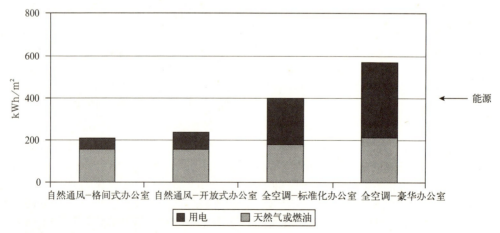

图10.1 根据不同的办公室类型计算的耗能量
资料来源:ECON 19[①]和费伯·蒙塞尔

---

① ECON19,即《能源消耗手册19》(Energy Consumption Guide 19)"办公室中的能源使用"(Energy use in offices)。——译者注

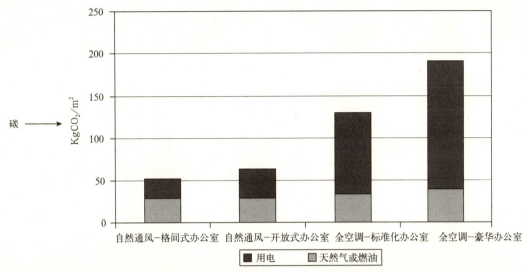

图10.2　根据不同的办公室类型计算的 CO_2 排放量
资料来源：ECON19 和费伯·蒙塞尔

- 在可能的情况下实行三联供（tri-generation）；例如，生物质能热机出产电力、直供热和从排放的废气中回收的次生热量。

英国建筑规范正在紧紧跟上办公室和教学空间产生的过热问题。"L部分"的2A条款要求，对于没有额外冷却措施的房间，必须评估过热风险。办公室和教学空间的温度极限是 25～26℃。

商业办公楼的过热标准是，温度超过 28℃ 的时间不得多于 1% 的使用时间。这种评估应当以英国皇家屋宇装备工程师学会（Chartered Institution of Building Services Engineers – CIBSE）的设计夏季年（Design Summer Year）[①]导则为准进行。所有主要的教学、办公和娱乐空间的设计温度正常值范围，应当在 21～26℃ 之间。

在曼彻斯特，规划设计师必须做到：

- 与规范 L2 部分比较起来，CO_2 排放量至少减少 25%；
- 在场地总能源需求中，至少 20% 由就地可再生能源来满足；
- "建筑研究院环境评估方法"（BRE Environmental Assessment Method – BREEAM）中的"非常好"等级是最低要求。

案例研究

利兹的索普工商业区创新绿色办公楼

这一发展项目的建筑师是 Rio 建筑师事务所（Rio Architects），而环境工程师事务所由金·肖联合事务所（King Shaw Associates）担任。

总体来说，为出售出租而建造的办公楼在其环境细则方面，是最后一个超越建筑规范的领域。创新绿色办公楼（Innovate Green Office）（见图10.3）则是一个例外，它获得了"建筑研究院环境评估方法"（BREEAM）有史以来最高的等级，达到 87.55 个百分点。达到这一等级评定的一个重要贡献，是所采用的起结构作用的中空型混凝土所具有的热质。该建筑排放的 CO_2 量比一幢常规全空调办公楼减少 80%，为 $22kgCO_2/m^2$。这幢建筑在没有采用可再生

---

① 设计夏季年是从 20 年的数据组中选出一个真实年份的逐时数据，代表有着炎热夏季的一年。——译者注

图 10.3 利兹的索普工商业区创新绿色办公楼
资料来源：热质楼板通风系统公司（TermoDeck）的乔恩·利特尔伍德（Jon Littlewood）

能源资源作为动力的前提下，实现了这样的目标，使之成为一幢被动式设计的杰出典范。这种设计方法的基本原则是：朝向、热质、最大限度的自然采光和高标准的保温（见图10.4）。该项目通过以下途径实现了这些原则：

- 混凝土在室内裸露，通过其热质减少温度极端值的变化幅度；
- 混凝土和钢筋都采用回收利用的材料；
- 楼地板和屋顶构件采用热质楼板通风系统公司（TermoDeck）生产的板材，带有纵横交叉的中空型芯，以供应新风。（热质楼板通风系统与可调控的机械通风系统共同作用，充分利用结构构件与室内环境之间的热交换。其作用就像是一个热量的迷宫，通过楼板中的穿孔传送空气。建筑构件储存着太阳得热，在夜间释放出来）；
- 高水平的保温意味着内部得热能够提供大部分的有效热；
- 带有热回收装置的机械通风系统，意味着来自于人体的得热，以及目前越来越多的来自于计算机的得热,使新风处理机组(air handling unit—AHU）能够将得热收集起来，储存在热质楼板（TermoDeck）内，然后再利用这种热量；
- 夏季冷却由被动式夜晚换气系统和主动式冷却系统共同提供，主动式系统从制冷机中获取冷量，利用热质楼板作为蓄热（冷）体；
- 一种真空式排水系统可以收集雨水，用于冲洗厕所；
- 可渗水的铺路材料和一片天然湿地，减少了山洪暴发的威胁。

采取这些措施的结果是，该建筑据称比一幢典型的同等规模全空调办公楼节能80%。空间采暖耗能的比例为12%，相比之下，一幢常规办公楼的采暖能耗占44%。这是由于采用了带有热回收装置的通风系统。

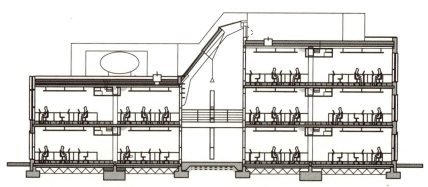

图 10.4 创新绿色办公楼的剖面

斯温登国民信托有限公司总部希利斯大楼

希利斯大楼（见图 10.5）的设计受到了这块位于斯温登的基地原有建筑的启发，那就是布鲁内尔（Brunel）设计的铁路机器制造厂。该设计背后的驱动力还有如下的设计要求，即国民信托有限公司（National Trust）的四个迥然相异的部门要容纳在同一个开敞布局的建筑物里。

该项目的建筑师菲尔登·克莱格·布拉德利（Fielden Clegg Bradley）事务所得出的结论是，解决方案就是一幢大进深平面、铺满整个基地的低层建筑（见图 10.6 和图 10.7）。

建筑南侧部分容纳公共区域，带有通高的玻璃和天窗，大量运用自然采光。一排柱廊提供遮阳，并且成为延伸到公共区域的开放空间。设计主导概念是对布鲁内尔设计的北向采光桁架式锯齿形屋顶建筑的 21 世纪诠释。在设计中，业主、建筑师和机电工程师马克斯·福德姆（Max Fordham）事务所都极为热切地致力于实现可持续性原则，

图 10.5　希利斯大楼的东南立面
资料来源：菲尔登·克莱格·布拉德利建筑师事务所提供

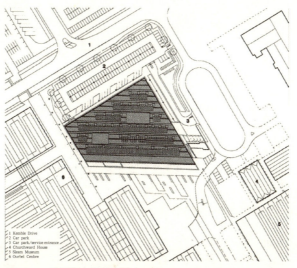

图 10.6　希利斯大楼的场地布置图
资料来源：菲尔登·克莱格·布拉德利建筑师事务所提供

图 10.7　希利斯大楼鸟瞰
资料来源：由菲尔登·克莱格·布拉德利建筑师事务所提供

因此这一建筑理当成为生物气候学建筑的图标式典范。

最初在结构材料的选择方面存有争议：到底采用木材还是钢材。木材似乎是显而易见的生态之选。然而，如果钢材来源于回收利用的资源，那么，这种差别也就可以忽略不计，尤其是今后钢材比木材回收利用的效率更高。因此，方案最终选择钢材，导致室内呈现出低调的、由纤细圆柱形柱子组成的网格。

场地的不规则性成为屋顶几何形状的灵感来源，因此，也提供了创造多种室内空间的机遇，包括两个庭院和一个中庭。宿舍区分布在两层楼面，工作点散布于底层和夹层楼面。北向采光的锯齿形桁架呈南北朝向，使自然采光率达到最大限度。设计纲要中包括一个要求，即尽可能从可再生能源资源中获取最多的电力。由于该项目的屋顶对墙面比非常高，这就使得 PV 成为显而易见的选择。在确定适当的 PV 电池类型时，利用台式计算机所做的研究表明，多晶硅电池能够提供最大的发电量。桁架向南倾斜的部分呈 30°倾角，提供了 1400m² 的平台，以安装光伏电池。因此，总共安装了 1554 块 PV 太阳能板，估计能满足大约 40% 的电力需求。PV 延伸出屋脊线，以提供遮阳和气候保护。

然而，围绕着来自于设备，尤其是电脑的能源需求，产生了一些不确定因素。在最近设计的办公楼中，办公室设备已经超过照明系统成为 CO_2 排放的主要原因。而对此的预测是，这之间的差距还将扩大。PV 的投资回报时间仍然成为问题，因为大大超过了预期中电池的生命周期。对于国民信托有限公司来说，这一问题是通过贸工部（Department of Trade and Industry）的资金补助来解决的。

锯齿形桁架屋顶的突出特征是屋顶通风口，或者叫做"鼻孔"。这些通风口可以调节建筑物中被动式自然通风系统。在冬天，采用自然通风系统存在的问题是会产生冷气流。因此引入一组低标高的机械通风系统，以回收排出废气中的热量，对通风系统的送风进行加热，然后通过架空楼板中的通风管道输送出去。这种系统有望将总体采暖需求从 49kWh/（m²·年），下降到 13kWh/（m²·年）。有些可开启窗户由楼宇管理系统

(building management system-BMS) 来控制，另外一些窗户可以手动开启，以获得降温效果（见图10.8）。

在一座主要依靠自然通风的低能耗建筑中，一般不可能维持稳定的室内气候。然而，这种被动式通风系统的设计所提供的工作环境是，在95%的工作时间内，温度不超过25℃，在99%的工作时间内，温度不超过28℃。

这座建筑最重要的特色之一是具有高热质。随着气候变化不断加剧，高热质带来的益处会越来越明显。在夜晚，混凝土屋面板和楼地板通过楼宇管理系统控制的自然通风系统进行降温。这种通风系统基于热浮力原理，通过鼻孔式通风口，将热量排出去。与此同时，该系统通过电动窗户和进风口，将新鲜空气抽吸进来。额外的热质由用于外墙、产自萨福德郡的蓝色半釉砖提供。这种砖以石灰砂浆固定，便于今后回收利用。屋顶和窗户都采用铝材，尽管这种材料具有很高的物化能量，但是，由于有充足的回收资源，抵消了这种对环境不利的因素。

整个建筑中所使用的木材，来自于可持续管理的林地，大部分位于国民信托有限公司所拥有的地产内。方形拼合地毯是用羊毛制造的，羊毛来自国民信托有限公司所拥有的农场内放牧的黑德威克羊。为了使这些方块地毯具有耐磨性，以适应办公室的使用要求，羊毛中加入了少量的尼龙和碳素。根据目前的设计导则，挥发性有机化合物(volatile organic compound-VOC)的使用维持在最低限度。

建筑物周围的土地都采用当地物种进行景观处理，例如，一丛丛的白桦树。这些树木为南侧露天的部分提供遮阳。角树和橡树定义了北部边界，同时薰衣草和葱属植物使柱廊看上去丰富多彩。

选择这块基地的理由之一，是因其靠近主要的铁路干线火车站，这使小汽车停放空间的数量减少到每三个员工一个车位——大大低于规划法则所允许的数量。停车场还有另外一个用途。根据环境署(Environmental Agency)的观点，该基地面临洪水威胁，因此，设置了一个位于地下的、以黏土衬底的封闭水箱，能够截留雨水，然后再汇入排水系统。

建筑使用后评估（Post Occupancy Evaluation-POE）

在竣工后第一年，希利斯大楼运转良好。在7月最热的时期，室外温度有四天超过30℃，但是，室内温度只有一次峰值超过28℃，而且，在这一个月中，有超过半数的时间，温度低于25℃。从建筑使用后评估中发现了需要改进之处，大部分问题都与建筑物的使用方式相关。国民信托有限公司已经实施了员工培训，以减少能源使用和对环境的影响。除了这些无法避免的反馈方面，该建筑物极为接近其设计抱负的实现，即成为这个国家能耗最低的办公楼。[莱瑟姆和斯文纳顿(Latham and Swenarton), 2007年]。

北京清华大学节能研究中心办公楼

我认为在概览2009年最先进技术的章节中，介绍一幢位于中国的最环保的、采用先进技术的建筑物是非常合适的。随着气候变化越加剧烈，中国面临的损失将会非常大，该国正在迅速适应不断变化的环境。

节能研究中心办公楼建成于2005年3月，这是中国第一幢超低能耗建筑的示范项目。该建筑中采用了将近100种节能技术，其中包括在两个立面中采用的七种不同的系统，其组成部分可以进行拆换（见图10.9）。

"智能型"外围护结构的设计可以应对不断变化的气候，采用10种替代技术。装有玻璃的围护结构的U值小于$1.0W/m^2K$；带有保温的墙体和屋顶的U值小于$0.3W/m^2K$。冬季平均采暖负荷为$0.7W/m^2$，最冷月的平均采暖负荷为$2.3W/m^2$。总体来说，采暖和制冷的负荷只有常规办公楼的10%。东

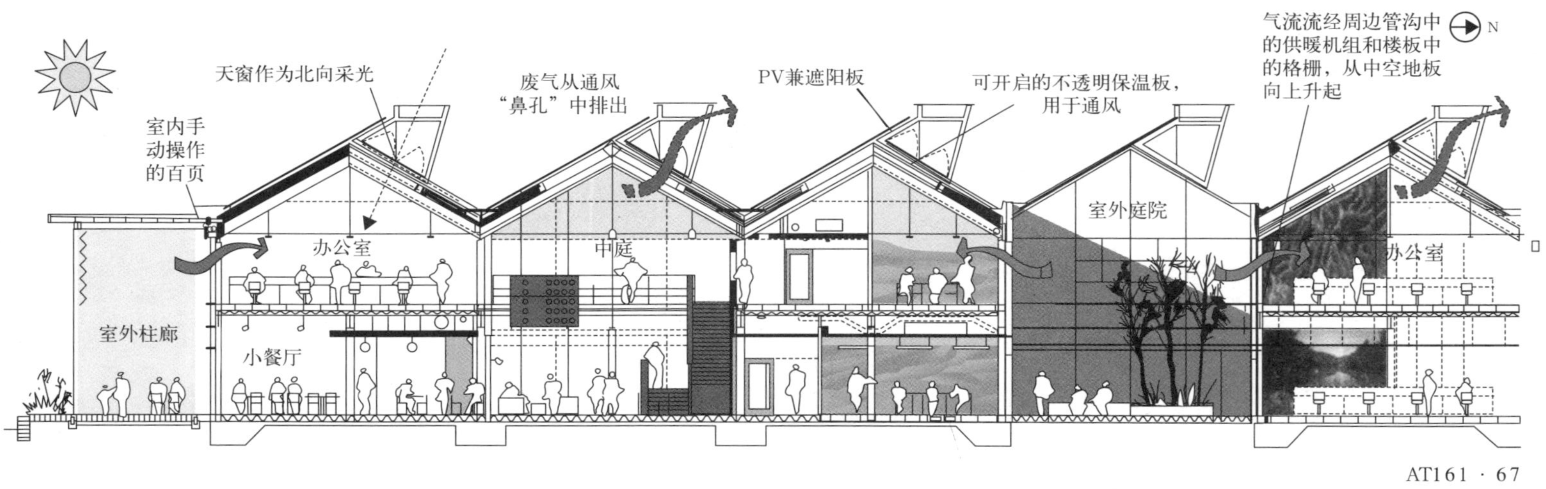

图 10.8 希利斯大楼：表明通风系统原理的剖面

资料来源：菲尔登·克莱格·布拉德利建筑师事务所提供

图10.9 北京清华大学节能研究中心办公楼

立面采用了三种不同形式的双层表皮玻璃幕墙，这样的设计是为了测试热工性能。

在第一种形式中，可自然通风的空气通道为600mm宽（见图10.10）。内层固定式幕墙采用带有low-e涂层的双层玻璃。外层幕墙采用6mm厚单层玻璃。进出风口均采用电动开启，有助于调控室内温度。两层不锈钢反光板将直射阳光反射到室内。在空气通道内，底端固定的百页可以升起，达到足够的高度，使光线可以从窗户上部射入室内。幕墙体系中的电动室外百页，可以根据太阳高度角随季节变化进行调节。

在南立面，采用了三种不同构造，以展示不同的空气通道变式和通风形式。西立面和北立面采用轻质结构，依次为铝质防雨屏、50mm厚聚氨酯保温层、150mm厚保温棉，内层是80mm厚石膏砌块。石膏砌块是发电站烟气脱硫工艺的副产品。聚氨酯保温层是用回收利用的塑料瓶生产的。

屋顶有两种形式。第一种是绿色屋顶，种植了九种不同的植物，来研究最适宜的物种和养护方法。第二种是加盖玻璃的"生态仓"（eco-cabin），仓内的实验设备可以测试不同植物的CO_2固化能力。地板架空1.2m，以容纳设备管线。楼板中内置的相变材料，有助于蓄热，并使温度变化趋于平缓。

北京地区的气候条件使春秋两季可以采用自然通风。风压通风和热压通风相结合，再加上玻璃烟囱，共同促进了自然通风。空气通过走廊和楼梯间的三个竖井进行流动。办公室的热舒适性通过置换通风和辐射／冷吊顶系统得到改善。

自然光通过光导管，或者叫做采光管，导入地下室。这些光线由安装在屋顶的一组抛物面碟式太阳光收集器捕获，光线的反射传导距离可达200m，光传输效率为30%。

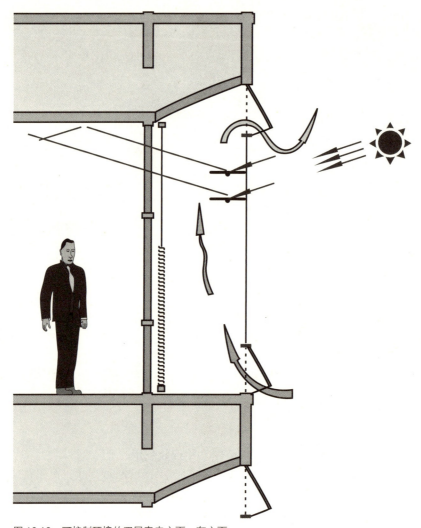

图 10.10 可控制环境的双层表皮立面，东立面

能源系统

热电联供成为主要的能源系统，其动力来源于天然气驱动的汽轮机。该系统能够满足建筑的电力需求。任何富余的电力都可以输出到大学的内部电网。在冬季，该系统直接用于供热，通过回收余热使效率达到95%。在夏季，低品位的废热用于除湿溶液的再生，以满足潜热负荷。高品位热能用于驱动热泵以制冷。地源热泵机组利用恒定的15℃土壤温度，提供16～18℃的冷却水。蒸发制冷方式作为系统的补充。最大供冷负荷为120kW。

所安装的30m² 单晶硅PV阵列，其峰值电力输出为5kW，用于提供花园的照明需求，采用的光源是LED。电力储存在蓄电池中，能够提供夜间照明和阴天的照明需求。同时还有太阳能空气系统，其峰值热能输出为140kW。在夏季，获取的热风用于除湿溶液的再生。在冬季，温暖的空气直接输入空调系统。

楼宇管理系统（BMS）使建筑物内的设

备系统得以优化,包括采暖和制冷系统、水资源管理、自然通风和空调系统。该系统还对电力消耗、天然气用量以及产热量进行计量,并且对CHP和太阳能所产生的电力和热能进行统计。此外,这一系统还对气象数据进行记录,并且监控建筑外围护结构的热工性能,以及室内温度水平,还有湿度、CO_2浓度和采光水平。总共有超过1000个传感器为研究和教学需求提供信息。图10.11对于该建筑的环境特征和节能技术进行了全面解读。

浦江智谷(Pujiang Intelligence Valley-PIV)

这是一个位于上海附近的雄心勃勃的开发项目,表明中国有着极大的抱负,以证明该国对环境议程的承诺。这个综合开发区的建筑面积将达到大约73万m^2。第一期开发的基地面积达到20万m^2,总建筑面积达到24万m^2。六幢"商务"办公楼占据基地的中心(见图10.12)。

四幢研发大楼位于基地西部,东部为十四幢行政建筑。围绕着湖区是大量的景观绿地,面积达13万m^2(见图10.13)。

浦江智谷项目的目标是:
- 刺激软件产业的研发(R&D),包括动漫产业的研发;
- 成为数据和设计中心;
- 创建一个设计和培训中心;
- 提供多媒体设施。

该项目将提供多种行业的培训设施,其环境细则包括:
- 高水平的墙体保温;
- Low-e双层玻璃,U值达到1.5W/m^2K;
- 100%自然通风,换气量达到每15m^2每小时20m^3,湿度为30%~70%;
- 低能耗照明系统;
- 外遮阳系统带有可以反射太阳光的百页;
- 楼板内置采暖和制冷管路;
- 地源热泵;
- 光伏电池;
- 太阳能集热板;
- 雨水收集和净化系统;
- 粗放型(extensive)绿色屋顶;
- 以树木、灌木和草地组成的景观,不仅作为工作人员的休闲场所,也可以吸引野生动物。

已经建成的106000m^2的建筑,通过避免燃煤发电,每年可以减少CO_2排放8220t。这是一种大胆的尝试,提供了一个雄心勃勃的开发区,创造了舒适的室内条件,并将其置于大面积的自然环境中。室外环境的设计除了作为员工休闲空间,也能够吸引野生动物。

案例研究总结

作为本章第一部分的总结,在未来,办公楼应当遵循这些少数敢为先的建筑所采用的方法,并且应当采用高水平保温措施的双层表皮立面,带有整体式可调节遮阳。这种空间可以用作空气通道,或者容纳垂直管道,以输送新风和排出废气。排出的废气先经过换热器,或许在此可以由地源热泵进一步加热/冷却。经过新风处理机组(AHU)的自然通风模式应当成为常规做法,如有必要,可以由低功率风扇进行机械辅助。空气通过楼板中的管道进行输送,例如,通过利用热质楼板通风系统(TermoDeck)(见图10.14)。

由暴雨引发的洪水将成为气候变化越来越明显的特征。利用洼地或者低凹处将雨水汇集到景观设施和停车场地下设置的封闭式水箱这一做法,在越来越受洪水威胁的地区是必须的。反过来说,严重干旱也成为关注焦点,因此,水资源保护必须以新的重要性维度来看待,在设计议程中,水的回收利用和净化应当处于重要地位。必须考虑对黏性土壤基础的影响。

不仅仅是由于气候变化,也是由于供应的安全性问题,能源将成为越来越重要的关注点。建筑外围护结构应当指向碳中性——甚至是碳负性的(carbon negative)——利

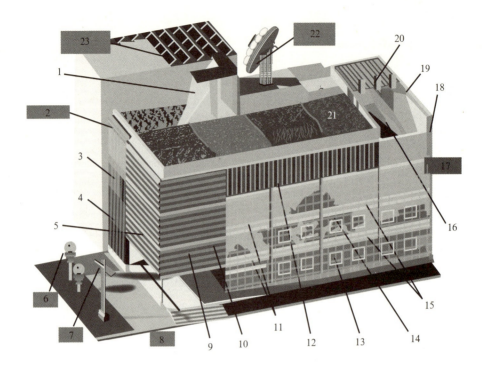

1 自然通风和采光竖井
2 光电玻璃
3 窄通道外循环双层皮幕墙（预制）
4 窄通道内循环双层皮幕墙（预制）
5 真空双层立面
6 地下室太阳光采光
7 太阳能夜间照明
8 人工湿地
9 玻璃幕墙
10 电动水平外遮阳
11 电动可开启窗
12 电动垂直外遮阳
13 铝合金断桥窗
14 宽通道外循环双层皮幕墙
15 带有相变材料的架空地板
16 自洁净玻璃
17 生态仓
18 保温窗
19 轻质保温墙
20 自然通风烟囱
21 绿色屋顶
22 碟式太阳光收集器
23 太阳能空气集热器

图 10.11 节能研究中心的环境议程
资料来源：建筑节能研究中心展板
摄影：孙茹雁（Ruyan Sun）

图 10.12 中国上海浦江智谷商务中心

图 10.13 浦江智谷项目

用碳螯合材料来实现。其设计应当为安装光电板和太阳能集热板提供最大的机遇，尤其是考虑到在不远的将来，PV 的每千瓦安装成本大大得以改善的前景。有些基地仍然适合安装小规模风力发电机——请记住风能技术的负载系数／性能系数，现在几乎没有改进的余地。从另一方面来说，有人声称地源热泵的性能系数仍然有提高的可能。在桩基础上结合地源热泵系统的管路是一种经济的选择。

尽管建筑外围护结构的能源需求可能会持续降低，但是，围绕着 IT 设备未来的电力需求引发了不确定因素，这部分电力可能占建筑物全部电力消耗的 50%。根据马克斯·福德姆事务所的观点，"在一幢低能耗办公建筑中，[IT 设备] 将仍然是 CO_2 排放的最大来源"（福德姆，2007 年，第 131 页）。这就是为什么在可再生能源的供应方面应当留有足够余地的一个原因，这部分可再生能源可能无法完全就地获取。

严酷的现实是，即便考虑到就地可再生能源产能的贡献，大量办公楼和机构／行政

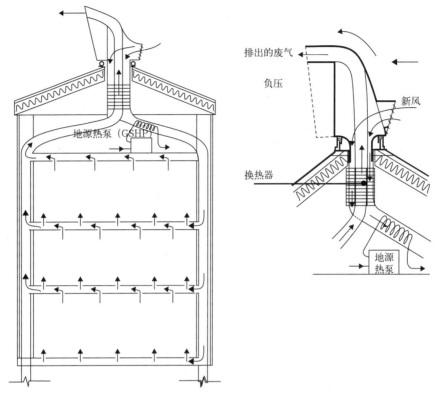

图 10.14 办公楼剖面示意图，带有送气通风立面和新风处理机组（AHU）细部

建筑将永远无法实现零碳排放。已经有人提议说，零碳排放可以通过欧洲排放交易计划（European Emissions Trading Scheme）框架内的购买碳汇来实现。詹姆斯·拉伍洛克（James Lovelock）已经谈到过这种极端观点：

> 碳汇交易有着巨大的政府补贴，这正是财政和工业所需。这一机制对于气候变化什么也没有做，但是，可以为很多人挣很多钱，并且推迟了采取措施的时间。
>
> （拉伍洛克，2009 年）

自从 2008 年以来，世界经济的崩溃导致很多人对以市场机制应对气候变化持怀疑态度。但是，还有一种替代机制：征收清洁能源税（clean energy levy）。在大多数办公楼的情形中，没有足够的表面面积来容纳可再生能源设备，例如 PV，以具备零碳排放的资格。解决的办法是，对于计算出的超过零碳排放的年能源需求部分，以相等的城市基础设施规模的可再生能源贡献量来满足。例如，伦敦的新建办公楼可以为近海风力发电在泰晤士河风电场（Thames Array）的成本方面，提供一个摆脱困境的途径。此外，对于存在受风暴潮导致的洪水严重威胁的地区，正如码头区再造开发项目（Docklands development）和泰晤士河口开发（Thames Gateway）项目中那样，必须征收特别的赋税，正如在第 5 章中所建议的那样，以便将这些税款用于河口拦潮坝的建设。由于这种设备也能够产生大量电力，这两个税可以合并，在总税款中进行适当减免。

举个例子，目前的最佳实践建议，办公楼的能耗标准应当在大约 150 kWh/（m^2·年）。

假设一幢普通规模的办公楼，建筑面积为1万 m^2，假使已经能够证明通过就地可再生能源技术实现 $50kWh/(m^2·年)$ 的能源产出，这就产生了 $100kWh/(m^2·年)$ 的赋税义务。总计达到 1000MWh/年。如果考虑到利用（或负载）系数，这一义务可以通过满足容量为 500kW 的风轮机的成本，或者工业化标准的、容量为 1.5MW 机组的三分之一成本的方式来实现。这种计算补贴的方法比起依赖于市场的变幻莫测来说，准确得多。在面对向我们逼近的双重危机——气候变化和能源储备的耗竭——这样一种征税体系是最适宜的。

附录

英国未来办公楼的性能标准

采暖负荷目标	$20kWh/(m^2·年)$
电力负荷目标	$25kWh/(m^2·年)$
气密性	$<3m^3/小时/m^2$
采光	100% 达到英国标准 BS 8206[①] Pt2 条款的要求
人工照明控制	亮度和人员侦测（person detection）
	调光控制，带有楼宇管理系统的超驰控制（overriding）
采暖/制冷	自动换向（dual action）地源热泵
	主动冷却式（active chilled）热质
额外冷却	地下水为内部得热较高的房间提供冷却
	在可行的时候采取蒸发冷却
	在停车场地下设置太阳能热管回路，以实现跨季节蓄热
	在倾向于洪水威胁的地区，在停车场、平台等地下设置地表水储水水箱
	或者，在所有硬质地面采用可渗透表面
保温	U 值：W/m^2K
墙体	0.10
窗户的平均值	0.8（三层玻璃）
屋顶	0.10
底层地板	0.10
平面	浅进深楼板，以使采光和穿堂风达到最大限度。在有可能的情况下，设置中庭
	理想的朝向：南北向
结构	设计能够抵御风速达 150 英里/小时的暴风雨所导致的风荷载
	在伸缩缝以及材料稳定性方面，设计能够抵御 50℃ 的夏季温度峰值
楼地板	带有光面底板的中空混凝土楼板，中空处有利于通风/暖/冷气流的进出，例如热质楼板（TermoDeck）系统

[①] 即英国标准局 (British Standards Institution) 发布的《建筑用照明设备——日光照明用实施规则》(Lighting for buildings. Code of practice for daylighting). ——译者注

续表

立面	带有整体式可调节遮阳的双层表皮立面，中空处作为空气通道，在冬季蓄留热量，在夏季用于冷却。排出的废气将经过换热器，理想的情形是，由可换向的地源热泵进一步加热／冷却	
	经过新风处理机组（AHU）的自然通风（见图10.14），如果有可能，由低功率风扇加强效果	
屋顶	尽可能采用绿色屋顶，并且采用蒙诺加特公司（Monodraught）的通风机组	
	另一种方式是，30°朝南的倾角是安装PV和太阳能集热器的理想角度。薄膜型PV的未来前景十分看好	
材料	保温材料	
	非基于石化工业的保温材料。来自于可持续资源的保温材料，例如羊毛、纤维素、软木等	
结构材料	通过粉煤灰集料制成的低碳混凝土	
	案例：位于设菲尔德的"持久作品"（Persistence Works）工艺美术综合楼，菲尔登·克莱格·布拉德利事务所	
	设计便于将来拆除和构件的再利用	
回收利用	尽最大可能采取预制方式，以便将垃圾减少到最低限度，促进以石灰砂浆固定回收利用的砖块，便于再次回收利用	
钢材	比混凝土具有更好的回收利用潜力	
木材	应当来自于经过认证的可再生森林	
	植物性物质和纸张的就地堆肥	
楼宇管理系统	带有智能指示的、用户友好的楼宇管理系统（BMS）设计	
	全体员工接受培训，优化楼宇管理系统的性能	
生物多样性	种植适当的树木，以提供遮阳	
	建筑物周围种植多种植物	
	设置水池以利于野生动物和蒸发冷却	
	尽可能采用绿色立面	

第 11 章
社区建筑

我们可以在为社区使用而设计的多种建筑中，发现一些采用最先进环保技术的建筑。这一领域的先锋项目之一，就是位于康沃尔郡彭林码头区的朱比利码头建筑（见图11.1）。

从位于英国康沃尔郡彭林的朱比利码头中，可以清楚地看到比尔·邓斯特（Bill Dunster）和零能耗工厂（Zedfactory）的遗传密码。其建筑形式是非传统的，然而，建筑评论家乔纳森·格兰西认为，"它以一种适度的歪歪斜斜的方式，融入了彭林那混乱的肌理中……从某种程度上来说，配合得天衣无缝"（《卫报》，2007年1月11日）（见图11.1）。

这片位于彭林的河边混合用途开发区，由两幢建筑物组成。一幢建筑中容纳了12个工作室，以及楼上的六套复式公寓。另一幢建筑中容纳了"自信起步"（Sure Start）托儿所、提供社区设施的零能耗住所(ZedShed)公共大厅，以及一座享有盛誉的小餐厅。两幢建筑之间围合出一个庭院，创造出沿码头区的公共步行道。这篇区域已经被证明是一个成功的社交空间，成为一个"充满活力的、熙熙攘攘的空间"，在适当的时间，这里还会容纳农贸集市。滨水街区屋顶的设计，能够确保从海港吹来的凉爽海风能够偏转，从而吹过庭院。

该项目已经被描述为一个"代表目前最先进技术水平的绿色建筑典范"［布坎南（Buchanan），2006年］。该建筑的环境特征总结为一张独具特色的建筑/机电示意图(见图11.2)。

朱比利码头建筑的复式公寓采用了超级保温和气密性措施，并且带有玻璃日光间。楼地板采用混凝土，增加了热质。自然通风通过可随风向转动的风帽来实现，风帽的设计能够抵御常见的极端风荷载。工作室中供应的是低品位热，采用楼板下采暖系统，复式公寓和社区公共空间也是如此。然而，高水平保温措施和朝南的朝向，再加上较高的一幢建筑屋顶的太阳能集热器，使这种采暖系统几乎无用武之地。一台燃烧木屑的生物质能锅炉确保了冬季室内的舒适条件。建造中采用了当地劳动力和材料，最显而易见的是取自邻近地区的西部圆柏和落叶松。在建造中所使用的木材均来自可持续管理的资源，因此，得到了森林管理委员会（Forest Stewardship Council）的认证。

码头区安装了四台风轮机，这种机器能够随任意风向旋转，从而所有风向都可以发电。他们还计划安装光电电池，使这一综合体成为电网的净贡献者。

> 朱比利码头是绿色设计的里程碑，为小城镇如何巧妙而经济地发展做出了表率。
> （彼得·布坎南，2006年）

健康

位于牛津的丘吉尔医院内的原发癌保健中心和治疗中心是英国第一家采用地源热泵技术（GSHP）进行采暖和制冷的大型医院。正因如此，该建筑被认为是未来医院设计的典范。英国国民医疗保健机构（NHS）

110　为气候改变而建造

图11.1　英国康沃尔郡彭林的朱比利码头
资料来源：图片由零能耗工厂提供

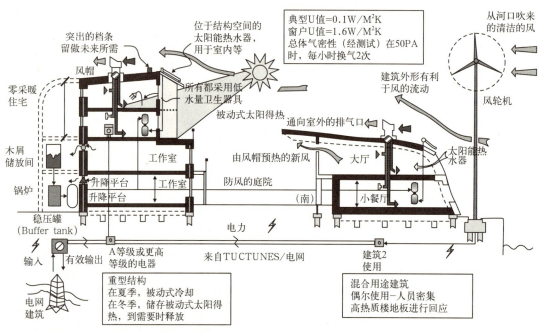

图11.2　朱比利码头项目的环境特征
资料来源：图片由零能耗工厂提供

管理和运作着欧洲最大的地产投资组合,他们认识到了其地产所产生的环境影响的重要性。该机构自己设定的目标是,到 2010 年 3 月,初级能源消耗减少 15%。地源能源则是热能的稳定来源,无论白天与夜晚,冬季与夏季。

牛津拉德克利夫医院 NHS 信托会在项目的一开始就做出决定,新建的丘吉尔医院设施将要成为节能低碳的医院设计典范。机电工程师事务所海登·扬(Haden Young)委托地能公司(EarthEnergy)作为该项目的技术顾问,负责检查和评估地下管路换热器的设计。该公司还负责对现场安装的钻孔导热性进行测试,并且利用地下管路的计算机建模,来评估其设计寿命内的热工性能。这是一种全封闭式地源采暖和制冷系统。系统由 8 组容量为 500kW 的热泵组成,能够产生大约 2.5MW 的热能。由于这是一所医院,系统设计中必须考虑负荷的余量。医院没有采用任何替代性的采暖或制冷的后备系统(见图 11.3)。

这是第一幢依赖于地源热泵技术进行采暖和制冷的大型公共建筑,并且证明了这种技术在未来的低能耗环境中应当发挥的重要作用,即便是对于大型综合楼而言,也是如此。

教育

由于中小学校环境塑造的是易于受影响

图 11.3　牛津丘吉尔医院的地源热泵设备间
资料来源:地能有限公司(EarthEnergy Ltd.)提供

的孩子们的心灵,所以,一幢能够回应时代所面临的环境挑战的建筑,将产生长期而持久的影响。环境决定论者已经吸纳了一种新的意义,即将学生武装起来,以便在未来的艰难岁月中发挥领导作用。在 2006 年,英国政府出台了一份关于可持续发展的中小学校的咨询性文件。该文件声称,"到 2020 年,儿童、学校和家庭部(Department of Children Schools and Families—DCSF)希望所有中小学校都成为节能和可再生能源方面的典范,能够展示在其所属社区中风力发电、太阳能和生物质能的利用。"于 2006 年出台的《建筑规范》L2 部分要求,一所学校的能源需求应当比 2002 年版本的"规范"减少 25%。在 2007 年,社区和地方政府部(DCLG)规定,所有新建学校应当达到建筑研究院学校环境评估方法(Building Research Establishment Environmental Assessment Method for Schools – BREEAM Schools)框架中至少是"非常好"的等级。这其中包括:

- 能源;
- 水资源的利用;
- 材料;
- 污染;
- 生态;
- 管理和健康。

然而,在环境和能源危机之前就已建成的一幢标兵式建筑,就是位于柴郡沃勒西的圣乔治学校(St George's School)。这是第一幢真正的被动式太阳能教育建筑,由柴郡议会建筑师部的查尔斯·埃姆斯利·摩根(Charles Emslie Morgan)设计,于 1961 年竣工。其特征是一片被动式太阳墙延伸到整个南立面。该建筑拥有一套创新的自然采光和通风系统,其保温标准大大超前于所处的时代。这些措施导致与当时的标准相比而言大大减少的采暖负荷。由于注册学籍人数的原因,这所学校现在成为特殊教育用途——这不是当初设计的功能。

位于利物浦阿西尼城的圣弗朗西斯学校

在"为未来建造学校"(Building Schools for the Future-BSF)计划的框架内,英国政府设定的目标是,在15年内更新或重建英格兰的每一所中学。在"为未来建造学校"的标准要求下,学校必须达到建筑研究院学校环境评估方法计划框架内的"非常好"等级。

为现行环境标准树立了榜样的一所学校,就是位于利物浦的阿西尼城的圣弗朗西斯学院(Academy of St Francis of Assisi),由"人均"建筑事务所(Capita Architecture)设计,于2006年3月竣工。利物浦的英国圣公会主教是先前建筑的董事会主席。他起草了新建筑的设计纲要,强调该建筑应当成为可持续设计的杰出范例,因此,整座建筑成为环境教学的工具。利物浦天主教会的大主教成为该项目的合伙人之一,这是一种友好关系的象征,标志着利物浦告别过去,发生了根本性的改变(见图11.4)。

场地的限制提出了挑战,要求在不破坏邻里地产的视线前提下,满足教学用房的设计。解决办法是将学校大厅置于地下,形成一幢五层楼的建筑。然而,大多数教学用房位于地面以上的两层楼部分(见图11.5)。机电工程师事务所由布罗·哈泼尔德(Buro Happold)事务所承担。

详细的设计纲要中包括了以下这些要求:

- 建筑应当采用带有热回收装置的自然通风——该系统必须达到50%的效率;
- 必须设置人员控制而不是自动控制的机电系统;
- 所有教室和走廊都必须安装玻璃旋转百叶;

图11.4 阿西尼城的圣弗朗西斯学校:带有半透明乙烯-四氟乙烯屋顶的室内
资料来源:建筑与建成环境委员会(CABE)提供

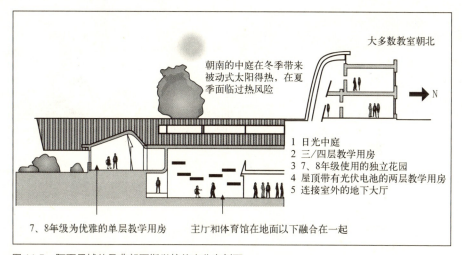

图 11.5 阿西尼城的圣弗朗西斯学校的南北向剖面
资料来源:"可持续学校设计案例研究"(Design of Sustainable Schools Case Study),DfES① 2006 年

- 为了维持良好的空气质量,工艺教室、科学教室和地面以下的区域,如餐厅,必须采用机械通风;
- 在两间信息和通讯室,以及网络咖啡厅,必须采用中央机械制冷系统;
- 采用可变制冷剂流量(variable refrigerant flow)系统,能够在采暖或制冷的模式下运行。

可再生能源

地面以上两层教学单元的屋顶支撑着 187.3m^2 的 PV,其峰值输出功率为 24kW,估计电力输出值达到 19440kW/年。这个系统的设计规模可以满足学校电力需求的 10%。然而,根据前 6 个月的营运情况来看,只能满足这一需求的 3.5%,CO_2 的排放量只减少了 2%。5m^2 的真空管式太阳能集热板的能源输出值达到 2600kWh/年,可以对生活热水进行预加热。

这所学校在建筑研究院学校环境评估方法标准实施前就竣工了。然而,该建筑仍然达到了暂定"优秀"的等级。

赫特福德郡的哈特菲尔德的豪·德尔小学

一个生态学校的领先样板是豪·德尔小学(Howe Dell Primary)(见图 11.6),于 2007 年建成使用,是教学园区的第一期工程。学校坐落于一块不同寻常的棕地上——先前的哈特菲尔德小型机场——设想将该校建成为展现"全方位照护(wrap-around care)和可持续建筑设计"的实验项目(儿童、学校和家庭部(DCSF),2008 年)。

豪·德尔小学作为政府生态学校策略的一部分,由"人均"建筑事务所设计,成为赫特福德郡县议会的一个路标项目。正因如此,该建筑荣获绿旗生态认证(ECO Green Flag Accreditation)——生态学校计划的最高奖项。这座采用超级保温措施的建筑包含有以下特征:

- 太阳能集热板,用于为学校厨房加热水;
- 一组并网的光伏电池阵列;
- 自然通风系统与热质楼板(TermoDeck)加风扇辅助的采暖和制冷系统相结合,利

---

① 即 Department of Education and Skills,教育与技能部。——译者注

图 11.6 豪·德尔小学，南立面

用建筑物的热质来帮助室内温度的稳定；
- 在大进深平面区域，自然采光来自于高性能的带遮阳窗体，以及天窗采光；采光井使自然光能够照射到底层走廊，凡是采用人工照明之处，均使用低能耗设备；
- 种植着景天属植物的绿色屋顶有助于保温，同时调节着雨水径流；

- 从主体建筑屋顶上收集雨水，用于冲洗厕所，多余的回收雨水则用于灌溉学校属地内的湿地生物多样化区域。

此外，一架容量为 50kW 的风轮机正在规划中，将来会向电网输出富余的电力。这所学校的杰出而独特的可持续性特色，是其采用的跨季节热传输（interseasonal heat

图 11.7 学校运动场地下的管网
资料来源：儿童、学校和家庭部（DCSF），2008 年

transfer-IHT）系统，该系统由 ICAX 公司进行安装。在运动场的表面之下埋置了管道，组成一个网络，用于捕获太阳能，管道中充满水和抗冻剂——叫做"集热管"（collector）。运动场铺设的沥青碎石路面常常能达到 15℃，高于环境温度（见图 11.7）。

热能储存在学校地下的"热库"（thermal tank）中，由计算机进行控制（见图 11.8）。当有必要对建筑物进行供热时，热能被传输到热泵和一系列换热器中。这些设备连接到地板下采暖系统，也连接着热质楼板（TermoDeck）通风系统。这种系统可以传送热风，也可以输送冷风，同时利用建筑物的热质来调节温度的高低波动。据称，这是英国第一个采用这种类型的系统，有可能也是世界上第一个使用的系统。该系统能够将归于常规锅炉的 CO_2 排放量减少 50%。

热库还有一个益处，就是可以储存学校暑假中太阳能集热板所采集的热量。这时，通常的机电系统都暂停使用了。否则的话，这些集热板会遭受损坏。

学校课程设计也以可持续原则为基础。建筑设计中有一个重要的元素，就是用户友好的校园通用软件界面，使学生能够监测许多环境系统，尤其是可再生能源方面。这个系统可以展示出，有多少能源作为热能被储存起来，有多少电力输出到电网。学校入口区域的大屏幕上也显示着实时数据。

富尔克鲁姆顾问公司（Fulcrum Consulting）在该学校的可持续特色研发方面发挥了核心作用，尤其是跨季节热传输采暖／制冷系统。他们将这一项目看做是"有助于在公共领域根植理念的示范性项目"。

设菲尔德市沙罗小学和附属幼儿园

我们值得在此着墨的是，地方当局不仅能够委托学校的设计，他们也能够设计学校，正如在设菲尔德市沙罗学校的案例中呈现的

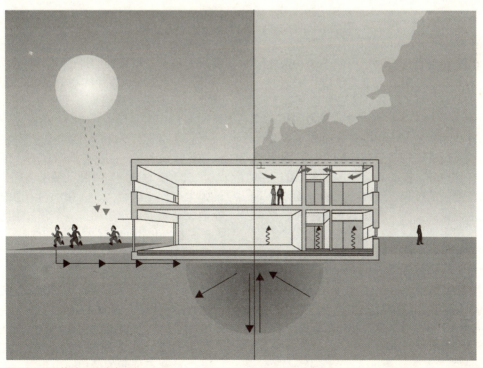

图 11.8　学校地下的热库
资料来源：ICAX 公司的马克·休斯（Mark Hughes）提供

116　为气候改变而建造

图 11.9　设菲尔德市沙罗小学和附属幼儿园

那样（见图 11.9）。

　　设菲尔德市议会决定，将小学和幼儿园合并，建在同一块场地上，以取代附近的一所维多利亚时期的建筑，由此导致了沙罗学校的建设。卡斯·巴斯利奥（Cath Baslio）作为议会的建筑师，接受了这个任务，为设菲尔德市设计了一座最环保的学校。由学校员工、管理者、家长和议会职员参与的磋商经历了漫长的过程，最终导致该学校采取开放式平面设计，而不设置走廊。一片绿色屋顶不仅用来调控雨水径流，而且形成又一片草坪，使之成为颇具价值的教学资源。其设计是为了吸引大量的野生动物，尤其是鸟类。学校还附设了面积宽广的开放式绿色空间，主要为学生所用，但是，在放学以后的时间段，也能为社区所用。景观设计师是海伦·米切尔（Helen Mitchell）。

　　然而，使学校与众不同的是这一事实，即所有用途的热水都来自地源热泵，该系统连接着 21 个钻孔。这些热泵提供低品位热，供应着整个三层楼面的地板下循环管路，管路的组成是 20mm 直径的高密度聚乙烯管道，为空间采暖提供的温度低于散热器的温度。所使用的管道长度有 11km。学校还设置了一个浸没式热水器，作为"象征性"后备系统，以满足特别大量的供热需求。

　　该学校的设计宗旨是，便于不同年级组的师生进行小组合作，互相学习。总之，这座学校是位于设菲尔德市一个较贫困区域中心的、极具价值的社区资源。

可持续设计指征概括

　　为了适应未来可能的气候变化，只要有可能，可持续社区建筑的设计应当：
- 在材料的物化能量、交通运输、建造过程以及建筑物生命周期内的能源使用方面，应当将化石能源的使用减少到零，或者补偿化石能源的消耗；

- 与此同时，提供足够的热质，使建筑物能够调节室外温度的极端变化，同时带有夜间冷却措施；
- 在可行的情况下，使用回收利用的材料和可回收材料，并且从获得认证的可持续来源获取天然材料；
- 确保计划中的开发项目设计，便于未来的拆除和回收利用；
- 避免使用包含挥发性有机化合物的材料；
- 设计中尽可能利用自然采光，同时减少日光产生的眩光；
- 在总体气候控制策略的框架中，充分利用自然通风的可能性，以便将能耗减少到最低限度，同时获得舒适条件范围内的微气候；
- 充分利用被动式太阳能，同时采暖／制冷系统的使用应当能够进行微调，以满足使用者需求，避免使用空调系统，除非在特殊情形中；
- 确保楼宇管理系统是用户友好型的，而不是过于复杂的系统，而且系统拥有解释性的说明手册，使建筑使用人员和机电设备管理者都能够理解；
- 充分利用建筑一体化或者就地可再生能源发电的可能性；
- 发现可利用的恒温土壤的机会，以便能够通过地源热泵或者直接利用地下水或流动水冷却的方式，对冬夏温度进行削峰平谷；
- 将水资源的消耗减少到最低限度；收集雨水和灰水，将其净化，用于非人员使用的用途；
- 通过限制室外硬质景观的面积范围，将雨水的地表径流减少到最低限度，如果有可能，创造可以储存地表径流的地下水罐，以及相应的排水系统，以备暴雨形成洪水时泄洪之用；
- 创造一个既成为视觉享受，又提供环境益处的室外环境，例如，以落叶树木提供遮阳，利用水体提供蒸发冷却；
- 在考虑这些关键指征时，确保设计一方面满足技术进步方面的最高标准，另一方面，也达到卓越的审美品质。

从第10章和第11章的描述中，我们已经看到，有一些领先的非居住建筑在省碳、气候控制以及材料的生态途径（即毒性和来源方面）方面接近最优化。我在此提出的建议是，由于气候变得越来越对人类不利，将会导致一些设计标准随之更新调整。例如，对于结构来说，风荷载的计算可能不得不假定狂风的风速会超过140mph（英里／小时），并且造成严重的湍流。对于使用寿命相对较长的建筑物来说，例如，中小学校、大学、政府办公楼等等，制冷和通风系统应当设计成能够应对夏季持续高温，即45℃的日间温度和35℃的夜晚温度。建筑物需要有大量的热质，同时还有可能需要机械系统的干预，以调节温度和实现夜间冷却。

最后一点，在第10章和第11章中提到的几乎所有建筑都是量身定制的，也就是说，为某个特定的用户而设计的。然而，大多数办公楼都是为出租出售而建造的，由未来的使用者将要负担能源费用。在这里所讨论的建造和环境标准能够实现的唯一途径，就是建筑规范对建造提出的要求。与此同时，必须有建造过程中关于建筑控制的强制性标准，以及严格的使用后检测。地方当局将会声称，他们需要额外的资金来实施这些措施，而他们的要求是适当的。

第 12 章
常规能源

需求对储备，以及与全球变暖的关系

最终，人类未来的生存机会取决于能源，以及全社会能以多快的速度从依赖化石燃料转向近乎碳中性的能源。人们越来越强调可再生能源，这是由于人们越来越担心新探明的化石燃料储备与不断增长的需求之间可能存在着差距，尤其是来自于中国和印度的能源需求。发展中国家的经济快速增长，意味着在高 CO_2 排放预设情景中所预测的能源消耗，将远远超过节能所带来的收益，并且到本世纪末，有可能达到目前初级能源需求水平的三倍（见图 12.1 和图 12.2）。

精确地说，1980 年的能源消耗相当于 7223 百万吨油当量（mtoe）。到 2030 年，这一数值预计将达到 17014 百万吨油当量，这主要是由于印度和中国的经济增长所致。

显然在这个问题上出现了一种癫狂的趋势，因为不论是世界能源委员会（World Energy Council – WEC）发表的图表，还是国际能源署（IEA）发表的柱状图，似乎都在否认另一张图表的存在，即哈伯特峰值图表（Hubber Peak）。图 12.3 中所示的钟形曲线是马里昂·金·哈伯特（Marion King Hubbert）在 1956 年构想的，因此也以他的姓氏来命名。这个曲线描述了石油储量与日益增长的需求之间关系的发展轨迹。

在石油储量水平方面存在着相当大的不确定性，特别是石油输出国组织（Organization of Oil Exporting Countries-OPEC）做出的储量数据。石油峰值研究协会（Association for the Study of Peak Oil-ASPO），认为"石油峰值"将在 2006 年出现，而天然气峰值将在大约十年之后出现。随之而来的是价格变动无常，并最终导致地区冲突。"气候变化加上不断增长的能源需求，形成了下半个世纪的'完美风暴'（perfect storm）"[①]（艾伦·格林斯潘（Alan Greenspan），美联储（US Federal Reserve）前任主席）（见图 12.4 和图 12.5）。

围绕着石油储量这一问题而产生不确定性的原因在于，在 1986 年，石油输出国组织下令其成员国只能按本国储量的固定比率输出原油。就在几个星期之内，许多国家纷纷将其储量更新上调，例如，沙特阿拉伯将其原油储量增加了 1000 亿桶。这样总储量从 3530 亿桶突然增加到 6430 亿桶，然而，并没有关于新储量的重大发现。实际上，可以肯定地说，储量被夸大了（科尔曼，2007 年，第 53 页）。

国际能源署以其警告性的言论闻名于世，该机构的首席经济学家在接受《卫报》的访谈时，得出结论说："对于非石油输出国组织成员国的国家，我们预期在 3～4 年的时间内，常规油（conventional oil）的产量将达到一个稳定期，然后开始下降……至于全球的情形，假设石油输出国组织的成员国在一定程度上适时投资，全球的常规油……将在大约 2020 年达到稳定期"（接受《卫报》的访谈，2009 年 4 月 14 日）。

罗伯特·赫希（Robert Hirsch）在为美国能源部所作的一份报告中估计，为防止经济崩溃，有必要在"峰值之前 20 年"启动"一个危机缓解计划"。他补充道："如果没有得到及时缓解，那么在经济、社会和政治方面

[①] 原指各种气象条件碰巧凑在一起所形成的罕见聚风，隐喻各种条件罕见地组合而发生的事件。——译者注

第12章 常规能源　119

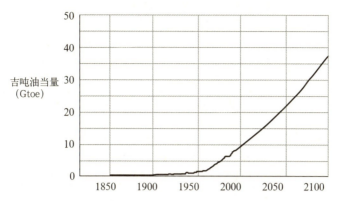

图12.1　世界能源委员会设定的最糟糕情形："照常营业"预设情景

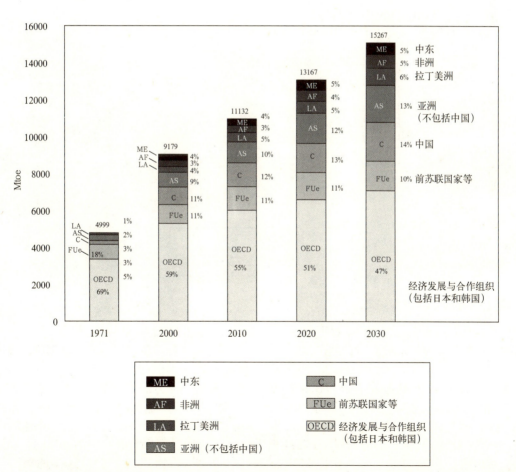

图12.2　IEA《世界能源展望》
资料来源：国际能源署／世界能源

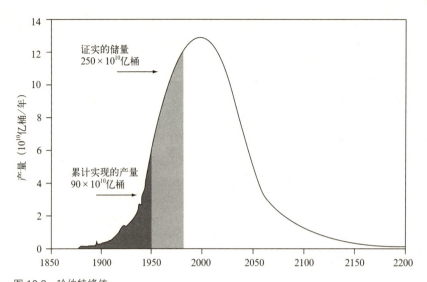

图 12.3 哈伯特峰值
资料来源：石油峰值研究协会（Association for the Study of Peak Oil）

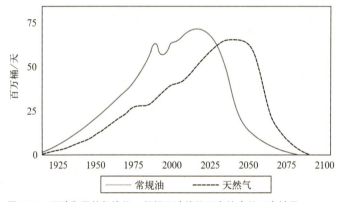

图 12.4 石油和天然气峰值：根据石油峰值研究协会的研究结果

所付出的代价是不可估量的"。对于这样一个本该正着手实施的危机应对计划，目前并没有任何迹象。

难怪正如英国商务和企业（Business and Enterprise）国务部长约翰·赫顿（John Hutton）所警告的，"能源安全问题看来是我们作为一个国家所面临的最重要的政治与经济挑战之一"[在英国贸易和投资会议（Trade and Investment）上的发言，2007年12月]。

因此，随着对气候变化的关注而产生的当务之急，在于各国应迅速装备起可取代化石能源的技术。对于英国而言，这种紧迫性更加显著，因为该国超过30%的发电能力将在未来15年内遭淘汰。下一代核能技术的前景十分渺茫，因为从现有工厂中产生的中等放射性和高放射性核废料的处置问题尚未得到解决。同时还存在着来自核武器计划中的钚的致命遗留问题。

为争夺石油储备而产生的地区冲突与日

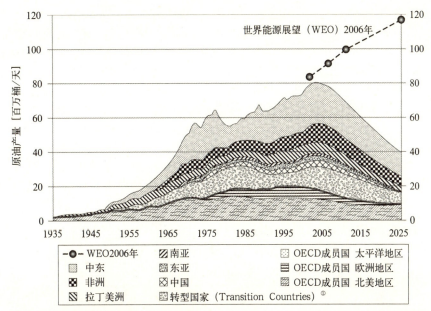

图 12.5 石油和天然气峰值：按国家的细目
资料来源：能源观察机构（Energywatch）

俱增。艾伦·格林斯潘曾经将伊拉克描述为重大石油战争的首要必争之地。随着储量－需求比沿着钟形曲线下降，这类地区冲突将日益扩散（见图 12.6）。

此外，天然气和煤的储量峰值预计在 2025 年左右出现，这一点将在第 13 章展开讨论。

英国政府的首席科学家约翰·贝丁顿（John Beddington）教授预测，到 2030 年，由于能源、食物和水资源的短缺，将引发一场"完美风暴"，这与艾伦·格林斯潘的判断不谋而合（在英国政府召开的"英国可持续发展"会议上的讲话，伦敦，2009 年 3 月 20 日）。

随着人们对于石油和天然气储量的状态越来越担忧，诉求煤炭的倒退姿态对各国政府来说越来越具有吸引力。对于快速扩张的经济体，如中国和印度，充分利用其煤炭储

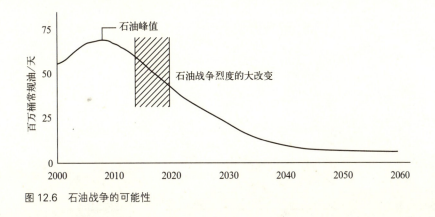

图 12.6 石油战争的可能性

---

① 指正在转向市场经济体系的前苏联国家。——译者注

备,具有无可抗拒的诱惑力。中国正在以每年大约50座的速度建造和运营新的燃煤电厂。甚至英国也在规划建设新一代的燃煤发电站。所有这些建设都未考虑到这一事实,即围绕着碳捕集和封存(carbon capture and storage-CCS)的技术和成本问题远未解决。也许在碳捕集和封存技术具备可行性之前,就会有数百座新的电站开始运营,而这些发电站中的大部分将无法改造以采用碳捕集和封存技术。在下一章将对这一问题展开讨论。

治疗病态的星球:廷德尔中心拯救办法

根据廷德尔中心的观点,如果全世界想要避免灾难性气候变化的话,唯一的答案在于,远在化石燃料储备耗尽之前,就放弃使用这种能源。廷德尔中心阐明了理由:"唯一可以从长期的角度避免危险的气候变化的预设情景,就是最低排放量预设情景,只允许使用已知化石燃料储备的大约四分之一"[在全部4-50000亿Gtc(吨碳)中,只使用大约10000亿Gtc当量]。换句话说,储备的四分之三必须封存在地下(见图12.7)。

对于英国,廷德尔中心提出了特别的建议。由于英国人均碳排放量很高,达每人9.6t,该中心的要求是,我们必须实现"大幅度削减化石燃料的使用。这可以转换成到2050年,温室气体减排90%,如果还有一线机会可以避免不可逆转的气候变化的话"(兰顿等,2006年)。要达到这个目标,到2012年,CO_2排放量必须稳定下来。到2010年,必须每年减排9%,并保持这一减排速率20年,才能导致到2030年减排70%,到2050年,减排90%的目标的实现(见图12.8)。

这一减排速率大大超过了英国政府在《气候变化议案》(Climate Change Bill)的框架之下所做出的承诺,因为政府报告中未计入与航空运输和船运相关的排放量。这对于清洁能源来说意义重大(见图12.9)。

那么,从新一代核能发电站中,是否能够找到一些缓解的办法呢?

核能方案

目前已有大约440座核电站,同时大约有168座核电站正在规划中。由于预期核电站数量将快速增长,在继续发展新一代核电站之前,应首先考虑众多司空见惯的错误认识:
1 核能是碳中性的。这忽略了以下过程中所包含的CO_2组成成分:
- 发电站的建造;
- 铀矿的开采、研磨和浓缩;
- 燃料以及核废料的运输;
- 考虑长期安全的前提下,核废料的处置;
- 核电站的退役,以及余留物的处置;

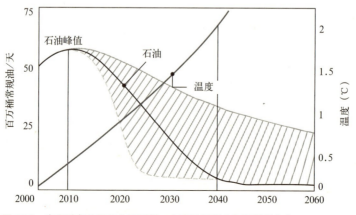

图12.7 应当避免使用的化石燃料,主要是煤炭(加阴影部分)

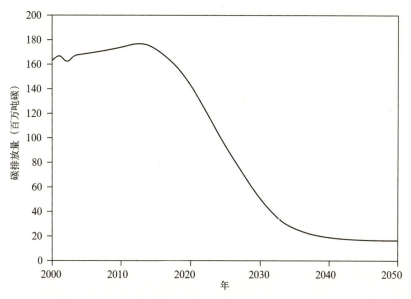

图 12.8 廷德尔中心建议的英国减排 90% CO_2 的速率

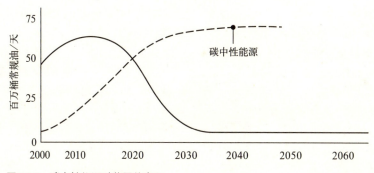

图 12.9 碳中性能源对英国的意义

- 新矿床的开发,以及当矿藏资源耗竭时,环境的修复处置。
2. 核能是廉价的。一座第四代核电站的建设成本会高达每兆瓦 170 万英镑。如果装机容量为约 1300MW 的话,建设成本将达到 221 亿英镑。此外,还有铀矿开采、核废料处置以及核电站退役所需的费用。而作为比较,联合循环燃气(combined cycle gas generation)发电站的成本为每兆瓦 35 万英镑。
3. 没有纳税人补贴(taxpayer subsidy)。"不论是直接还是间接的方式,政府都不会再发放补贴,来鼓励英国的能源公司投资于新的核电站"[马尔科姆·威克斯(Malcolm Wicks)作为能源大臣(Energy Minister)时发表的谈话,2006 年 10 月]。这包括预计中为废料处置用的 700 亿英镑。解决的办法是将合同授予法国电力集团公司(EDF),从本质上来说,该公司将会具有获得补贴的资格。

对于政治家而言,对已使用过的核燃料进行再处理生成钚这一技术所展现的前景,有助于解决高浓度铀(high grade uranium)储备有限这一根本性问题。而钚可以重复使用数次。该论断没有考虑到索尔普（Thorpe）核燃料后处理公司曾经出现过的尴尬的泄漏事故这一事实。

这里主要让人担忧的问题在于，分离钚（separated plutonium）只具有微弱的放射性。这意味着很容易非法处理少量的钚，而仅需要几公斤钚就可制造一枚核武器。在美国与印度分享了核燃料后处理技术之后，后者就用分离的钚制造出一枚原子弹，从而使这一危险为公众知晓。在 1998 年，英国皇家学会（Royal Society）警告说，以使用过的核燃料进行后处理的方式囤积钚，"到某个阶段，就可能用于非法武器生产"。在 2007 年，第二份报告重申了这一问题："继续囤积一种非常危险的材料这一现状，是令人无法接受的长期解决之道"（冯·希佩尔，2008 年，第 70 页）。

在写作本书时，从世界范围看，这 440 座核电站占全球能源消耗的 14%。在国际能源形势变得越来越不乐观之际，政治家们已在重新考虑面对核能的态度。例如，印度计划到 2050 年，核能装机容量达到 470 吉瓦。中国计划到 2020 年总容量达到 80 吉瓦。英国有可能成为经济合作与发展组织（OECD）在核能方面的代表。英国政治家中的警告信号已经达到前所未有的高度，因为他们意识到，这个国家在未来十年真的将面临能源危机。这是由于到 2020 年，随着陈旧的核电站退役，来自核电站的输出量将无可避免地从总能源的 23%，下降到 7%。事实上，如果关于能源需求增长的预测是正确的话，这一数值将接近 5%。问题是，用什么来填补这一缺口？

在 2002 年发表的《能源白皮书》（Energy White Paper）中，曾经有把握地认为，可再生能源在满足能源短缺方面还有漫长的路要走。大多数赌注都押在风能上。关于核能的决策被搁置下来。直到 2020 年之前，主要的关注点仍然是风能。然而，从那时开始，越来越显而易见的是，仅仅关注于风能这种能源，所能保证的是能源缺口将无法填补，尤其是如果我们考虑到能源消耗将以每年 1% 的净增长率不断增加，即从 2002 年的 9.87 艾焦耳（EJ）[①] 增长到 2020 年的 11.8EJ 的话。

一种选择是诉诸化石燃料。天然气发电数量的增长显然是一个花招，但是，这种商品不仅仅正在变得越来越昂贵，而且也会使政府的目标——到 2010 年 CO_2 减排 10%，到 2020 年减排 20%——成为泡影。在写作本书时，这两个目标似乎都很渺茫。燃煤发电的方式有可能复兴，但这也是很困难的，因为大规模发电站正在无可救药地经历着衰退，如约克郡的德拉克斯（Drax）火力发电站。在此需要重申的是，我们对于气候变化的承诺将由此遭到破坏。

由于这些原因，以及其他一些因素，越来越多的政治家心甘情愿地接受这一事实，即新一代核电站是在不违背 CO_2 减排承诺的前提之下，填补发电量缺口的唯一选择。但是，这样一来，就开启了带来一大堆问题的新的潘多拉盒子。首先是启动新一代核电站计划的复杂组织工作。一个普遍接受的看法是，在规模经济方面具有可行性的核电站的临界数量是十，这样无疑能够填补所有现存核电站退役后留下的能源缺口。这是可行的方式吗？

帝国学院（Imperial College）的汤姆·伯克（Tom Burke）教授是一度存在的能源部（Department of Energy）的前任顾问，根据他的观点，即便这项工作立即启动（2005 年 6 月），在 2015 年之前，都不会有一座核电站进入运营状态。只有乐观主义者才会相信，到 2025 年会有三座核电站处于运营状态。事实上，如果考虑到项目许可和设计规划过程，以及金融一揽子交易的商务过程，时间表还会大大延长。接下来还有建造阶段，这有可能长达 10 年。下一个问题是成本，那种曾经宣称"核电太廉价了，以至不用计量"的乐观主义看法一去不复返。目前的估算是，核电站的成本是每兆瓦装机

[①] 1EJ = 10^{18} 焦耳。——译者注

容量介于 130 万～170 万英镑之间。每座核电站的装机容量在 1200～1500MW 不等。作为比较，燃气发电站的成本为每兆瓦装机容量 35 万英镑。

政府还有一些艰难的工作要做，来说服市场投资于资本密集型的项目，在一个自由化因而也是具有不确定性的市场中，这些项目承载着许多风险。这些风险包括：

- 永无止境的前期工作时间，包括获取许可和规划批准；
- 公众的反对；仍然有一些执著反对的中坚分子，他们会激发公众的反对意见；
- 恐怖分子越来越猖獗，其行动计划日趋复杂，在这种环境之中所面临的安全风险；
- 核裂变物质落入流氓国家之手的可能性；
- 核废料的长期安全处置问题，包括现有核电站产生的核废料；
- 贷款机构不愿意为高风险、周期长的资本密集型项目提供资金；
- 核工业界曾隐瞒事故的不良记录；
- 在资金回收方面的不安全感，除非政府能够保证 40 年的上网回购电价，而这样就与自由化的欧盟市场原则相违背。

关于最后一点，一位银行业务顾问说道："你需要某种政府的、或法规性的承诺，来迫使人们签署购买核电的合同。你必须十分谨慎，使之适用于所有的供应商，这样无人处于不利地位，所有人都承担着同样的风险。"[《观察家》，"商业焦点——能源论战"(Business Focus：The Energy Debate)，2005 年 5 月 8 日，第 3 页]。汤姆·伯克对这一问题的论断是："以下这种观点是十分荒唐的，即政府让人们签署 40 年的购买核电合同，然后再同意收回应承担的责任，利用公众的钱来建设核电站。"

另外还有一个问题，是关于建设新一代核电站所需要的技能基础。目前在所有技能层面上都缺乏人才：科学家、工程师、技术人员、技工和体力劳动者。大学毕业生不认为该行业是个好的职业选择。也没有具备相应技能的人来管理法规的执行和许可程序。下述事实更加突出了这一问题，根据物理学会 (Institute of Physics) 的观点，卫生安全局 (Health and Safety Executive) 检验新技术的现有能力，是每年人均十分之一个项目。

排放和废弃物

核电站不排放 CO_2、二氧化硫 (SO_2)，也不排放氮氧化物 (NO_X) 这类气体。据称，放射性排放物质可以忽略不计，而且不会大大高于自然放射的基础水平。高放射性和中等程度放射性废料的处置问题仍未解决。障碍似乎是核废料应当进行后处理再利用这一要求。这看来是不可能实现的条件，最终必须废除这种要求。在这种苛责的条件下，应当考虑在设菲尔德大学矿产学院 (Institute of Mines) 研究出的极具前景的一种解决方案。

直到写作本文时为止，在尝试将高放射性和中等程度放射性的核废料深埋地下方面已经产生了大量问题，更不用说核工业放射性废料处理局 (Nuclear Industry Radioactive Waste Executive – Nirex) 在塞拉菲尔德 (Sellafield) 附近试图深埋放射性废料的不走运案例。弗格斯·G·F·吉布 (Fergus G.F Gibb) 和菲利普·G·阿特里尔 (Philip G. Attrill) 已经开展了一系列高压高温条件下的试验，来解决这些问题。他们已经证明了在欧洲大陆板块的花岗岩地壳上深凿钻孔，可以提供解决方案。放在特制容器中的高防渗性废料置入地下 4～5km 深的钻孔底部，埋入花岗岩体中。放射性衰变过程使核废料逐渐升温，当温度足够高时，就导致花岗岩融化。当热量消散后，花岗岩岩浆冷却并重新结晶，将核废料密封在固态的花岗岩中。周围岩石中的任何裂缝都被这种退火过程和低温水合矿化过程密封起来。研究中的时间标尺揭示出，融化和再结晶的过程可以在数年之内实现，而不是数十年。这种系统具有满足 10 万年安全处理核废料规则要求的潜力。

如果核能利用想要在政治方面具有可行

性，只有这种技术才能提供某种程度的保证，假使每一种其他种类的碳中性能源都已经得到充分利用的话。如果想要建设新一代核电站，重要的是，这一做法不会将资金从尽可能利用可再生能源方面抽走。

健康方面的问题

在2005年6月，环境辐射医学研究委员会（Committee on Medical Aspects of Radiation in the Environment – Comare）发布了一份报告，这是始于1993的研究的成果。该委员会的研究涉及了21个地点，其中包括13座核电站和15个其他类型的核设施。这份报告确认了先前发表的一系列报告的结论，即在位于塞拉菲尔德和敦雷的核废料后处理工厂，以及巴勒菲尔德原子武器工厂附近，存在白血病和霍奇金淋巴瘤的多发现象。在奥尔德马斯顿、巴勒菲尔德和哈维尔附近，儿童期癌症的发病率也有轻微的上升。

但是，该委员会对产生这些现象的原因却未下定论。根据1984发表的黑皮书报告（Black report），塞拉菲尔德附近白血病发病率很高。这些白血病的案例有可能和20世纪60～70年代这块场地上大量放射性排放物有关，这些排放物的数量超过奥尔德堡（Aldeburgh）和巴勒菲尔德之和的20万倍。从另一方面来说，疾病的高发也有可能是流动劳动人口的大量涌入，以及与癌症变病相关的新病毒传播的结果。

全面权衡之后，委员会得出结论，核电站不必为英国的儿童期癌症负责。然而，这份报告并不一定会减轻反核游说团体的担忧，这些担忧有可能已经因国际癌症研究总署（International Agency for Research on Cancer）——世界卫生组织（World Health Organization）的一个分支机构——的一份报告而加重了。在2005年6月，该组织报告了一份针对40万名核电工人的研究，这一研究得出的结论是，这些工人受到的长期低剂量辐射，增加了他们患癌症的风险。现行的辐射风险评估标准是建立在对1945年日本广岛和长崎原子弹爆炸幸存者的研究基础上的，这些受害者承受了突发性的集中暴露于辐射的事件。而上述报告是首个关于长期暴露于低强度辐射的相关风险的研究结果。然而，该报告的确强调了，目前核电设施中技术工人所面临的风险已经降低，尽管还没有完全消除。

支持者

詹姆斯·拉伍洛克是盖娅理论的创始人，在英国电视台的一档纪实栏目中声称，"假使我们还有另外的50～100年，那当然很好，但是，我们已经没有时间了。我所知道的唯一立即或者近乎立即可行的、并能迅速提供大量能源，而不产生温室气体的能源资源，就是核能。"接着，他承认有可能会发生一些事故，但是，"人们应当认识到，和全球温室气体的危害相比，[它们]将是微不足道的。"（第四频道，2004年1月8日）我们不能轻易地否认拉伍洛克的言论。

核能工业协会（Nuclear Industry Association-NIA）代表着大约200家公司，该机构声称，核能有可能成为私人投资者的颇具吸引力的提案，假使风险能够恰当地进行管理的话。那就必然意味着第三方的介入。

技术

弥漫全球的能源不确定性，燃起了人们对第三代（IIIG+）核电站的兴趣。这些核电站将遵从模块化设计，从而减少建造时间。与今天的核反应堆相比，第三代核电站产生更少的核废料，并且装备有被动式安全系统。电站的建设有可能采用新型材料，有可能的话，会采用永久性封闭的构件。这些电站成本更为低廉，建造速度更快，使用许多工厂预制的组件。

目前欧盟正在建造的唯一一座第三代核电站，是位于芬兰奥尔基卢奥托的、容量为1.6MW的核电站。这是一种欧洲压水堆（European Pressurised Reactor），又叫做渐进型动力堆（Evolutionary Power Reactor-EPR）的系统。在初级系统中，压力水用来使中子减速，这样在原子的核心处可以发生核反应。机组中有四组蒸汽发生器，或者叫做换热器，来将核反应过程中产生的热能传送到动力涡轮机中（见图12.10）。

建筑物外壳设计成可抵御飞行器攻击的标准，这是几个新安全特征之一。之所以选择EPR系统，是因其规格、经济性成本以及预期的大约60年的服役寿命。这种系统应当比现有核电站的环境影响更小，首先是因为新系统比先前的系统少用15%的铀，第二点是由于产生更少的核废料。该项目由法国阿海珐（Areva）集团管理，已经遭受了许多挫折，导致延期三年建成。最迟可能的完工时间为2010年。

有一些能源公司，如法国电力集团（EDF）和E.ON公司已经为英国的核电计划选择了EPR系统，假使这一计划能实现的话。为了加快核电站的规划进程，新核电站应尽可能在先前的核反应堆上进行建设，充分利用现有的基础设施。

第三代核电技术市场的另一个主要竞争者，就是西屋（Westinghouse）电气公司的先进被动式反应堆系列（Advanced Passive Series），包括先进的AP1000反应堆。这种系统是从现有技术发展而来的。全世界的440座核反应堆中，有大约50%采用的是西屋电气公司的技术。AP1000系统是一种压力水反应堆（pressurized water reactor - PWR），容量为1154MW。它采用模块化建造方式，可以使许多建造活动并行展开。预计的建造期为36个月。与处在逐渐退役状态的镁诺克斯核反应堆（Magnox）和先进的气冷反应堆（AGR）核电站相比，这种系统的设计大大简化了。核废料的产生也大大减少。据称，一个为期40年的以AP1000系统来逐步替换英国现有核电输出的计划，只会将现有核废料的总数增加10%。与现有核电站相比，退役过程将更简单、所需费用更低，涉及的放射性材料也更少（见图12.11）。

发展中国家

一旦目前的经济衰退结束，发展中国家将经历能源需求的快速增长，这一点得到了广泛认同。这就使全球核能合作伙伴计

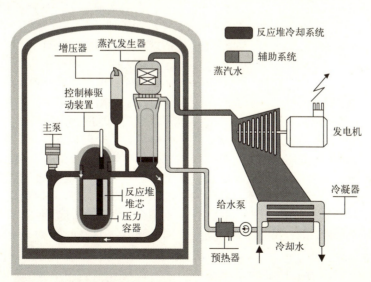

图12.10　EPR反应堆建筑的示意图
资料来源：阿海珐集团（Areva）提供

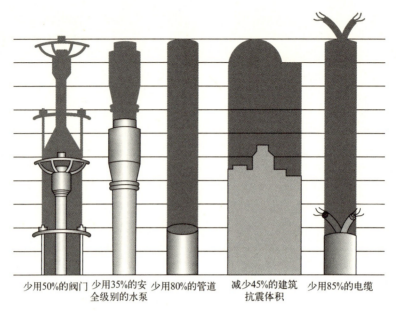

少用50%的阀门　少用35%的安全级别的水泵　少用80%的管道　减少45%的建筑抗震体积　少用85%的电缆

图 12.11　西屋电气公司 AP 1000 核反应堆的能效节约
资料来源：西屋电气公司

划（Global Nuclear Energy Partnership-GNEP）将中小型反应堆（small to medium sized reactors – SMR）的研发和示范工程作为重中之重，这种核设施可以在全球范围内发展，而不会增加核扩散的风险。铅冷却系统是最受欢迎的技术。

在 2004 年，美国能源部开始研发一种"小型、密封、可运输式自主反应堆"（small, sealed, transportable, autonomous reactor–SSTAR）。在这种设备中，核燃料、液态铅冷却剂和蒸汽发生器都封闭在一个安全的保护壳中。蒸汽管道与涡轮发电机相连。安全性是主要的考虑事项，如果侦测到发生故障或玩忽职守，监控系统会关闭反应堆。警报将通过安全的无线电频道传送给监控部门。这种反应堆预期的发电寿命为 30 年，然后将反应堆返还给供应商，进行处置或重装燃料。该系统的优势是模块化，发电容量可以从 10MW 逐步增加到 700MW 不等。此外，反应堆规模适中，可以将机组安装在接近需求的地点。容量为 100MW 的机组高 15m、直径 3m，重约 500t。更小巧一些的机组重约 200t。这是美国第四代铅冷却式快中子反应堆系统，看起来这种系统可以深入到其他反应堆无法达到的场所。

铀

人们普遍认为，核能可能是无限制的。其初始燃料为铀。世界能源委员会在 1993 估计，铀矿的储量还有 41 年。从 2009 年算起，这大约可以持续到 2035～2040 年。然而在核能发电方面重新燃起的兴趣，特别是来自几个大国，如中国、印度和俄罗斯，使得甚至这个期限都值得怀疑。对已用过的核燃料进行后处理，是唯一长期的希望，尽管需要重申的是，英国迄今为止在这个方面的努力已经失败了。让我们仔细回味以下引用的两句警告："几乎可以肯定的是，未来再也不会发现重大的新铀矿"[位于英国的德国工业协会（Council of German Industry UK）]，以及"随着铀开始囤积，在 2013 年之前就会出现重大的短缺"（迈克尔·米彻，前英国环境部长）。在印度，有两千名科学家致力于研究一种将钍废料与铀结合起来，以再生铀储备的方法(《卫报》,2009 年 9 月 30 日,第 22 页)。

最后一点,核能面临的问题之一是,其输出值是不可改变的。调整输出功率来满足短时需求,完全是不可行的方法。然而,随着氢能经济的远景即将越来越清晰,需求低谷期的电力输出可以导入电解反应,来制取这种气体。随着交通运输逐渐采用燃料电池技术,氢的制取将会成为不断增值的收入来源。用钒液流蓄电池(Vanadium Flow Batteries)储存电力的技术也有可能占据重要地位。

核聚变

核聚变是释放巨大密度的能量的过程。全世界首次体会不受控的核聚变的威力,是在第二次世界大战末期研发的氢弹的爆炸。从那以后,人类的目标始终是实现受控核聚变,以生产电力。

核聚变的原理在于,所有原子核由于其质子而带有正电荷。相同的电荷(同性)相斥,而核聚变的目标就是克服这种电磁推力(electromagnetic repulsion),让两个原子核足够靠近,使得相互吸引的核力足够强大,实现核聚变。较轻的两个原子核发生聚合,产生一个重原子核和一个自由中子,所释放的能量超过引发核聚变所需的能量。核聚变的实现,是通过在托卡马克型(tokamak-type)(面包圈型)反应堆中,将原子核加速到极高的速度,并在这一过程中将原子核加热到热核反应所需的温度。

核聚变的吸引力在于,从理论上来说,反应过程所释放的能量比原子核融合所需要的热能多十倍:这是一种可以产生自持反应的放热过程。在世界上曾经有数个托卡马克型反应堆短暂地实现了平衡的(break-even)、或者叫自持的受控核聚变反应。

在牛津附近的迪德科特,英国的卢瑟福·阿普尔顿实验室(Rutherford Appleton Laboratory)已经开展了几项最先进的研究,称作 HiPER。这一欧洲大功率激光能源研究(High Power Laser Energy Research)设施的设计,是用来证明激光驱动的核聚变的可行性。核聚变反应将利用海水作为其燃料的主要来源,并且不会产生长期的放射性核废料。这一聚变原理有望在 2010~2012 年之间得到证明,这是一个连续性国际项目的一部分。接下来,就可以从科学原理的验证,迁移到商业化运作反应堆(见图 12.12)。

人们曾经认为,核聚变是 50 年后的事。也许现在这一时间期限可以缩减至 30 年,这个时间正好可以取代第三代核裂变反应堆。除了世界上最富有的那些工业化国家之

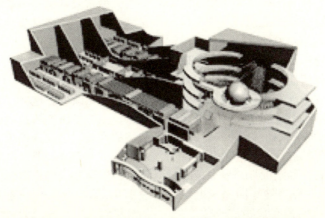

图 12.12 卢瑟福·阿普尔顿实验室的大功率激光能源研究设备图示
资料来源:卢瑟福·阿普尔顿实验室提供

外，还有其他哪个国家能够负担得起，仍然是有争议的话题。

不管关于下一代核电站的最终决定究竟是什么，在21世纪下半叶，满足大量能源需求的重任将落在可再生能源上。有待更为充分利用的能源资源是太阳，地球表面平均每平方米可获得的太阳辐射达到288W。我们所面对的挑战在于，尽可能地获取这种能量，来保持地球上一切的正常运转，并最终消除贫困。

可持续发展的两难困境

这就将我们的话题引入另一个关于远大抱负的矛盾之中。英国政府的目标是每年经济增长2%～3%，但是，这是基于"可持续发展"这一条件的。这意味着在23年之内，英国的经济实力将翻一番。"每一个连续翻番的周期中所消耗的资源，都相当于先前所有翻番时期消耗量的总和"（帝国学院的罗德·史密斯教授（Rod Smith）在皇家工程学会（Royal Academy of Engineering）发表的演讲，2007年5月）。显然"可持续发展"这一说法可以有许多种不同的诠释，所以，现在正是时候给予其一个准确的定义，以反映现实世界的气候变化和化石燃料耗竭的状况。

可持续发展在目前的大环境中能够具有可行性的唯一途径是，如果其中包含大幅度减少初级能源需求，使其达到可以用接近碳中性的能源技术来实现的水平。

凭借着向后化石燃料经济转型过程中所蕴含的巨大机遇，可持续发展是有可能实现的。科学界和产业界所面临的挑战是，为确保英国的经济持续安全地发展创造条件，即使周边经济体都出现崩溃的迹象。"可持续发展"需要摈弃对财富赤裸裸的追求（现在，这一点在任何情况下都被认为是一种耻辱），在这样一个所有旧有的确定性都分崩离析的世界，"可持续发展"应当被导向保持电灯点亮、车轮转动、货架上有食物这一任务。贪得无厌地追求财富甚至有可能导致更加严重的灾难性后果。

来自外层空间的威胁

在前两本书中（史密斯，2005年，2007年），我曾经讨论过以微型电网的方式实现分布式发电的优点，按照政府的官方用语，叫做"孤岛效应"（islanding）。这种电网系统的好处之一是，更好地适应于容量以千瓦计的小规模可再生能源技术，而不是国家电网专属的上兆瓦级发电站。与此同时，假使国家电网的某个组成部分发生局部故障时，这种微型电网有助于防止灾难性的系统崩溃。现在，又有了新的论据支持通过以微型电网的方式转向分布式发电的情形，这种微型电网既可以是互相联结成网络的，也可以是独立运行的模式。这一观点出现在美国国家科学院（National Academy of Science-NAS）发表的一份报告中。

这份报告的主题是，全世界正在以毁灭性的姿态接近可能发生的灾难，但是，这一次，灾难来自于外层空间。根据这份报告，该论断的理由在于，西方社会越来越依赖于技术使其顺利运作，正因如此，"播下了自身毁灭的种子"。这一断言是危言耸听吗？答案就在于外太空。

北极光是人们熟知的、主要出现在北纬地区的壮观景象，但是，它也有着破坏性的凶险一面。当太阳喷射出充满等离子体的粒子时，就可以从地球上看到这一现象，太阳风携带着这些粒子从太阳表面喷射出来，太阳风中包含数以10亿吨计的等离子体火球，这叫做"日冕物质抛射"。这些等离子体穿越我们地球的大气层，与地球磁场发生冲撞，导致其发生改变。这一点之所以重要的原因在于，西方经济的快速增长，加之眼下东方经济的增长，已经造成了电力需求的显著增长，接下来，这就要求电网以更高的电压将电力传输至更远的距离。例如，中国正在建设1000kV的电网——是美国电网电压的两倍。这些高压网络成为将来自外太空的直流电大批量传输到发电网上的天线，或者说通道。然而，电网的设计并没有考虑到直流电的输入，也没有考虑到负载的突然增加。

其结果是，大量直流电输入到局地变压器中，变压器的设计是为了将电力从传送电压（transport voltage）转变到用户电压水平（domestic level voltage）。所产生的后果是，变压器内的铜导线很快就融化了，导致一连串的电力故障。全球电力需求的稳步增长，越来越成为这类故障的潜在因素。撰写这份报告的美国国家科学院主席声称："我们越来越趋近于可能发生的灾难边缘"；根据美国国家科学院的顾问约翰·卡伦汉姆[1]（John Kallenham）的观点，灾难的规模有可能是全球性的："一次真正的大风暴有可能是一场地球行星的灾难。"

美国国家科学院的报告警告说，一次"严重的气候事件"有可能引发大地电流，在两分钟之内就可以使全美国 300 台主变压器失效。其结果是，1.3 亿人无电可用。间接影响是几乎所有生命维持系统将瘫痪，包括卫生保健、供水、燃料和食品配送、采暖和制冷。据美国国家科学院估计，需要四到十年的时间，才能从这样的灾难中恢复过来。

一颗专用卫星可以在地磁风暴来临之前提供至多 15 分钟的预警时间。然而，日冕物质抛射到达地球的速度，比卫星信号传送到地球的速度更快。唯一有保障的安全措施是大规模重构配电系统，使之成为局地性的、半独立的电网，可以支持小规模间歇性发电，而且与广域的主干电网的连接是故障安全型的，一旦探测到电流中的不正常现象，就自动断开连接（数据来自布鲁克斯，2009 年）。

对于绿色环保游说团体（green lobby）来说，这是双赢局面的又一个案例，除此之外，在这一情形中，也是"三赢"的。小规模发电输送到小型电网的模式，带来以下三方面的益处：

- 能够兼容一系列可再生能源技术的分布式发电方式，是急剧减少 CO_2 排放的途径；
- 面临化石燃料储量下降时的能源安全保证；
- 面对灾难性的等离子体入侵时，可以提供保护。

我们要重申尼古拉斯·斯特恩的警告，当前最需要的是比以往更紧迫地采取快速预防性行动。根据美国国家科学院的报告，灾难之后的重建费用将高达 1250 亿美元，而这仅仅是美国的费用。

考虑到这一大背景，在与气候变化展开的斗争中，我们很可能已经在"第一回合"中落败。"第二回合"必须关注于立刻采取行动，以争取时间，寄希望于科学最终能够发展到应对地球／大气层中 CO_2 的平衡的改变，以造福人类。这意味着大量的资源应当被导向：

- 适应越来越紊乱的气候的必然性和不确定性，尤其是在重要的基础设施和建成环境方面；
- 解决装备超低排碳量的能源系统的紧迫问题，将其作为应对气候的分布式发电系统，以替代日渐枯竭的化石燃料，并在遭受地磁风暴袭击时，提供适当的保护。

我们很可能已经身处不可逆转的气候变化之中了。适应一种极限程度的敌对环境，应当成为重中之重，并且必须从现在开始。

注释

1 约翰·卡伦汉姆（John Kallenham）是美国加利福尼亚州元技术公司（Metatech Corporation）的分析师。

第 13 章

煤炭：黑金还是黑洞？

在 2006 年，全球可开采的煤炭储量总计为 9050 亿吨（吉吨水平），这是美国能源信息管理局（US Energy Information Administration）在 2008 年发表的报告中的数据。据世界煤炭协会（World Coal Institute）估计，以目前的消耗水平，这些储量可以持续使用 147 年。根据前德国下议院环保分子、已故的赫兹曼·舍尔（Hermann Scheer）的观点，当煤炭用来取代石油和天然气时，储量会在 2100 年之前耗竭（舍尔，2002 年，第 100 页）。自从他撰写著作以来，储量的预估值已经增加了，但是，人们对于合成燃料的预期也增长了。"世界能源展望"（World Energy Outlook）组织编制了一份至 2100 年世界各地煤炭储量的图表。从图表中可以看出，煤炭峰值将在 2025 年出现。事实将会证明，这可能过于乐观了（见图 13.1）。

煤炭占世界动力供应的 41%。在这个总量中，2500 亿吨位于美国。因此，美国动力供应的 50% 来自煤炭。与此同时，印度和中国正在推进燃煤发电技术。中国拥有巨大的储量，正在为其经济发展提供动力，该国的年经济增长率持续保持在 8%，尽管世界经济正在下滑。到目前为止，据说中国一直以每周建造相当于两座容量为 500MW 的燃煤发电站的速度发展其煤炭产业，每座发电站排放 CO_2 达 300 万吨（美国标准）。煤的 CO_2 排放量是天然气的两倍，在撰写本书时，从全球角度来看，煤炭占 CO_2 排放总量的 37%。根据国际能源署的观点，到 2030 年，这一数值将提高到 43%，这主要是由于来自印度和中国的发电容量的扩张。

无论发达国家还是发展中国家都在建造新的燃煤发电站，他们寄希望于技术能够使这些发电站变得有利于环境。各国政府声称，未来在于清洁技术，未来的发电站将是"预留碳捕集技术的"（capture-ready）。

在 2009 年 3 月，英国气候变化国务大臣埃德·米利班德（Ed Miliband）断言，核电站和燃煤发电站将占据能源战略的中心地位。"煤炭将仍旧是这个国家能源组合的一部分，这一状态当然还要持续数年，但是，这必须是清洁煤炭"（据《卫报》报道，2009 年 3 月 6 日）。

我们可能拥有"清洁煤炭"，或者这只是一个冷嘲热讽式的逆喻？目前有两种主要的方式可以将煤转化为能源，而正如所声称的那样，不会对地球造成伤害。第一种方式涉及使用常规的燃煤汽轮机，但是，这其中包含了碳捕集和封存技术（carbon capture and storage-CCS）。在第二种方式中，煤被转化为液态燃料。

在第一方式中，有三种主要的碳捕集和封存方式：

- 燃烧前捕集（Pre-combustion capture）。煤粉颗粒与蒸汽混合，这一过程产生氢和 CO_2。氢燃烧产生电力，对 CO_2 则进行深埋处理。这种系统必须与发电站的设计结合起来，因此不适用于以碳捕集和封存技术对旧有发电站的改造。
- 燃烧后捕集（Post-combustion capture）。煤以正常方式燃烧，产生的 CO_2 被捕集并深埋。这一过程也涉及用水脱除烟道中的废气。英国政府大力支持这种技术，其吸引力在于可以用于发电站改造。

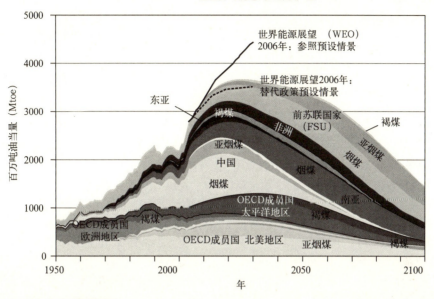

图 13.1 到 2100 年的世界煤炭储量
注：国际能源署创立了一种数学作图法（mathematic construct），即世界能源模型（World Energy Model），其设计是用来验证能源市场的运作方式。这就是"世界能源展望"机构年度评估的基础。《世界能源展望 2009》（WEO 2009）于同年 11 月发表。
资料来源：世界能源展望机构

- 富氧燃烧（Oxy-fuel combustion）。煤在纯氧中燃烧。这一过程产生高温反应，几乎不产生污染性副产品。这可能是最昂贵的方案。

碳捕集和深埋封存技术已经被挪威人利用了十年之久。北海地区东斯莱普内尔（Sleipner East）钻井平台下方一处耗尽的天然气田，每年可接收 100 万吨的 CO_2。工程师们曾经研究了这种气体的最终去向，并得出结论说并没有泄漏；它仍旧被封闭在地下砂岩的缝隙中。科学家们认为这次运作时间最长的碳封存试验是成功的，为更广泛运用这种封存方式开辟了道路。

世界上第一座示范性的、带有碳捕集和封存技术的燃煤发电站在 2008 年秋天投产。其建造地点紧靠德国北部施瓦策蓬珀的容量为 1600MW 的发电站。这座燃煤发电站的容量为大约 12MW 电力，和 30MW 热能。其设计声称每年可以捕集 10 万吨 CO_2，其方式是首先压缩 CO_2，然后将它埋存在已经枯竭的阿尔特马克（Altmark）天然气田地下 3000m 深处。天然气田距发电站 200km。这座试验性发电站采用富氧锅炉，在纯氧条件下燃烧煤。燃烧的产物是接近纯的 CO_2，然后就可以进行深埋处理。

碳捕集和封存技术系统的所有组成部分都经过了试验和测试；到目前为止尚未组合起来建设成一座能够商业运作的、配套设施齐全的碳捕集和封存发电站。这最后一个阶段的研发可能是非常昂贵的。在英国，在一家名叫森特里克集团（Centrica）的能源公司担任首席执行官的蒂姆·莱德劳（Tim Laidlaw）已经声称，在 2030 年之前，不太可能出现技术成熟的碳捕集和封存发电站，并且能够因此对 CO_2 排放量产生显著的影响［蒂姆·韦伯（Tim Webb）发表在《卫报》上的文章，2009 年 2 月 26 日］。他的理由是，英国的地质条件并不适用于这种技术，而且该技术成本昂贵。英国政府更倾向于燃烧后碳捕集技术，因为这种技术可以用来对现有发电站进行改造。另一方面，森特理克集团已经研发出燃烧前碳捕集技术，这只适用于新建发电站。该公司认为，风险在于燃烧后碳捕集和封存技术可能永远无法适用于下一代燃煤发电站，例如正在规划中的金斯诺斯（Kingsnorth）发电站，这既是因为技术原因，在很多情形下，也是因为发电站远离封存碳的北海蓄水层，这就增加了成本。

对于这种技术还有一些态度强硬的批评家。最著名的是詹姆斯·汉森（James Hansen），他断言道："煤炭是我们这颗星球上的文明和所有生命的一个最大威胁……政府对其公民玩弄的最肮脏的骗局是，假装他们正在致力于'绿色煤炭'"（汉森，2009年）。

英国地质调查局（British Geological Survey）的科学家部主任相信，"煤炭作为可利用的能源资源将至少再维持一个世纪，像中国、印度和俄罗斯这样的国家拥有尤其丰富的资源"（汉森，2009年）。

随着石油和天然气逐渐耗竭，煤炭将成为最后的燃料储备，而且一旦碳捕集和封存技术具备可行性的时候，也无法保证各国能够承受利用碳捕集和封存技术改造旧发电站的额外成本。由于这种科技尚处在研发阶段，还需要数十年的时间才能获得广泛运用，到那时，已经建成了许多新的发电站。因此，即便假定采用大规模的碳捕集和封存技术来改造旧发电站，仅这一来源，就会排放数10亿吨CO_2。

英国所奉行的态度是，新建燃煤发电站的设计必须做好准备，预留碳捕集和封存技术的接口（CCS-ready），这是寄希望于这一技术最终不仅在技术方面是有效的，同时也具有成本效益。与此承诺相反的是，英国政府只对燃烧后碳捕集和封存技术的研究提供资助。旧发电站的改造是问题所在。或者就将问题留给美国来完善燃烧前碳捕集和封存技术。但是，这样做给人留下的印象是，未来所面临的化石燃料危机意味着，不论碳捕集和封存技术发展的结果如何，要想使现有发电站维持运转，煤炭都不可或缺。

液化

煤炭的第二种潜在命运，是通过煤制油（coal to liquids – CTL）技术提供液态燃料。有两种基本的煤液化途径：直接液化和间接液化。

直接液化

直接液化的一种方式是伯吉友斯法（Bergius process），其过程就是在高温高压下将煤分解在一种溶剂中。然后与氢和催化剂相互作用，生产出合成燃料。

第二种直接液化的途径是刘易斯·卡里克（Lewis Karrick）在20世纪20年代研发出来的，这是通过低温碳化过程而实现的。煤在450～700℃之间的温度下转化为焦炭。其结果是生产出煤焦油，通过处理转化为燃料。

间接液化

间接液化的方法是由弗朗斯·费希尔（France Fischer）和汉斯·托普施（Hans Tropsch）在1923年研发出来。他们研究出的合成燃料在第二次世界大战中被德国和日本广泛应用。据说这种燃料比石油便宜。生产过程首先是煤的气化，以制取一种合成气。这是一种由一氧化碳和氢气组成的平衡的、经过净化处理的混合物。然后利用费－托催化剂（Fische-Tropsch catalyst）将合成气转化为轻羟（light hydrocarbons），随后经过处理可以转化为汽油或柴油机燃料。此外，合成气可以转化为甲醇，用作燃料或燃料添加剂。

煤制油技术与CO_2

这两种液化过程都远不是碳中性的。事实上，这种转化进程所排出的CO_2，比将石油精炼为汽油还要多。假使汽油和柴油被由煤炭制取的合成燃料所取代，其结果是CO_2排放量将大大增加。螯合过程会付出巨大的成本代价。与此同时，据称这种形式的合成燃料在燃烧时，所产生的 CO_2 是汽油的两倍（见图 13.2）。

煤气

正如在费-托法中所阐述的那样，生成合成气是液态燃料生产过程中的一个步骤。这种燃料可以追溯到 19 世纪，在当时，这是焦化过程的一种副产品。以后，人们一般称之为"民用煤气"(town gas)。在第二次世界大战期间，车辆顶部装备有巨大的球形气罐，里面装满制取燃料的气体。煤气主要是含热值气体 (calorific gases)、氢气、一氧化碳、甲烷和挥化性碳氢化合物的混合物。它也含有少量的二氧化碳和氮气。

整体煤气化联合循环

另一种正在研发中的技术叫做"整体煤气化联合循环"(integrated gasification combined cycle-IGCC)。在发电站，煤转化为合成气，然后除去碳，进行螯合，剩余物就作为燃料，驱动汽轮机。这种技术费用高昂，使发电成本增加了 65%。尽管如此，在全世界仍有至少 50 座"整体煤气化联合循环"发电站处于规划阶段。

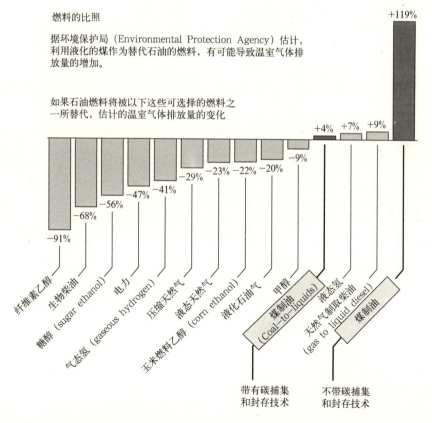

图 13.2 考虑到煤制油（CTL）技术的发展，预计的温室气体增长量

注：这些估算值包括了制造燃料全过程中的排放量，包括化石燃料的精炼、增加原料产量（feedstock growth）和配给，并且将生产燃料的各种方式的排放量进行了平均。

资料来源：美国环境保护局

煤炭地下气化

煤炭地下气化（underground gasification of coal-UGC）是前苏联在20世纪30年代发明的一种处理过程，但是，当时的技术显然没有涉及碳捕集。在煤炭地下气化的过程中，煤炭仍保留在地下，并且转变为合成气，通过井道将其抽出。因此煤层的体积减小了，使捕集到的碳能够被泵入地下。这种过程需要在煤层内开凿两个井道。在第一个井道中泵入空气或纯氧，将煤点燃。空气/氧的数量可以控制，这样煤只是部分燃烧，产生可燃性气体。这种合成气作为一种相对未经净化的状态，从第二个井道中抽出。如果所有的碳都除去的话，剩余物质就是纯氢。然而，这一过程是非常昂贵的。一种更具有成本效益的方式是，只除去一半的碳，这样剩余物就是与天然气相比而言更为廉价和清洁的燃料。由于这种技术既避免了煤炭的开采和运输成本，也省去了处置CO_2的成本，因此比地上气化与螯合技术大大节约了成本。

定论

所有形式的液化技术可能对于阻止气温急遽上升4℃而言都只能束手无策。至于碳捕集和封存技术，如果与农场主和商品果蔬种植园主合作，用于促进作物生长的话，可能有着潜在的收益机遇。电力公司可以与大棚种植基地联手，利用捕集的CO_2提供第二收入的渠道。还有一种可能性，是用来促进藻类的生长，生产生物柴油。在碳捕集和封存技术实现技术和商业可行性之前，还有相当长一段时间。与此同时，燃煤发电的方式会持续扩张。

第 14 章
填补能源缺口：城市基础设施规模的可再生能源

为了恰当考虑起见，比较实际的方法是首先分析 2006 年各种可再生能源与化石燃料及核能相比，在全球最终能源消耗中所占的份额细目，如表 14.1 所示。

根据资源统计的全球能源消耗量 表 14.1

燃料	占能源消耗的份额（%）
化石燃料	79
核能	3
可再生能源	
传统生物质能	13
大型水力发电	3
热水/采暖	1.3
发电	0.8
生物燃料	0.3
总计	18.4

资料来源："21 世纪的可再生能源政策网络"（Renewable Energy Policy Network for the 21st Century）（2008 年），"2007 年全球可再生能源状况报告"（Renewables 2007 Global Status Report）

这就强调了以下事实，即我们还有大量的工作要做，以提高可再生能源所占的份额。但是，在前十年，来自可再生能源的电力供应几乎翻了一番（国际能源署（IEA））。在 2006 年，可再生能源发电的总量为 433TWh（太瓦时）①，或者说占全球发电总量 19014TWh 的 2.3%。从理论上来说，可再生能源产能的容量可以达到全球能源需求的数倍，为 310600TWh。各种系统的技术潜力以太瓦时/年为单位，分别是：

地热能	138000
风能	106000
太阳能	43600
生物质能	23000

资料来源：《新科学家》，2008 年 10 月 11 日，第 33 页

目前还没有关于海浪能和潮汐能的数据，但是，在某些国家，例如英国和加拿大，这类可再生能源资源是相当可观的。

从技术方面来看，可再生能源有可能满足 100% 的全世界电力需求。然而，如果英国所有能源需求都由可再生能源来满足的话，这里不包括核能以及带有碳捕集和封存技术的燃煤发电方式，任何一种主要的技术都将占用大量的陆地和海洋面积。例如，我们以生物质能为例：即使全英国 75% 的面积都用来种植能源作物，还是不足以满足全国的能源需求。以光伏发电的方式满足电力需求的话，所需 PV 发电场的面积相当于整个威尔士的面积。然而，这还是基于能源需求处于稳定状态的假设。根据国际能源署的预测，到 2030 年，世界能源需求的增长幅度将达到 6 倍于沙特阿拉伯的发电容量。

---

① 1 太瓦时（TWh）= 10^{12} 瓦时（Wh）= 10^9 千瓦时（kWh）。——译者注

可再生能源资源的各种预设情景

2005 年,全球能源消耗达到 477 艾焦耳($1EJ=10^{18}$ 焦耳)。国际能源署根据不同的技术,其中包括可再生能源技术,估算了能源需求的增长值。在不同的预测之间进行比较,可能产生的问题之一是所使用的单位不同。国际能源署使用的是吨油当量(toe)。为了恰当考虑起见,5000 吨油当量(Mtoe)相当于 210 艾焦耳(EJ)(见图 14.1 和图 14.2)。

建筑物消耗了全球能源中的大约 40%,并且要为大约相同比例的 CO_2 排放量负责。建筑物中能源需求的大约一半用来直接供应空间采暖和生活热水,其余部分与照明、空间冷却、家用电器和办公设备的用电有关[世界观察研究所(Worldwatch Institute),2009 年]。根据联合国开发计划署(UN Development Programme)的估计,可再生能源的理论潜力值约 3000 艾焦耳[查普曼(Chapman)和格罗斯(Gross),2001 年](见图 14.3)。

国际能源署是由能源公司提供资金的机构。根据该机构的观点,到 2030 年,来自于可再生能源的全世界初级能源的份额,将达到大约 13%。然而,如果目前提议的一些国家政策能够获得实施的话,这一数字有可能上升到 17%,并且有 29% 的电力来自可再生能源。

重新考虑电网

英国政府正在筹划中的风力发电计划,容量达到 33GW(吉瓦),其中大多数是离岸风电场。根据风能专家休·沙曼(Hugh Sharman)的观点,丹麦和德国的经验表明,如果不对系统作大改变的话,这个国家无法实际运作超过 10GW 的风电场。他得出结论说:"尽管我们应当尽可能充分利用风能资

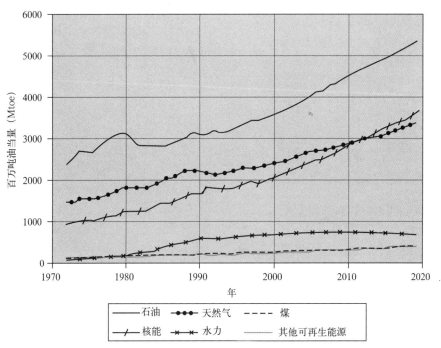

图 14.1 到 2020 年,各种燃料的能源消耗量预测
资料来源:国际能源署提供

第14章 填补能源缺口：城市基础设施规模的可再生能源 139

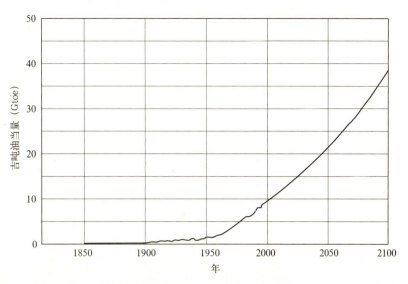

图 14.2 到 2100 年，世界能源委员会预测的全球初级能源消耗量
注：1 吉吨油当量（Gtoe）= 42 艾焦耳（EJ）

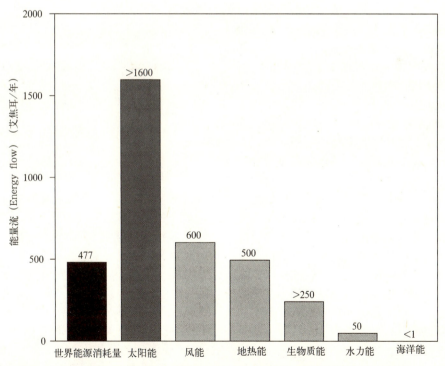

图 14.3 2005 年的世界能源消耗量，以及以目前的技术水平，可再生能源的年实现潜力
资料来源：联合国开发计划署（UNDP），约翰松等（Johansson et al.），国际能源署

源,但是,不应该以推翻现有的可靠发电容量为代价"(沙曼,2005年)。那么,如果不能完全更换电网的话,我们还能做些什么呢?

早在2000年,英国环境污染皇家委员会(Royal Commission on Environmental Pollution)就做出如下声明。

> 电力系统必须经历重大变革以应对……小规模的、间歇性可再生能源资源的扩张。能源系统趋向低排放的转型,将得益于大规模储能新方法的发展。
>
> (环境污染皇家委员会,2000年,第169页)

随着可再生能源所占份额的急剧攀升,在这种情形下,供求之间的平衡吸引了大量的研究兴趣。目前,一个处于示范阶段的项目叫做"动态需求管理"(dynamic demand management)。这种系统依赖于电网与家用电器之间的共生关系。举个例子来说,系统的运作通过一台冰箱来实施,冰箱配有能够响应供电频率微小波动的装置。在英国,供电频率大约为50Hz(在美国是60Hz)。例如,如果在泰晤士河口地区一个大型离岸风电场将要进入一段风平浪静的时期,那么,电网中的其他发电站将不得不应对这一电力缺口。这一过程中,供电频率将下降至48.8Hz。这意味着部分供电荷载必须被切断。目前,这种分级卸载是由电力公司进行集中控制的。然而,如果诸如冰箱这样的家用电器能够成为控制网络的一部分,就不需要进行电网规模的分级卸载了。冰箱中的控制设备探测到供电频率的变化,并在同一时刻核查温度。这就可以使冰箱自动计算出在不接电的情况下,能够保持多久的充分冷却状态,然后自动切断这一时段的电源。如果系统中有足够多的冰箱,就能产生足够多的"停机时段"(down time),来缓解由于间歇性发电方式而产生的问题。据估算,如果英国有3000万台冰箱连接到这种系统中,将削减峰值供电需求大约2GW。改装费用为每台冰箱大约4英镑,这对于实现安全供电来说,付出的是很少的成本。

另一种方法是采用智能电网系统。这同样基于家用电器与供电公司之间的双向通讯。区别在于家用电器是被动伙伴。城市公用事业公司利用局地短期天气预报来预测电力输出,例如,风力发电的输出量。然后利用家用电器输入的信息来平衡需求和供应。接着,系统在必要时能够切断不重要的家用电器的电源,释放出电网的荷载。例如:空调系统可以关闭大约15分钟,而不会引起可以感受到的室内温度上升。美国科罗拉多州博尔德城成为该技术的试验平台,以此来评估该地区风力发电的最大可行操作范围(博尔德传统文化和旅游局(Boulder Convention and Visitors Bureau),"在绿色道路上领跑——从科学到可持续性"(Leading the Way in Green-from science to technology))。

现在,信息技术能够管理这种错综复杂的电网,而无须集中式控制。这类电网由大量不同的分布式电力输入组成。在处理供求之间的互动时,可以根据消费者的利益、按小时分段提供最低成本的电力输出。

城市基础设施规模的可再生能源

风能

在2007年,风力发电成为欧洲新增发电容量的最大来源,而在美国,在2008年,新增装机容量达到8.3GW。在写作本书时,这使美国总装机容量达到25GW。

对英国来说,风力发电的最大机遇在海上。离岸风力发电的产量比陆地风电多50%。共有两种类型的海上风电利用模式:浅海离岸型和深海离岸型(shallow and deep offshore)。浅海型涡轮机安装在海面下25m,成本是陆上同等规模机组的两倍。深海离岸型风电机有可能安装在25~50m水深处。在2005年,所有大型风电场的平均负载系数为28%。所有大型陆上风电场的负载系数为26.4%。

在2007年12月，英国政府宣布，将为容量总数达到33GW的离岸风力发电设备颁布许可证。根据风力发电的负载系数，这将提供平均达到10GW（33%）的电力。这需要至少1万台容量为3MW的风电机组。根据于2005年竣工的泰晤士河口离岸型肯特平原（Kentish Flats）风电场的数据来测算，其成本将达到330亿英镑。从那时起，风力发电的机组成本略有上升。因此，需要追加30亿～40亿英镑，提供50个左右的风电机组的安装成本，即"自升式"驳船（jack-up barges）。如果这些费用将要由纳税人承担，那么，现在就折合为每人大约600英镑。风能协会（Wind Energy Association）的一位成员表达了这样的观点，即这种项目就是"天上掉馅饼"（麦凯（Mackay），2008年，第60～67页）。

最近，如下这种观点已经传播开，即我们应关注浅海型离岸风电场，这样的设备其装机成本和并网成本都要低得多。然而，这种做法会限制可行的机组规模。

在2008年10月21日，英国政府声称，该国在风力发电装机容量方面已经超过丹麦，现在拥有足够的容量为30万户家庭提供电力。尽管如此，就在同一天，据称，英国皇家资产管理局——负责为海岸线以内200英里的风电场颁发许可证的机构——正在主动要求与风力发电公司展开合作，以开发利用英国享有的巨大离岸风力资源。尽管需要远程输电线，但是，该国的优势在于，风况相当连续，而且比近岸和内陆地点的风力更强，这样就可以采用大型涡轮机。在英国诺森伯兰郡布莱斯，正在装配一台容量为7.5MW的离岸风电机组，这进一步支持了后一种情形。风电业界的观点是，深海型离岸风电机组的最大可行规模是10MW。

离岸风电机的一个缺点是基础造价高。在挪威沿海，有一个示范项目正在进行中。该项目采用了一种浮空式风轮机（floating turbine）来解决这一问题。其原理是，由浮空舱（flotation chamber）提供浮力，而延伸出来的支柱通过吸附作用将系统锚固在海床上。这是一个联合项目，由西门子公司提供风轮机，挪威水力发电公司（Hydro of Norway）提供基础建造技术。后者所采用的技术就是该公司曾经在漂浮石油钻井平台上运用的技术。项目的完成时间是2009年。

英国政府曾经发表声明，到2020年，其电力供应的20%将来自可再生能源。据称，这其中75%将由风力发电提供。这是否是"天上掉下来的馅饼"，我们将拭目以待。

作为风力发电这一节的补充，我们需要说明的是，一个始终阻碍风电技术发展的因素是，这些设备会对飞机雷达造成干扰性威胁。这是因为目前的雷达系统无法区分飞机和正在旋转的风轮机。一家叫做剑桥咨询公司（Cambridge Consultants）的英国工程技术公司，已经设计出一种扫描程序，每隔4秒钟就同步扫描一次整个天空。这样可以产生出整个空域的3D图像，这种程序的发明者称之为"全息雷达"（holographic radar）。这种扫描速率的提高，可以提供足以区分飞机和风轮机所需的分辨率。然而，这一技术也有可能被军事隐身技术所超越，如果隐身技术用于风轮机叶片，可以使雷达无法侦测。

风力发电的阿喀琉斯之踵在于风况的紊乱和间歇性。有几种解决这一问题的办法。目前比较倾向的方案是诉诸于燃气轮机发电，这就有足够的灵活性来提供平衡的电力。E.ON电力公司已经声称，风力发电需要有燃煤或燃气发电站提供90%的后备能源（《卫报》，2008年6月4日）。然而，后化石燃料时代需要的是其他种类的系统。如果想要充分利用这种间歇性系统，这些系统就必须与蓄电技术的发展和电网的重大变革关联起来。

蓄电技术

一种曾经行之有效的系统是抽水蓄能系

统,最初引入该系统是用于解决对核电站而言会出现的问题,即缓和电力需求的峰谷值问题,例如用于北威尔士的特劳斯瓦尼兹核电站的系统(见图14.4)。该系统与两个湖连接在一起,其中一个与电站相邻,另一个在山顶。在供电需求低、且能源价格低的时段,将水泵送到高处的湖中。在用电高峰期,水就回到低处的特劳斯瓦尼兹湖,在这一过程中驱动常规涡轮机发电。

抽水蓄能系统也作为一种方案,考虑用来与塞温河口拦潮坝项目相结合。

许多年来,压缩空气也一直用作一种储能技术,著名的案例有位于美国阿拉巴马州的地下岩洞(underground cavern)。在德国洪托夫(Huntorf)也有一座类似的电站正在建设中。许多研究都认为,压缩空气蓄能可以使风力发电提供基底负荷电力。这样一种蓄能系统有可能成为使风力发电满足80%电网需求的具有成本效益的方式。

蓄电池技术也正在取得新的突破。铅酸蓄电池没有足够的能量密度来储存兆瓦级电能。然而,还有一种电池是钠硫电池,这种电池必须在高温下运作,并且有望获得较高的功率和能量密度。然而,在这种系统中,钠必须处于其熔点之上(98℃),这就导致温度管理和腐蚀方面的问题。然而,这种电池能够储存数十兆瓦的电能,所以,在间歇性能源技术领域大有前途。这种系统的主要威胁来自锂电池的不断发展。

曾经有一段时间,燃料电池研究得到了许多扶持,将其作为推进蓄电技术的一种措施。这一过程中,氢的制取是必不可少的,标准的制取方式是,要么通过重整天然气——因为甲烷中氢的含量高(CH_4)——要么通过电解方法。然而,这两种方法都不是零碳排放的选择,除非水的电解过程由可再生能源提供动力。

在这一领域也有着令人鼓舞的发展前景。实际上,电解过程就是反过来的燃料电池,使用电流将水分解成其组分,即两份氢和一份氧。ITM电力公司(ITM Power)是一家总部位于设菲尔德的公司,该公司声

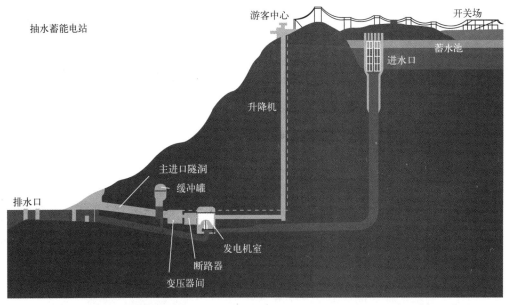

图14.4 利用自然地形的抽水蓄能系统
资料来源:维基百科

称电解器和燃料电池技术领域正在发生着变革。这两种技术的主要成本要素是电解膜，这是基于铂制作的。这家公司在该领域已经生产出一种独特的低成本聚合物，为大规模制取氢提供了一种经济的方式。现在，已经有一些示范项目来测试该技术在交通工具和家用方面的运用前景（参见第15章）。

液流电池技术

兆瓦级可再生能源蓄能方面最具前途的技术，就是钒液流电池技术（见图14.5）。这并不是一种新技术，但是，直到最近，这一技术的规模才扩大到可以储存足够的电力，以供应数兆瓦时规模的电流。这一反应过程中需要两个充满电解质溶液的槽罐，每个槽罐中的离子特性略有不同。槽罐之间由质子交换膜隔开，使得离子能够互相交换。两个电解槽都与储罐和水泵相连，可以储存大量的电能。在充电状态下，两个电极驱使电荷从一个电解槽移动到另一个电解槽中。当电子从正电解槽穿越交换膜，移动到负电解槽时，就产生离子交换。当这一进程反过来进行时，电流就释放出来。

这一技术特别适合于作为一种补偿性电力系统，因为蓄电池可以快速放电，使之尤其适用于紊乱的、间歇性的可再生能源，如风力发电系统。这种蓄电系统的主要缺点在于，与其储存的千瓦时相比，占用的面积很大。然而，在风电场或潮汐能发电这样的场合，这一问题是有可能解决的。目前在爱尔兰多尼戈尔的容量为39MW的风电场中，温哥华的VRB电力系统公司（VRB Power System）正在安装这种蓄电系统。

在荷兰，有计划要建造一座人工岛，来容纳抽取北海海水进行蓄能的设备。这一系统被设计成风力发电的后备系统，在用电高峰期发电。当供大于求时，水被泵到高处蓄能。系统容量有望达到1.5GW，并能为200万户家庭提供电力。如果这个项目成功了，就有可能建造其他更小一些的岛屿，为其他国家提供电力，尤其是英国，似乎英国太过依赖于风力发电。

在这一工程中，将建造巨型堤坝将海水挡在外面。人工岛的中央将开挖到低于海平面40m，堤坝内设的管道让海水可以流入坑洞中，在这一过程中可以发电。当容量充满时，可以泵出海水。将储存的海水泵出所需的电力，至少相当于充水过程中所发出的电力。这一设施的首要目的，是确保风力发电机以30%～40%的负载系数连续供电。

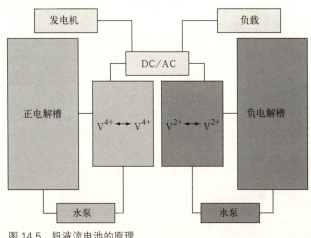

图14.5　钒液流电池的原理

太阳能发电

在日照率较高和太阳辐射密度较大的地区，如西班牙南部和北非，都有着巨大的潜力，可以将这种能源转化为电能。目前有两种可行的技术：聚光型太阳能发电和光伏发电（PV）。这两者均可产出兆瓦规模的电力。

聚光型太阳能发电（Concentrated solar power–CSP）

据可再生能源世界网站（*Renewable energy world.com*）（2008年9月12日）的观点，"聚光型太阳热能发电方式，作为一种可再生的、具有大规模发电能力的重要资源，紧随着风力发电的脚步，越来越多地涌现出来"。在2008年中期，聚光型太阳能发电的总装机容量达到431MW，其中大多数位于西班牙，估计到2012年，总容量将达到7000MW。这其中，44%位于美国，41%位于西班牙，10%位于中东地区。

西班牙南部每年日照时间超过3000小时。在2004年，西班牙开创了可再生能源上网回购电价的理念。其标准的设定是，容量为50MW以下的聚光型太阳能发电站的上网回购电价是21欧分/kWh。这一费率将维持25年，以比通货膨胀率少一个百分点的速度增长。这一措施的结果是，西班牙南部成为两种太阳光热发电方式的试验田。第一种是"发电塔"（power tower）。欧洲这类发电站的第一个实例就在塞维利亚北部，采用了600面平面镜或者叫做定日镜，每面镜子的面积为120m²，这些镜子追随着太阳

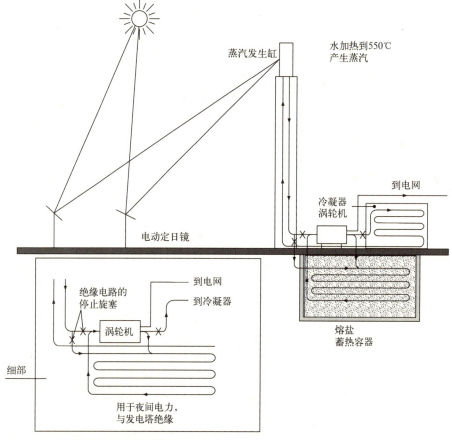

图14.6 聚光式太阳能发电的原理

图 14.7　塞维利亚附近大桑卢卡尔的 PS 10 太阳能发电塔
资料来源：维基百科

图 14.8　加利福尼亚州用于太阳热能发电的定日镜
资料来源：维基百科

的轨迹，将阳光聚焦于距地面 115m^2 的塔顶蒸汽发生缸，以产生蒸汽。这种设备能产生 11MW 的电力，据称可以为 6000 户家庭提供电力（见图 14.6～14.8）。第二种方式是安装在地面的线性反光器，将阳光聚焦于热管，以产生蒸汽。

太阳能显然是间歇性的，所以，热能的储存容器是极有价值的设施。在这一案例中，热能以加压蒸汽的形式储存在气罐中，蒸汽的压力值为 50bar（巴），温度为 285℃。当压力降低时，蒸汽首先发生冷凝，然后再转变为蒸汽，在此过程中发电。这种方式只提供 1 小时的蓄热量。然而，熔盐作为一种蓄热媒介，将最终取代这一系统。蓄热能力的提升增加了发电时间，而且也使太阳能发电的方式可以在能源价格最高的时段供电。还有一种并行的方法，正如上文所讨论的，电力也可存储于钒液流电池中。

PS10 是在这块基地中计划实施的一系列发电塔项目中的第一个，到 2013 年，其容量将增加至 300MW。第二座发电塔，即 PS20，已接近完工。在同一块场地上，还有塞维利亚光伏发电项目（Sevilla PV），这是欧洲最大的地面聚光式 PV 项目。

水平型聚光太阳能发电

还有一种可以替代发电塔的方式，就是线性抛物线槽发电设备。阳光经抛物面镜子反射到吸热管，管中含有传热液体，通常采用油。被加热的液体泵入换热器，产生蒸汽来驱动涡轮机。美国和西班牙南部是采用这种技术的主要场所（见图 14.9）。反光槽通常沿南北轴布置，在整个白天跟随太阳的角度而转动。

这种水平型太阳能聚光发电的变式正在西班牙南部的阿尔梅里亚进行试验，项目中采用了菲涅尔透镜（Fresnel lens）技术。这是与弗劳恩霍费尔太阳能系统研究所（ISE）联合设计的，研究中使用了平面镜，这种平面镜可以调节角度，以模拟抛物线的线型。这种镜面相比抛物面镜，效率降低 15%，但是，节省的成本足以补偿这种差异。内华达州正在计划投资 500 亿美元，用于菲涅耳镜面太阳能发电站。这表明了两件事：对于供电安全性的担忧，以及这种技术所具有的潜力（见图 14.10）。

然而，只有北非才有可能成为太阳能发电皇冠上的那颗明珠。该地区太阳能密度是西班牙南部的两倍，并且很少被云层

图 14.10 西班牙南部的菲涅耳太阳热能发电装置
资料来源：维基百科

遮挡。水平型聚光式太阳热能发电与海岸风电场相结合，"能够供应欧洲所有的能源需求"。只需要撒哈拉沙漠的一小部分，大约相当于一个小国家的面积，就足够了[非洲应用技术分析研究所（Institute for Applied Systems Analysis in Africa）的安东尼·帕特（Anthony Patt）博士，在哥本哈根气候变化大会上的演讲，2009 年 3 月]。

"在这个星球上，技术所能及的、最大的能源资源，将出现在地球赤道区域附近的沙漠中"（泛地中海可再生能源合作组织（Trans-Mediterranean Renewable Energy Cooperation-TREC）的网站首页，2008 年 10 月）。泛地中海可再生能源合作组织成立于 2003 年，从那时起发展出沙漠科技（Desertec）概念，着眼于创建一个超级电网，将欧洲和北非连接起来。这种电网将高压直流电（high voltage direct current - HVDC）传送到欧洲，而传输损耗相对较低。泛地中海可再生能源合作组织雄心勃勃，正如其在汉诺威工业博览会（Hanover Fair）上组织的名为"1 万兆瓦太阳能论坛"（*Forum Solar 10000 GW*）所展现的。

太阳能光热发电系统的一个优势是，可以和常规涡轮机一同工作，使用与化石燃料发电站中运作的相同的发电机。或者还有一种方式，就是这些系统能够作为混合系统来运作。在向发展中国家推广这一技术时，充分利用现有技术是至关重要的。

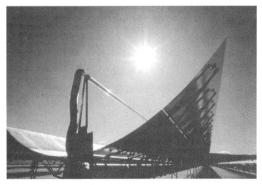

图 14.9 美国莫哈韦沙漠中的抛物面反光装置
资料来源：维基百科

吉瓦规模的光伏发电

直到相对近期,光伏发电一直都局限于相对小型的项目,常常以建筑一体化的形式出现。直到最近,德国一直都处于领先地位,实施的项目有位于巴伐利亚州阿恩施泰因的容量大于 15MW 的光伏发电场(PV farms)。在德国,PV 产业的成功得益于上网回购电价政策。然而,与美国蓬蓬勃勃展开的行动相比,可谓小巫见大巫。在美国,化石燃料安全性的不确定,导致全国大量建设基础设施规模的光伏发电场。迄今为止最雄心勃勃的项目,是太平洋天然气和电力公司(Pacific Gas and Electric Company - PG&EC)与 Topaz 太阳能发电场(Topaz Solar Farms)的关于容量为 550MW 的薄膜 PV 发电场,以及与高原牧场 II 公司(High Plains Ranch II)关于容量为 250MW 的 PV 发电场的两份协议。二者均位于加利福尼亚州的圣路易斯-奥比斯波。项目总装机容量达到 800MW,每年可提供 16.5 亿 kWh 的可再生电力。该项目有望在 2010 年并网,在 2012 年全面投产。

PV 的终极命运似乎是"超大规模光伏系统"(very large-scale photovoltaic systems-VLS-PV),其规模可达数百万兆瓦。这些系统将建设在沙漠地区,例如,北非,还有戈壁滩和澳大利亚内陆地区。地球表面的三分之一是不毛之地的沙漠。如果这些地区的一小部分覆盖上 PV 系统,就可以满足全球的初级能源需求。由于大部分这类地区处于欠发达、并且能源短缺的国家,这些项目通过将电力输送到欧洲,最终有助于彻底改变数以百万计人民的生活。

一座吉瓦规模的 PV 发电场,如果由标准的一个太阳的(single-sun)PV 模组组成的话,通常占地约 $7km^2$。然而,通过采用多层聚光型太阳能 PV 系统,占地面积可以减少。规模经济也会带来效益,使 PV 技术与太阳能光热发电相比更具有成本竞争力。

充气发电(Electricity by inflation)

"冷却地球太阳能"公司(Cool Earth Solar)最近为其研发的低成本聚光型太阳能 PV 系统申请了专利。该系统由一层塑料薄膜充气气囊组成,内衬反射性材料,将阳光反射

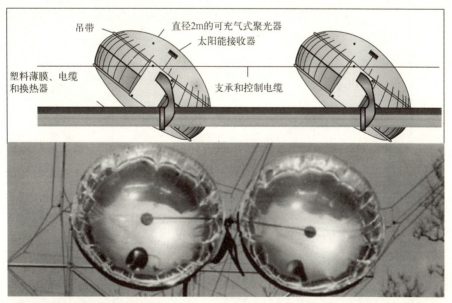

图 14.11 充气式太阳能 PV 聚光器
资料来源:冷却地球太阳能公司提供

至 PV 电池上（见图 14.11）。自动运转的水流确保气囊的压力恒定。与此同时，每分钟一加仑的闭式循环水流能够保证设备的冷却。

第一个示范项目位于加利福尼亚州特雷西附近，占地大约 12 公顷，容量为 1.5MW。其装机成本为每瓦 1.0 美元，将于 2009 年中期并网发电。这是按照基础设施规模的技术进行设计的。

PV 的未来

最后，PV 将何去何从？美国国家可再生能源实验室（national Renewable Energy Laboratory – NREL）已经实现了 40.8% 的光电转换率。这已经接近最高记录，是通过薄晶片状、带有太阳追踪装置的、三结半导体聚光式太阳能电池而达到的。太阳能聚焦率相当于 326 个太阳。材料的化学组成成分将太阳光谱分解成三个相等的部分，分别被三个结层的半导体吸收。

英国的最佳机遇

对于英国来说，海洋将成为其解救之路，尤其是在洋流和潮位（tidal elevation）方面的优势。自从 20 世纪 20 年代以来，塞温河一直都是拦潮坝的备选地址。但是，这一提案一直受到某些组织的反对，如皇家鸟类保护协会（Royal Society for the Protection of Birds – RSPB）。最近的一份提案是依照第二次世界大战中马尔伯里（Mulberry）码头战线进行预制的系统（见图 14.12）。作为一种模块化系统，我们可以设想的是，当每个模块都安装到位，大坝竣工的时候，就能够从潮流中发电，实现其设计容量。

还有一个特别急迫的河口堤坝案例，在英国气象局关于欧洲西北部风暴潮风险的预测报告中得到了强调。在第 2 章中，我们知道泰晤士河在所有的河流中风险最大，而解决的方案就是通过河口筑坝的形式。塞温河口所采用的常规大坝，如图 14.12 所示，将具有 14.8GWp 的峰值发电容量，每年可产生 25TWh 的电力 [能源和气候变化部（DECC），2008 年]。

无坝方式

加拿大蓝色能源公司（Blue Energy Canada）构想出一种能量密度很高的系统，由直径达 3m 的垂直轴转子组成，在退潮和涨潮时均可发电。这有可能成为塞温河发电站的一种选择，而且可以安抚皇家鸟类保护协会的反对意见。这种系统采用预制方式，安装成本比实体大坝进一步降低（见图 14.13）。

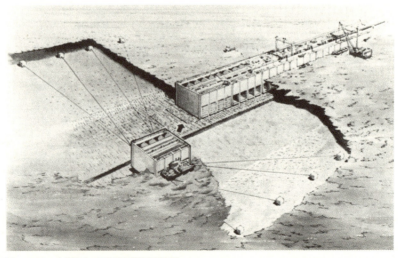

图 14.12　塞温河口的预制拦潮坝提案

潮汐能发电桥理念的优势在于，可以按照模块化的方式建造。正如世界观察研究所指出的那样，一座容量为1000MW的发电站需要10年时间来建造，只有到第11年才开始运行。而类似潮汐围栏这样的模块化设计，将由容量为10MW的模块组装而成，每个模块需要12个月时间来安装。第一年结束后就可以发电，在当年可发电8800MWh，随着下一个模块并网安装，就可以立即发电。到第11年末，所发出的电力相当于大规模电站当年发电量的五倍。由于在第一年之后就有资本回报，并持续增长到第10年，使这种建造方式成为比常规拦潮坝更具吸引力的投资选择。

还有一种潮汐围栏的变式，目前正在塞温河的迈恩黑德到阿伯索这一河段进行建设，这也是能源和气候变化部（Department of Energy and Climate Change-DECC）的《可行性研究》（Feasibility Study）中的一个特色项目。其峰值容量为1.3GW，每年输出电力35TWh。系统由桥状结构内的水平轴转子组成。方案由潮流脉冲工程公司（Pulse Tidal）公司提出。垂直抽转子这一主题的一种变式是螺旋状转子，或者叫做"戈尔洛夫"（Gorlov）水下转子（见图14.14）。

亚历山大·戈尔洛夫（Alexander Gorlov）从达氏垂直轴转子（Darrieus vertical axis rotor）获得启发，达氏系统在1931年获得专利。戈尔洛夫修改这种技术的理念，将叶片拧成螺旋状。系统的叶片根据波音727飞机机翼的空气动力学外形来塑形。由美国海洋水动力学实验室（US Marine Hydrodynamics Laboratory）开展的测试证明，这种转子可以在水流速度低至2海里/小时的条件下启动，大约能捕获水流中36%的动能。

在2002年，韩国政府开始在蔚岛海峡（Uldolmok Strait）的快速潮流中开展一些试验，来测试这种转子。试验的成功导致在这一地区建设了一个示范性项目，系统由直径为15ft的涡轮机组成，可产生容量为1MW的电力。韩国政府目前考虑在这一海峡中安装一个戈尔洛夫水轮机阵列，足以提供3.6GW的电力。

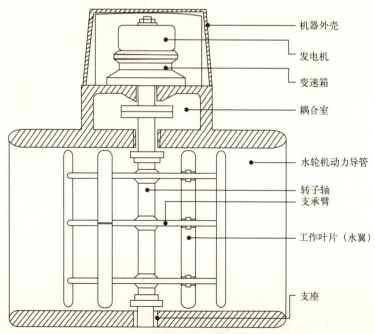

图14.13 带有垂直轴涡轮机的潮汐能发电桥，或者叫做"潮汐围栏"

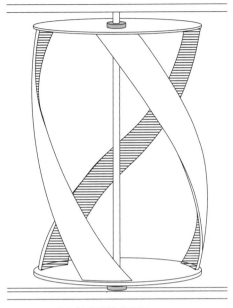

图 14.14　戈尔洛夫螺旋状转子

潮汐能蓄水发电

拦潮坝主题的另一种变式已经由斯图尔特·H·安德森(Stuart H Anderson)在"生态之星评估模型"(Ecostar Scoping Model)中提出。这一方式也可以看做是海岸蓄水发电方式，由一系列与海岸相连的 D 形水塘构成。因此，这些蓄水池与近海的潮汐泄湖不同。所有这些水池合起来能够提供数吉瓦的电力。最适合的地区是利物浦湾和北威尔士的海岸。这些蓄水池大多沿水下 10m 等高线构筑，有可能成为海岸线的延伸。为了能够连接利物浦市，围堤中必须设有海水闸。在其他地点还必须设置规模更小的水闸，以供休闲帆船运动所需（见图 14.15）。

英国海岸也提供了潮流发电的巨大机遇。英国政府估计，在全国有超过 40 处场址

图 14.15　英国西北部海岸蓄水发电提案
资料来源："生态之星"项目提供

适于开发潮流能源。如果海峡群岛（Channel Islands）也算在内的话，还有更多的适宜场址。海流涡轮机公司（Marine Current Turbines）研发出一种水下潮力磨坊，目前正在北爱尔兰进行测试。这种机组在技术方面使人联想到风轮机，但是，能够提供更加稳定的电力，而且能量密度更高。

开放水力发电公司（OpenHydro）已经研发出一种创新系统，该项目正在测试中。系统由巨大的扇形翼组成，翼片连接着转子，当水流穿越其中时，转子在机器中旋转。当转子转过沿机器外框的磁力发电机时，就可以发电（见图14.16和图14.17）。

开放水力发电公司有一个项目的建设地点就位于海峡群岛中的奥尔德尼岛，目前正在进行评估。小岛与法国之间的潮汐急流速度可达到12海里/小时。估计发电潜力可达3GW。

涡流振动水生洁净能源

"涡流振动水生洁净能源"（Vortex Induced Vibrations for Aquatic Clean Energy-VIVACE）或者简称VIVACE，是一种用来从缓慢流动的海洋与河流水流中获取能源的技术（见图14.18）。该系统的方案由密歇根大学贝尼特萨斯（Bernitsas）教授率领的研究团队提出，其工作原理是利用涡流引发的振动。这种振动实际上是圆形或圆柱形物体在液体流动中会出现的波动。圆柱体产生交替的漩涡，涡流的位置就在圆柱体的上下两端，推动它在上下做弹跳运动，产生机械能。然后，这种能量就驱动发电机发电。类似这样的涡流如果以风的形式出现，则有着灾难性的记录，例如，在1965年摧毁了英国费里布里奇发电站的冷却塔（见图14.19）。涡流振动水生洁净能源系统的设计使其能够在水流速度小于2海里/小时，或者说大约2.5mph（英里/小时）的状态下运作。这意味着该技术具有巨大的潜力，能够从环绕地球的洋流所蕴含的巨大水流中获取能源，当然也包括河流与河口的水流，或者环绕陆地的水流。

图14.16　正在测试中的开放水力（OpenHydro）发电机

图14.17　在海床上运行的开放水力发电机
资料来源：开放水力有限公司

图14.18　涡流振动水生洁净能源系统布局
资料来源：密歇根大学迈克尔·贝尼特萨斯（Michael Bernitsas）提供

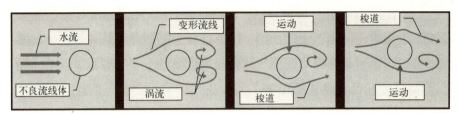

图 14.19　Vivace：感应反向振动产生振荡
资料来源：维基百科

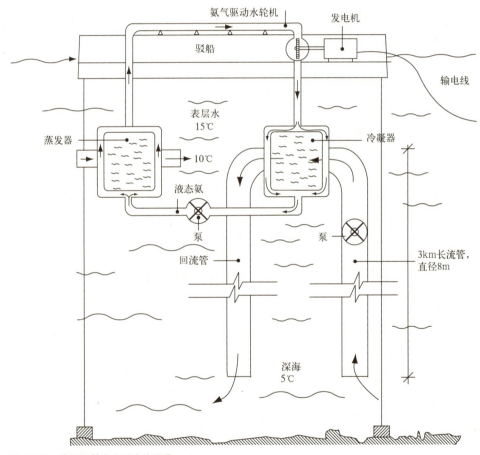

图 14.20　海洋温差发电系统的原理

海洋温差发电

海洋温差发电技术（ocean thermal energy conversion-OTEC），顾名思义，就是利用海洋中表层水与更深的海域之间水体的温差来产能（见图 14.20）。表层水用来加热一种低沸点的液体，显然，氨是一种最佳选择。氨达到沸点时转变为气体，其压力足以驱动涡轮机。然后，通过将这种气体输送到由深海抽取的冷水中，冷却成液体。为了设想一下这种系统的运作规模，对于容量为 100MW 的电力输出，所需的冷却管道大约需要 3000m 长，直径约 8m。随着化石燃料价格上涨，各家公司，从日本到夏威夷，都竞相建设海洋温差发电机组。美国正在研究在近海平台上建造容量为 500MW 的海洋温差发电站的可行性，所发出的电力将输送到沿海电网。第一种规模小得多的发电站将在 2011 年投入营运，建设场址在印度洋迭戈加西亚岛的海岸附近，为一个美军基地供电。与此同时，也有计划在印度尼西亚近海建造容量为 100MW 的海洋温差发电站。所发出的电力将用来制取氢，为交通工具提供动力。

结论

本章主要关注于容量能够达到吉瓦规模的技术，这些技术尤其吸引公用事业公司。然而，在目前的水平上，谈论以可再生能源产能满足全世界的需求，是极不现实的。可再生能源能够将世界从能源饥荒中解救出来。但是，生活质量的维持只有在大幅削减能源需求的条件下才有可能实现。

英国的问题很独特。大多数现有的发电容量将在未来 15～20 年内陆续经历退役过程，根据欧盟指令，到 2020 年，英国能源中的 15% 必须实现零碳排放。这可以换一种说法，即英国电力供应的 35% 必须来自可再生能源。如前所述，英国节能基金会已经做出估测，即电力供应的 40% 将主要来自住宅中的小规模发电设备。这几乎是不可能实现的目标，除非房主和中小型企业（small to medium-sized enterprises – SME）能够得到一些激励机制的鼓励，例如，享受可观的上网回购电价政策，能够与德国政府提供的相应政策相提并论。显而易见的现实情形是，英国必须在削减能源需求方面处于领先地位，如果英国想在 2030 年之后，能够享受可持续发展的经济形势的话，尽管很有可能经济形势仍然停滞不前。

无可避免的是，英国面临着能源供应的一场革命，首先，在可行性方面，然而，其次，却在于供能系统的改革方面。我们必须快速转向一种双轨系统，也就是说，局地性的、社区规模的网络，连接到小型和微型可再生能源产能设备，例如，住宅中的 PV 发电设备。为了获得电力的均衡供应，这些网络可以连接到规模缩减的国家电网中，电网的供应来自吉瓦规模的可再生能源产能设施，例如，潮汐能发电和近海风力发电，这样有可能满足目前容量的 35%。

麦凯（2008 年，第 113～114 页）做出的结论是，"为了维持英国国民的生活方式，仅仅依靠可再生能源是非常困难的。基于可再生能源的解决方案，必定拥有庞大的规模，并且是带有侵扰性的。"正如拉伍洛克一样，他的结论是英国需要核能。

第 15 章
超越石油的时代

预计的石油和天然气储量的消亡，使得人们愈发揣测，氢将成为即将到来的能源黑洞的解决方案。如果氢成为太阳运作的动力，为什么不能成为我们星球的动力呢？获取这种储量最丰沛的气体，是本世纪面临的挑战，其运用的范围从聚变到燃料电池。

准确地说，氢不是燃料，而是能量的载体。氢与其他化学元素结合而存在，因此，第一步，需要将氢释放出来。氢可以像燃料一样直接燃烧，或者通过燃料电池来产生电力。

氢的制取

有四种制取氢的方式：

- 电解制取，将水分解为其组成成分氢和氧，最理想的情形是利用可再生电力作为动力；
- 热化学反应制取，即从水或者生物质能中释放氢；
- 富氢化合物的热裂解（thermo-dissociation）制取，同样最理想的情形也是利用可再生电力，例如通过天然气（甲烷）重整；
- 微生物活性制取，即从有机化合物中释放氢，例如生物质能废料。

目前最广泛应用的制取氢的方法，就是重整天然气。其过程是将天然气与蒸汽一起加热，这一过程中需要催化剂。在现阶段，以可再生能源的普及和能效水平，这种处理方法距离零碳排放还很遥远，尤其是这一过程的副产品是 CO_2。我们总是可以听到有人声称，利用 PV 作为动力，能够保证燃料电池实现碳中性。在家用设备这一领域，几乎是不可能实现的。例如，在英国，如果利用住宅屋顶安装的 PV 来供应燃料电池的动力，平均每幢住宅年可生产 3000kWh 的电力。这只有平均每幢住宅电力需求的八分之一。

第二种最好的制取方式是以电解的方法，将水分解成其组成成分氧和氢。电解装置实际上是逆向的燃料电池，并且，正如燃料电池一样，需要铂制作的电极。将水通电，可以在一个电极上制取氢，在另一个电极上制取氧。这就是主要的装机成本产生之处。全世界只有五个铂矿。目前，一组燃料电池中使用的铂的价格是每 100g 大约 3000 美元。在汽车制造业界，人们确信到 2015 年，一组车载燃料电池仅需 20g 的铂。如果的确如此，这种成本优势将使家用能源市场获益匪浅。

燃料电池

氢的工业用途众多，但是，氢的真正终极命运在于通过燃料电池发电。燃料电池是一种产生直流电（DC）的电化学装置。它包含两个电极，一个为阳极，另一个为阴极，彼此之间由电解质隔开，这种电解质有可能是固体膜的形式。燃料电池不同于蓄电池，它需要连续地从一个电极输入富氢燃料，从另一个电极输入氧气。从本质上来说，燃料电池是通过催化剂，将氢和氧结合的反应堆，其结果是产生电力，水和热是副产品（见图 15.1）。

这一反应被描述为氧化还原反应，在这一过程中，驱动电子沿着外电路运动。这是一种等价于燃烧的电化学反应。燃料电池是一种坚固耐用的技术，没有活动部件，能效高达 60%。[1]

铂的商品价格十分昂贵，这成为燃料电池推广使用的主要障碍。我们必须找到可以替代铂的电解质，以及燃料电池的催化方法。ITM 电力公司（ITM Power）声称已经找到了这种方法。目前市面上的燃料电池多数是质子交换膜（PEM）型的。这意味着燃料电池是酸性的，因此，必须采用铂作为催化剂。ITM 电力公司的解决方式是装配一种碱性膜，用镍取代铂。该公司已经研发出一种固态的、但是有弹性的聚合物凝胶，其电导率是基于铂的质子交换膜电池的三倍。在进行批量生产时，膜的成本为 5 美元/m^2，相比较而言，现有质子交换膜的成本为 500 美元/m^2。其结果是，每千瓦容量的电解器成本为 164 美元，相比较而言，目前的平均价格为 2000 美元/kW。

位于英国设菲尔德的 ITM 制造厂正在集中精力研发家用电解器。设备的大小等同于一台大冰箱，与供水干管相连，并且部分地由可再生能源驱动。产生的氢直接用作燃料，正如在弗劳恩霍费尔研究所设计的试验性零碳住宅中那样用作烹饪用途（见第 31 页）。由于氢是无味的，因此，家用电器中必须配备传感器，即时检测出可能的泄漏。宝马汽车公司（BMW）采用压缩氢来驱动其示范性活塞发动机氢能源小汽车。更为雄心勃勃的项目是温哥华市采用的氢能源穿梭巴士，这里使用的氢来自于氯气生产中产生的废蒸汽。这些巴士保留了常规的活塞发动机，但是，以压缩氢气来驱动。

在住宅中，氢可以用来发电，发电的方式可以是通过驱动涡轮机/发电机，或者也可以通过驱动燃料电池。ITM 电力公司的首席执行官（CEO）确信，通过规模生产可以降低家用电解器的成本，达到每机组低

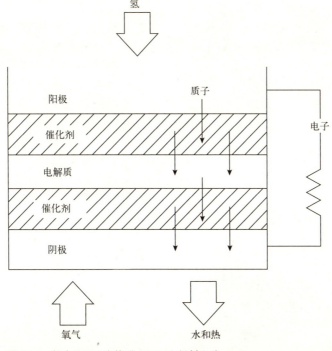

图 15.1　基本的质子交换膜（PEM）燃料电池

于1万英镑。这只是人们提高对转向氢能源成本的关注度的一个因素。戴维·斯特拉恩（David Strahan）（2008年）引用了一个实例。一幢大型住宅可以在屋顶上安装60m²的PV，每年可发电1万kWh，成本大约为5万英镑。如果PV用来驱动能效为60%的燃料电池，实际的能源产出值可达到每年6000kWh。这只是英国普通家庭每年能源消耗值的25%（热能和电力）。如果这些电力通过燃料电池驱动一辆小型汽车，将提供每年7200km的行驶里程，这是英国汽车平均年行驶里程的一半。

ITM电力公司承认，在目前的阶段，这些数值是缺乏吸引力的，但是，该公司首席执行官声称："这就是每一种技术在起步时的状态。总有率先吃螃蟹的人，然后规模生产才会大大降低成本"。然而，斯特拉恩指出，尽管ITM电力公司可能已经解决了燃料电池和电解器成本方面的主要问题，但是，"没有人能够解决更为基本的问题：整个氢燃料产业链的低效率问题"（斯特拉恩，2008年）。

正如在第7章中所描述的，对于家用市场而言，可能有一个解决方案，这要归功于色列斯能源公司（Ceres Power），该公司已经研发出一种固态氧化物微型燃料电池（solid oxide micro-fuel cell – SOFC）（见图15.2）。

色列斯能源公司的固态氧化物微型燃料电池机组可以使用天然气、甲烷或者丙烷来运行，最大电力输出刚刚超过1kW。机组尺寸为205mm×305mm×305mm。重量为25kg，这意味着可以挂墙安装。对于大多数住宅而言，重整天然气的能力是这一技术未来前景的关键所在，这也是为何该公司能够确保与英国天然气集团（British Gas）签署大型供销协议。这种燃料电池在2009年一季度进行了台试，然后将在选定的住宅中进行测试，有望在2011年做好推向市场的准备。

氢的储存

这是另一个可能涉及高能量、因此也涉及高成本的领域。和碳氢化合物相比，氢气按质量计算的能量密度很高，但是，按体积计算的能量密度却很低。因此，与汽油、柴油或者压缩天然气相比，在能源数量一定的情形下，氢气需要更大的存储容器。将这种气体进行压缩，可以提高其能量密度，但是，这也带来能量方面的不利后果，同时还需要提高存储容器的强度。

太空计划（Space Programme）的实施已经导致人们能够将氢气液化，从而达到更高的体积能量密度。液化氢的存储，要求将气体冷却至−252.882℃（−423.188°F），这就涉及很大的能量缺口。高度绝热的储存容器必须确保这一温度维持不变。极微小的温度升高将导致汽化损耗。即便在这样的条件下，液态氢也只有碳氢化合物燃料按体积计算的能量密度的四分之一。

目前，有大量的科学研究正在致力于其他的存储方式，尤其是对于金属氢化物的研究。固态氢化物存储方式是氢燃料用于交通工具的最适宜媒介。然而，氢化物储罐和存有相同能量的汽油或柴油罐相比，体积要大三倍，重量多四倍。与此同时，氢必须是高纯度的。杂质会破坏其氢化物的吸收能力。

伯明翰大学、拉夫堡大学和诺丁汉大学都是英格兰中土联盟（Midland Consortium）的成员，该协会致力于燃料电池的研

图15.2 色列斯能源公司的1千瓦SOFC燃料电池机组

究,也包括氢的存储。如前所述,常规的存储方式,如压缩氢或液化氢,在工艺方面都要消耗大量的能源,需要高强度的储罐。就液化氢而言,还需要高绝热措施。替代的方法是,所使用的材料能够在较低的压力下吸收或吸附大量氢,而且有着更优化的体积存储密度。根据诺丁汉大学技术研究所科学家的观点,"如果我们要实现氢能源系统的长期目标,便携方式的固态氢存储是至关重要的"(沃克,2008年)。这包括高容量轻金属氢化物,以及复杂的氢化物,如镁和硼氢化物(见图15.3)。目标是在多孔结构的材料中,如沸石,提高氢分子的黏结强度。这就使得氢气可以在室温条件,或接近室温的条件下储存。

碳纳米管技术最初曾经提供的前景是,按质量计算的储存能力可达50%。这种储存氢的道路仍然吸引了大量的研究关注。

氨是另一种备选的储氢介质,这是由于氨有着相对较高的氢含量(NH_3)。在催化重整器中,氢被释放出来,作为液体形态,能够提供较高的存储密度,只需适度的加压和冷却。如果与水混合,就能在室温和一个大气压的状态中储存。这是第二普遍生产的化学制品,有着生产和运输方面的充沛的基础设施。当氨重整成为氢时,没有废料产生。

在2005年9月,丹麦技术大学(Technical University of Denmark)的科学家设想出一种储氢的方法,即以氨的形式被盐吸收。他们声称,这将成为一种安全而且不算昂贵的储氢方式。让我们拭目以待。

迈向零碳排放的交通运输

许多人将氢能源视作运输业的圣杯。为了充分意识到这一挑战的规模,我们知道在2007年,全世界生产了7100万辆小汽车。这一领域不仅仅是主要的碳排放者,同时也与建筑物以及建筑物的地点密切相关。交通领域占经济合作与发展组织(OECD)成员国初级能源消耗的25%,这一数值也与排放

图15.3 氕项目(Protium Project)中的金属氢化物储存容器
资料来源:伯明翰大学提供

CO_2 所占的比例相当。交通运输行业对石油危机和石油储量耗尽的前景也极具敏感性。正如在建成环境中一样，现在正是时候，相关各部门应当对减少针对石油的依赖这一紧迫需求做出回应，同时还应致力于大幅削减碳排放量。

在提高汽油和柴油发动机的效率方面，已经有了显著的进步，尤其是随着各种混合技术的出现，能效大幅提高。100 英里／加仑（mpg）的油耗目标已经实现，并且在未来 10 年内，这一标准将成为家常便饭。最具前景的技术是应用在通用汽车公司（GM）研发的 Volt 车型中的新技术。这是一辆由蓄电池驱动的汽车，带有小型汽油／柴油发动机，用来随时给蓄电池充电。据估计，在需要再次充电之前，这辆小汽车可以行驶 40 英里。这很有可能是中型家用轿车中首次突破 100 英里／加仑瓶颈的车型。

仍然有一些人相信生物燃料作为石油的补充这一方式能够成为一种对策。以 2003 年发达国家为准，这一年，英国运输行业消耗大约 500 亿吨的石油。如果认为生物燃料能够替代如此大规模的消耗量，那么，这是不切实际的。这主要是基于用于能源作物所需的大量土地面积而考虑的，这是以粮食生产为代价的。然而，还有一种生物燃料资源，不会损害粮食生产：微藻类。

英国碳信托有限公司（Carbon Trust）正在启动一项投资数百万英镑的创新计划，用于推广这种生物燃料。这种生物可以进行培植和控制，以获得高产油量。它可以用作精炼运输燃油的原料。由于这种生物不需要可耕地、淡水，不与粮食作物竞争，它有望展现出"革命性的技术突破"（碳信托有限公司）。我们所面临的挑战是，这种技术必须具有商业可行性。碳信托有限公司开展的硅藻生物燃料计划（Algae Biofuels Challenge – ABC），将引导补助金进入研发进程（R&D），其目标在于转向大规模生产藻类油料。

但是，我们有很好的理由相信，陆上运输的远期驱动方式是通过电力。这意味着两种能源来源：蓄电池和氢。与此同时，混合动力技术将在中短期内大量减少碳的排放。在这种情形下，相对中等规模的化石燃料发动机与高效蓄电池组共同工作。丰田汽车公司研发的普锐斯（Prius）车型是采用这一技术的商业创新车。最新发布的车型使用了插入技术（plug-in technology）。这种技术可以使电池在家中整夜充电，或者在白天停放在公司停车场内充电。在 2008 年，丰田汽车公司展示了这种插入式普锐斯车的原型。据称，这种车可以达到 100 英里／加仑（2.4 升／100km）的油耗指标，假使汽车在不使用时能够充电的话。成功的秘密在于附加的镍氢蓄电池组，这使得行驶距离和速度都得以提高。

氢能源的道路

再重申一次，氢气可以直接作为燃料来使用，以驱动常规活塞发动机，也可以作为燃料电池的原料。氢燃料比内燃机（internal combustion engine – ICE）的能效高得多，但是，在目前阶段，每公里的成本更高。作为直接燃料（如在宝马汽车公司的原型车上），氢比普通汽油发动机的效率高大约 8%，而如果用于燃料电池，则能效至少提高两倍。目前，燃料电池的成本高达 5500 美元／kW，正是这种高成本成为其进一步发展的障碍，尽管这一点很快就要改变，如下文所述。车用燃料电池的另一个问题是，需要纯度高达 99.999% 的氢。

由于这些原因，燃料电池技术的广泛应用还显得遥遥无期。一公斤氢与一加仑汽油包含的能量相当。在美国市场上，这使氢比基于石油的燃料贵四倍。然而，由于燃料电池驱动的车辆比内燃机驱动的同类型车辆能效高两倍，因此，当氢的价格降低到汽油价格的两倍时，这两种燃料将达到平衡点。但是，如果氢在制取过程和使用过程中能够实现零碳排放的话，而且也考虑到可避免的外部成本，那么，氢可能已经具有成本效益。

然而，以下几个因素共同作用，使燃料电池驱动的车辆比内燃机驱动的更具有市场吸引力：
- 油价不可遏止的上涨，在撰写本书时达到每桶 75 美元；
- 能源供应安全性方面与日俱增的不确定性，这是由于资源耗尽以及中东地区局势越来越不稳定的共同作用；
- 目前这一代内燃机驱动的车辆几经接近能效峰值，业界认为这一数值是 30%。随着全世界的研究正在导向燃料电池技术，很有可能将能效从目前的 50% 提升到 60%。

本田汽车公司已经在燃料电池技术的潜力方面探索了许多年，这一工作的成果就是本田 FCX Clarity 车型。这种车不是内燃机型的改版，而是一种纯粹创新的车型，而且是市场上发布的这类车辆中的第一款，尽管这种车采用的是租赁驾驶的方式（见图 15.4）。

实际能够使用本田 FCX Clarity 车型的地区，目前仅局限于美国奥兰治县的大洛杉矶地区，在那里有五座充氢站。这种车型的行驶距离为 270 英里，在运行成本方面，据称相当于 81 英里／英制加仑。在性能方面，速度可以达到 100 英里／小时，能在 10 秒内从零加速到 60 英里／小时。

本田汽车公司从 1986 年开始研究燃料电池驱动的汽车，因此，FCX 车型是其长期研发的成果。既然本田汽车公司已经退出一级方程式赛车，那么，就应该有更多投资用于这一技术中。这是一种塑造汽车工程未来的技术。

然而，对本田汽车公司新车型的热情，不应该使我们对本应解决的问题视而不见，尤其是如果氢的制取不是通过绿色技术的话。根据能源顾问休·沙曼（Hugh Sharman）的观点，以 2003 年的交通密度来计算，以氢燃料／燃料电池方案供应英国的交通运输，需要 2150PJ（拍焦耳）／年，

图 15.4　本田汽车公司的 FCX Clarity 车型
资料来源：本田汽车公司英国分公司提供

相当于864000GWh/年。这相当于98.6GW的装机容量。如果这些电力完全从风力发电获取的话，以30%的负载系数计算，装机容量就上升到329GW，将需要11万台容量为3MW的风轮机。风轮机的间距按500m（常规）计算，需要占据27000km^{2}的面积，这比威尔士的面积还要大（沙曼，2005年）。这些数据是保守的估计，因为2007年交通运输领域的能源消耗为2511PJ。

与此同时，如果全世界的7100万辆小汽车要转换为氢能源汽车的话，则需要1420吨的铂，这是目前生产率的六倍。这种原材料的储量将在70年内耗尽（斯特拉恩，2008年）。还尚待证明的是，ITM电力公司在转向氢能源所涉及的催化剂成本方面的技术突破，是否能够扩大规模，以满足整个交通运输领域的需求。

将氢用作直接燃料，人们已经计算过，从电解到压缩作为燃料储存，只有24%的能量是用于做有用功的。电池驱动的小汽车与插入式混合动力汽车使用了69%的原始能源。根据世界自然基金会（WWF）的加里·肯德尔（Gary Kendall）的观点，"氢燃料驱动的汽车所需的能源，是直接用电驱动车辆的三倍……到2050年，发达国家要完全实现发电过程的脱碳，因此，我们无法负担将初级能源的四分之三浪费在将其转换为氢的过程中"（肯德尔，2008年）。

蓄电池方案

E4Tech咨询公司在为英国交通部（Department for Transport – DfT）撰写的报告中表明，如果要转向电池驱动的交通方式，充电负载方面将增加16%的电力需求。氢燃料/燃料电池这种替代方式将增加超过32%的电力需求。将氢作为活塞发动机的直接燃料，在用于电解和压缩过程所需的能源中，只有24%最终用于车轮驱动上。

美国能源部下属的西北太平洋国家实验室（Pacific Northwest National Laboratory）指出，大部分夜间所发的电力都没有利用起来。这正好与蓄电池机动车需要充电的时间相吻合。该实验室在2006年开展的一项研究发现，美国电网在非高峰时段的富余电力，足够供应全美国84%的车辆充电，假设所有机动车都是蓄电池驱动的。

尽管有这些困难，所有的大型汽车制造商都在研发电动小汽车这一主题的各种变式，以盼在未来五年之内发布原型车。如果说本田汽车公司的Clarity车型标示着燃料电池小汽车的未来，那么通用汽车公司的雪佛兰牌Volt长程电动车（extended range electric vehicle-E-REV）则扛起了电池动力的大旗。有时人们把这种车叫做混合动力车辆；这是不够准确的。从规模上看，这是中型家用厢式轿车，车身尺寸与沃克斯豪尔的雅特（Vauxhall Astra）车型差不多。动力完全由强劲的电动马达提供。一台车载汽油发动机在电池输出耗尽时，给蓄电池充电（见图15.5）。沿中轴线是T形的容量为16kWh的锂离子电池；在右前方是1.4升汽油发动机，用来给蓄电池充电；在左前方是360伏的电动马达，能产生150制动马力。当车辆超限运动时，电动马达就转变为发电机，为蓄电池充电。

通用汽车公司以其欧宝（Opel）/沃克斯豪尔的安佩拉（Vauxhall Ampera）车型，将目光聚焦于欧洲市场（见图15.6）。这一车型于2009年3月在瑞士汽车展上发布。它采用了通用汽车公司的Voltec系统，这种技术系统首次在通用汽车公司的Volt车型上采用过。根据通用汽车公司欧洲分公司首席

图15.5　通用汽车公司的Volt概念车模型
资料来源：通用汽车公司提供

市场营销官员的观点:"随着安佩拉车型的发布,欧宝汽车将成为欧洲汽车制造业界中,第一家为消费者提供连续驾驶数百公里的电动汽车的公司"。据称,这种车型仅以锂离子电池就可以行驶 60 英里,锂离子电池可以从 230 伏的插座充电。对于更长的行驶距离,车辆还是可以靠电池提供动力。不过,和 Volt 车型一样,这是由小型汽油发动机连续充电来提供动力的。安佩拉车型获得 2009 年《What Car?》杂志的绿色技术奖(Green Technology Award)。

通用汽车公司的竞争对手克莱斯勒汽车公司也在研发一系列电动汽车,在 2010 年将有三款插入式电动汽车问世。其目标是为所有车型提供某种形式的电力驱动。这家汽车公司没有采取设计全新型汽车的方式,而是计划对现有车型进行改装,所采用的技术类似于通用汽车公司 Volt 车型的技术。该公司有一款完全采用电力驱动的赛车,仅有一组锂离子电池作为动力来源,行驶里程可以达到 150 英里。福特汽车公司寄希望于插入式翼虎混合动力车型(Escape Hybrid),车上装备有锂离子电池。该公司声称,这种车型的燃油经济性(fuel economy)可达 120 英里/加仑(2 升/100km)。在美国,全电力驱动的小汽车市场由于减税额多达 7500 美元而迅速扩大。

德国汽车公司梅赛德斯和大众奥迪汽车公司将很快提供插入式混合动力这一主题的几种变式,预计在 2011 年左右面世。宝马汽车公司以 Mini E 车型也加入了电动汽车的竞技场。这款车型有容量为 150kW 的电动马达,由锂离子电池提供动力,最高时速可达 95km/小时,行驶里程达到 150 英里。蓄电池组占据了原先后座的空间。这家公司将首先投产 500 辆小汽车,这些车辆将在美国和欧洲的城市环境中进行试车。

总的说来,多数家用型全电力驱动小汽车的行驶里程似乎都限定在 40~50 英里,对多数人而言,这使电动小汽车仅适合成为第二辆车,除非在蓄电池技术方面有所突破。或许 ZENN 汽车(见第 162 页)是未来的雏形。

图 15.6 欧宝/沃克斯豪尔的安佩拉电动车
资料来源:通用汽车公司欧洲分公司提供

蓄电池技术的进展

未来蓄电池市场将有两个主要的竞争者：
- 超级电池（UltraBattery）；
- 超级电容蓄电池（Supercapacitor Battery）。

超级电池

超级电池充分利用铅酸蓄电池和超级电容蓄电池技术这二者的优点，能够快速充电，使用寿命长。据称，该系统的优势如下：
- 生命周期比常规蓄电池长4倍；
- 比同等规格的铅酸蓄电池动力提高50%；
- 比目前的混合动力车辆系统便宜约70%；
- 充放电速度比常规蓄电池更快。

这种蓄电池的制造商声称，它不仅带来电池驱动的交通工具的革命，而且在为可再生能源提供蓄电和电力缓冲方面发挥重要的作用。根据这种蓄电池的技术说明书（参见"超级电池：不同寻常的蓄电池"(UltraBattery：no ordinary battery)，引自 www.csiro.au/science/UltraBattery.html），它可以"与风力发电系统结合，可以使电力供应的间歇性得以缓解，并且有潜力对能源生产进行'时间移位'(time-shift)，以更好地满足需求"。这是一种谦逊的说法，也就是说，当与电网连接时，这种技术可以最大化价格机会成本（price opportunity）。

超级电容

这一技术由 EEStors 公司研发，这可以代表着蓄电技术的突破。它不像常规蓄电池，在蓄电过程中没有发生化学反应。电容器通过两片平行的电板储存能量。让其中一个电板带负电荷，使相对的电极排斥电子。这种电荷差异将保持下去，只要两块电板保持电气绝缘，电荷差可以用来产生电流。电容器的特点是可以快速存储电荷，相比较而言，化学电池需要很长的充电时间。不产生化学反应这一事实意味着，电池的寿命是无限的。这是一种固态装置，因此，可以在非常紧凑的占地面积中存储大量电能。

超级电容蓄电池技术突破的关键在于，隔开两块电板的绝缘材料的构成方式。根据这一技术申请专利的材料叙述，这种电池依赖于钛酸钡（$BaTiO_3$）来提供绝缘，能够支持高达 52kWh 的电荷量，这比标准铅酸蓄电池的能量密度高十多倍。

ZENN 汽车公司（ZENN Motor Company）是一家轻型电动汽车制造商，他们生产了一种城市 ZENN（cityZENN）牌小汽车，采用上述蓄电池作为唯一的动力来源。在两次充电之间，车辆可以行驶 250 英里，最高时速达每小时 80 英里。这种蓄电池对寒冷和炎热都不敏感，因此，适用于各种气候条件。根据 ZENN 公司的观点，"可以明确地说，这一交通工具可以满足大约 90% 的北美民众的驾驶需求，由于驾驶习惯不同，在北美之外的地区这一比例还将更高"。

最后，在所有优点之上，最重要的一点是，这种蓄电池所使用的原材料是重晶石，这种材料储量丰富——有超过 20 亿吨。在另一方面，锂的储量更为有限，如果全世界都转向锂电池驱动交通工具，则储备将消耗殆尽。

从中短期来看，超级电容蓄电池将在驱动交通工具的竞赛中，超过燃料电池。从长远来看，由于氢燃料的储备是无限的，因此，毫无疑问氢能源将成为全世界的最终能源资源。

作为车辆驱动的"氢，以其更高的能量密度，和无与伦比的行驶里程，将最终胜出……这将在未来十年的中期发生"[彼得·蒂森（Peter Thiesen）是通用汽车公司氢能源战略部主任]。

水上交通运输

英国下议院的环境监测委员会（Environmental Audit Committee）在 2006 年发

表了一份题为《减少交通运输中的碳排放》(*Reducing Carbon Emissions from Transport*) 的报告，得出的结论如下：

> 将货物运输从陆路转向水路，在碳排放方面有着明显的优势，并且交通部需要采取更多的措施，积极促进这种转变……我们敦促英国政府带领国际社会关注国际船运的碳排放问题，确保在后京都协议阶段，碳排放能够在一种有效的减排机制下运行。
>
> （下议院，2006年，第14页）

河流与运河

在2008年，英国交通部发表了题为《交通运输的未来——2030年的网络》(*The Future of Transport–a network for 2030*) 的报告。报告中表明：

> 促进货物运输和谐发展的一个关键性方面，毫无疑问将是内陆水路系统的复兴……[导致有必要]全面开发英格兰和威尔士估计长达5100km的通航水道。

由于道路交通拥堵以及燃料费用的问题，运河交通缓慢回归，逐渐受到人们的欢迎，这种大批量运输货物的方式比公路运输节能得多。在2005～2006年间，内陆水路货运增长了10%。

许多年以前，曾经提出过一种等高线运河 (contour canal) 的概念，即沿着同样一条等高线，从英格兰中部顺流而下。这样的布局使得运河中不需要设置水闸，而且通过设计能够允许宽身驳船 (broad beam barge) 高速行驶——大约10海里／小时。运河起始于利兹，其分支延伸到设菲尔德、德比、诺丁汉、莱斯特、北汉普顿和贝德福德，并与泰晤士河相连。

混合动力技术理论上尤其适用于运河运输。蓄电池／汽油或柴油发动机的混合动力系统可以在码头区或水闸处进行充电或补充燃料。正如小汽车项目一样，如通用汽车公司的Volt车型，汽油发动机只是用来维持电池的充电水平。与小汽车项目不同的是，对于驳船而言，锂电池的重量不成问题。驳船尤其适合电力驱动方式，不论是以蓄电池的方式还是燃料电池。EEStors蓄电池系统似乎是非常适用的，在途中必要时可以快速充电。充电站可以由PV提供电力。

燃料电池驱动的平底船已经以"罗斯·巴洛"(Ross Barlow) 命名，驶入运河（见图15.7）。作为氕项目 (Protium Project) 的一部分，伯明翰大学的燃料电池研究人员将一艘运河小船改装为燃料电池驱动的方式，这艘船由英国水运公司 (British Waterway) 捐赠。质子交换膜燃料电池替代了柴油发动机，蓄电池所需的氢以金属氢化物的形式储存在圆筒中，储存温度是室温，压力为10巴。金属氢化物粉末重约130kg，通过减小压力，将氢释放出来。这一系统使质子交换膜 (PEM) 燃料电池可以得到超高纯度的氢——对于延长燃料电池的寿命是至关重要的。

交通拥堵正在鼓励客运沿着泰晤士河这一有潮河流发展。这种方式可以大规模增长，例如，从特丁顿 (Teddington) 经威斯敏斯特区到伦敦城、泰特现代美术馆 (Tate Modern) 或码头区 (Docklands)，大大减少通行时间。如果泰晤士河口开发项目建成，居住其中的20万户家庭将为此提供另一个潜在的通勤生利机遇。

船运

在京都议定书中并未提及船运涉及的碳排放。欧盟委员会也没有提议引入法规来改变这一状况。然而，各种研究表明，海运中的二氧化碳排放量不仅比原先设想的要高，而且在未来15～20年内还将上升75%，假使世界经济从衰退中恢复，而且在反弹中增长加速的话。在2007年末，船运排放的碳

图 15.7 "罗斯·巴洛"燃料电池驱动的运河小船
资料来源：伯明翰大学提供

是航空运输的两倍。有各种理由相信，从 2010 年起，增长的速度将恢复。

尽管人们曾经关注于航空运输，但是，船运一直在静悄悄地运送国际贸易中 90% 的货物；这一数值是 20 世纪 80 年代的两倍。根据廷德尔气候变化研究中心的观点："国际船运所占的排放[温室气体]的比例一直未受到政府的重视。气候变化议程中遗漏了船运"。廷德尔研究中心目前承担了船运碳排放的研究（《卫报》的报道，2007 年 3 月 3 日）。

航空业

化石燃料耗尽的最主要受害者很可能是航空业。据说能够横越大西洋的以氢为燃料的飞机，意味着整个机身都必须用作氢储罐。生物燃料也许是这一日渐式微产业的唯一希望。或许充氢的飞艇将重新受到人们的青睐。

氢能源将成为世界经济的终极发动机。电池技术的进步有可能延缓氢技术的进展，但是，氢能源获取最终胜利是毫无疑问的。我们所面临的挑战在于，让最不发达国家也和西方经济体制一样，能够获取这种能源资源。

我们能做些什么？

如果交通运输业切实面对所消耗能源的实际成本，那么，就会使人们集中精力寻求替代能源。最终固态氧化物燃料电池有可能成为解决之道，因为该行业的要求在大多数情况下是稳定的电力输出，同时有可用热作为附带收益。另一种情形是，船运业将成为微藻制取生物柴油的规模生产的主要获益者，因为陆路运输能以各种方式获取电力。

一家成立于 2001 年的德国公司"天帆"（Skysail）正在研发一种新兴技术，有可能避开成本效益的陷阱。从直觉上来看，这种技术似乎与人们熟知的主宰大洋的大型货船大相径庭。然而,"天帆"公司已经研发出一种计算机化的系统,能够控制庞大如机翼般的风帆的收放。风帆有足球场那么大,收放过程需要 10~20 分钟。计算机控制其航行路径和高度,这些参数都经过计算,能够充分利用风力。这种船只不仅可以顺风行驶,也可以与风向成 50°夹角行驶。此外,风帆的形状经过设计,以确保船只在保持水平位置。"天帆"公司声称,根据 2007 年的油价计算,这种技术的回报期为 3~5 年。也许全世界正在趋进一个海上扬帆的新时代!

对于所有的可再生能源技术来说,成本效益这一标尺将持续破坏对这些技术的充分利用,直到成本核算中考虑到可避免的碳排放的全球价值,以及由于储备下降导致的石油和天然气价格的飙升。存在的问题是,将采纳新技术留给市场力量,将意味着我们已经打算听天由命了。

注释

1 关于燃料电池的一般性描述,在史密斯的著述中(2007 年,第 7 章)。

第 16 章
一线希望

如果看起来本书所介绍的对策是基于对全球变暖可能进程的相当悲观的观点，那么，2009 年 3 月气候科学家召开的哥本哈根会议应当成为一次修正。全球平均气温上升 4℃，这是构成本书基础的预警性质的研究成果，在本书开始写作之时，仅仅是可能的预设情境，却似乎不太可能发生。现在，则从可能发生的事，发展成为极有可能之事了。尼古拉斯·斯特恩在哥本哈根会议上发言说，他承认其 2006 年的报告过于保守，决策者应当考虑的是温度的大幅上升，达到 6℃ 或更高所带来的可能影响。斯特恩声称："政治家们是否理解……灾难性的 4、5、6 摄氏度升温是怎么回事？我认为还没有"（亚当，2009 年）。

斯特恩和英国环境、食品和乡村事务部（Defra）的首席科学家鲍勃·沃森（Bob Watson）二人都对各国政府发出了警告，即在最低限度，应当为到 2100 年温度上升 4℃ 做好准备。这次会议中可以听到的信息还包括，4℃ 的温度升幅将会导致 85% 的亚马逊雨林的消失，并且使每年有将近 3 亿人口面临海岸洪水的威胁。这就回应了政府间气候变化专门委员会联合主席克里斯·菲尔德（Chris Field）博士于 2009 年 2 月表达过的深切关注，即如果热带雨林"干涸那么一点点，结果就会造成大范围和毁灭性的高度易燃物质。越来越明显的事实是，随着你创造了一个更温暖的世界，曾经发挥着碳汇（carbon sink）作用的许多森林地区，可能会转化为碳源"（carbon source）。其结果是导致势不可挡的全球变暖（摘录于《卫报》2009 年 2 月 16 日报告）。克里斯·菲尔德将负责监督于 2014 年发表的下一轮政府间气候变化专门委员会报告。森林的可燃性到底达到什么程度，可以从 2008～2009 年澳大利亚西南部灌木大火中得到证明。

那么，我们是大难临头了吗，或者说，人类的创造力能够设想出足够的地球工程学解决办法吗？在第 1 章中，我引用了美国航空航天局（NASA）的詹姆斯·汉森的言论，来表达了这样的观点，即我们所面临的挑战不仅仅是稳定大气层中 CO_2 的浓度，而且要大大减少这一浓度。那么，怎样才能实现这样的目标呢？

东英吉利大学的蒂姆·兰顿（Tim Lenton）教授和南·沃恩（Nem Vaughan）教授于 2009 年 1 月 28 日发表了一篇论文，文中对于多种地球工程计划的气候降温潜力（climate cooling potential）进行了比较和评估。这些讨论中的计划里，包括在海洋中释放铁粉施肥，增加富营养物质；从太空进行遮阳、同温层气凝胶喷射以及海洋管道（ocean pipes）等等。根据兰顿的观点，"目前所进行的减缓由人类引起的气候变化影响的努力，正在证明是完全无效的，我们对这一点的认识，激起了地球工程学（geo-engineering）的复苏……这篇论文首次对上述措施的气候降温潜力方面的相对优点进行了广泛评估，应当有助于为未来研究设定优先等级提供信息"（兰顿和沃恩，2009 年）。主要的科学发现如下：

- 到 2100 年，碳汇有可能将 CO_2 减少到工业革命前的水平，但是，只有同时大大减少 CO_2 排放才能实现。
- 在同温层中喷射气凝胶和在太空中进行遮阳有可能在 2050 年将气候降温，但是，这也有着巨大的风险，更不用说如何阻止这一进程，使温室气体的浓度保持在适当的水平,而避免无可阻挡的持续降温。
- 向大气层中喷射硫或者其他人造粒子,最有可能在2050年将气候扭转到工业革命前的温度标准,但是,需要持续不断地进行补充,否则,全球变暖作用又将迅速回头。
- 在海洋中加入含磷物质,可能比加入铁或者氮具有更长期的降温潜力。
- 最近一直都有一种提议,即建筑的屋顶和立面都涂刷成白色,以增加反射效果,并且补偿由于日渐缩小的冰雪区域面积而造成的影响。两位作者认为,这对于热岛效应会有一些影响,但是,对全球的效果是微乎其微的。
- 刺激生物驱动的云层反射率的增加,被认为是无效的,就像海洋管道一样。

最有希望的解救办法是:
- 大规模的重新植树造林;
- 通过燃烧生物垃圾产生木炭,在低氧水平下产生生物质焦(bio-char)。然后将之冲入油气埋藏带中,这些油气田中的大多数油气已经转化成了碳。在这一过程中,只产生非常少量的 CO_2。东英吉利大学的一台新式 CHP 机组正在利用这一技术。

在结论中,兰顿声称:"我们发现,有些地球工程学措施可以作为减缓气候变暖的有用补充,这些措施联合起来能够使气候降温,但是,仅仅依赖地球工程学,无法彻底解决气候问题"(兰顿和沃恩,2009年)。

詹姆斯·拉伍洛克对这一观点不屑一顾,即通过碳螯合就可以将 CO_2 排放稳定在一个可接受的水平,他称之为"浪费时间",尽管他的确从一个方面支持了东英吉利大学的报告:"有一种途径使得我们能够拯救自己,而那就是通过大量埋藏木炭。这可能意味着农场主必须将所有农业垃圾燃烧——这就是植物用夏季进行螯合的碳——使之成为非生物可降解的木炭[或者叫做焦炭],然后埋入土壤中。这样你就可以开始将系统中大量的碳实现真正的转移,相当快就可以将 CO_2 浓度降下来。"

从地球工程学到地缘政治学(Geopolitics)

本书写作的时期正是全球经历着一场经济衰退的时期,其突发性和规模都是未曾预料的,因此,本书在结尾部分不得不考虑气候变化政策的可能影响。我们的希望在于,在供求双方面对绿色技术进行的投资将成为经济复苏的动力。经济复苏必须应对的短期威胁,面临着取代詹姆斯·拉伍洛克所阐明的长期威胁的危险。在哥本哈根会议之外,舆论越来越认可到2100年全球平均温度将上升大约4℃。"那么",拉伍洛克在接受《卫报》新闻的一次采访中说到(拉伍洛克,2008年),"最大的挑战将是食物"。他预测,到2100年,世界人口的"大约80%"将消亡。

始发于美国的次生危机,已经教会我们稳定的状态是如何迅速崩溃成为混乱的局面的。最初纯粹是金融领域中发生的混乱,如今已经传播到生活的方方面面,这既包括发展中国家,也包括发达国家。目前的预测是,恐怕必须到21世纪30年代之后,才能回归到稳定的状态。起先,人们认为突发的经济失稳,是暂时的波动阶段;现在,人们将之看做是具有重大历史意义的现象。看上去,我们似乎不仅正依赖借钱才能生活,我们也正生活在借来的时代中。

经济滑坡已经证明全球化也有其不利的一面。没有容纳余量的空间,也就是说,没有备用容量。一旦全球社会的发展超过了某种复杂性的水平,它就越发显得脆弱。"最终,它达到一个点,在这一点上,一个微小的扰动,就会引发全盘崩溃"[巴尔-扬(Bar-Yam),2008年]。因此,华尔街的一点局部小麻烦,立刻,全世界就进入自由降落时期。

生态学家对这一问题是非常熟悉的。这就是生态系统的循环特性,系统会变得更为复杂和死板。平衡被维持在一种正常的条件范围内,但是,当出现一种灾难性事件,例如,森林火灾、干旱或者虫害,这种平衡就被颠覆了。旧的生态系统被一个新的、不那么复杂的生态系统所取代。

政府在面对国际性危机方面显然是无能为力的，其部分原因在于，全球化导致面对跨国公司时，政府权力受到侵蚀。这些企业才是真正的财富所在，因此，也是权力所在：跨国公司，如能源公司、乐购（Tesco）、微软、或者是印度的塔塔集团（Tata），以及直到最近才显山露水的对冲基金的隐秘世界。股东组建的公司需要快速资本回报，这是由季度会计和业绩评估所驱动的。政府也受到短期利益主义者的影响，其结果是，对可再生能源的投资以及根本性需求方面的措施，与社会所面临的巨大威胁而言，是微乎其微的。

在英国，这对于转向可再生能源有着影响。该国到目前为止，在这方面缺乏说服力的业绩，这是由于下述事实，即英国的发展重点在风能，在所有可再生能源技术中，风力发电由于有着财政补贴，能够相当快地收回投资，尽管其总体负载系数只有28%。需要更高资本投资，但是具有更高能源密度的技术，例如潮汐能发电技术，仍然是讨论议题，而不是行动议题。其理由是，一种有着较长的投产前研制周期，但是却拥有较长生命周期的技术，不能产生所需的快速回报。使得避免这类技术显得正当的确信途径就是，通过加诸高贴现率，使之不具备成本效益（见图16.1）。

迈克尔·格拉布（Michael Grubb）在1990年就对这一反常现象引起了关注，他指出，塞温河拦潮坝，"以2%的贴现率进行评估的话，就是合算的；以市场贴现率来计算的话，就是毫无希望的不经济的选择。"他继续说道，"显然，环境是一种有限而且不断衰退的资源……从环境的角度来说，我们的子孙后代将比我们今天更为贫穷。正因如此，我们应当至少为使受到威胁的环境资产拥有价值，而考虑一种'负贴现率'[作者加的斜体]"（格拉布，1990年）。

自从格拉布的言论发表以来，气候变化的可感知后果已经按照指数级在增长了。然

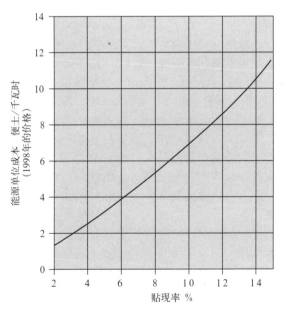

图16.1　塞温河拦潮坝的成本与贴现率
资料来源：能源部和博伊尔（Boyle）（2004年）

而，尽管政府顽固坚持依赖市场规则主宰一切的原则，但是，带有初始高投资却寿命长久的这类技术，看上去似乎没有什么机会续存下去。

全球信用危机在 2008～2009 年间达到了顶峰。其结果是，气候变化问题从优先议程中跌落下来。从长远来看，这也未必是全然的不幸。这不仅仅已经对一次意义深远的打击给予了惩罚，而且对受到来自金融危机不断发生的后效影响的企业也进行了惩罚。它瓦解了长期以来的确定性。它甚至可能破坏了这样的信念，即地球是无限慷慨给予的。也许它使政治领袖逐渐明白，生存将依赖于认同这样的观点，即必须缩减开支；可持续发展在全世界自然资源方面，与维持稳定的局面是共存的。

"信贷短缺"的一个积极后果是，制造业发展的速度放慢了，有可能导致 CO_2 排放量的暂时性减少。然而，请记住排放量与气候后果之间的时间滞后效应，可能要到 2040 年之后，这次短暂的下降才会在全世界有所体现。到那时，几乎可以肯定的是，CO_2 的浓度将大大超过 450ppm 的临界点，而平均气温上升 2℃ 将导致气候变化产生灾难性的影响。

联合国环境署前任主席格斯·斯佩思（Gus Speth）在其决定性意见中，直截了当地表明："我的结论是，我们正处在一个简直是过于强大的系统中，来制定环境政策和采取激进主义的行动。这个系统就是今天的资本主义，它致力于不惜一切代价寻求发展这种超越一切的原则，将大量权力移交给企业领域和其对市场的盲目信仰，而这个市场已经被外部效应弄得千疮百孔。"他得出结论说，错误在于"我们对于消费主义的可悲的屈从"（斯佩思，2008 年）。

这次的"信贷恐慌"又使得这一事实被掩盖，即在能源方面也正在形成危机，只是暂时由于价格下跌而未显山露水。随着对化石燃料的需求越来越超过储备水平，可再生能源将不再是一种选择，而是一种迫切的必需。这次全球性冲击应当可以说服政治家和制造商，经济的复苏应当由全面转向可再生能源来引发。这为我们展现的世界图景是一幅能够在其再生能力范围内生存的画面，也包括能源的再生。

从 2006 年发表的《斯特恩报告》中，可以得出的最重要经验是，将气候稳定下来的代价将是巨大的，但是，仍然是无所作为所付出代价的一小部分。这既适用于在泰晤士河口建设新的拦潮坝，以防御海平面上升和风暴潮，也适用于将建筑物设计成能够抵御未来气候的最恶劣影响。现在就行动起来，将预警性措施付诸实现，远比等到灾难性事件发生后再实施更具有成本效益。

也许我们可以听到来自建造行业和地产代理商的愤怒呼吁，二者都坚信短期利益主义。有趣的是，住宅建造商并没有竭力反对"可持续住宅标准"的实施。这毫无疑问是因为"标准"所要求的保温水平和热回收装置，在木框架和板式建造体系之下，可以相对便宜地实现。采用这种建造体系，构件都可以在场外工厂化制造。住宅建设已经成为一种"组件装配式"（kit-of-parts）的操作模式了。如果采用规范所要求的高热质水平，以使炎热的夏季生活尚可忍受，那么，如果这意味着采用重质建造方式的话，就会出现极为明显的反对意见了。

这不仅仅是推测，因为住宅建造商在过去曾经提出过这类反对意见。设定住宅热工标准的规范条款，大多数都在规范的 L 部分。在 20 世纪 80～90 年代，每次当 L 部分以草案形式进行评估和更新的时候，皇家建筑师学会（RIBA）都强烈建议提高热工标准，这些建议通常都被行政人员一致赞同地接受下来。结果，最有可能发生的情形是，政客们屈从于行业压力，使这些建议大大缩水。

气候科学界的元老詹姆斯·拉伍洛克相信，要阻止灾难性的后果，一切为时已晚。"全球变暖已经超过了临界点，而灾难是无可阻挡的。"他得出结论说："乘你还能够的时候，享受生活吧。因为，如果你还算幸运，那么,在灾难临头之前,还有20年的光阴"(拉伍洛克,2008年)。因此,就建成环境来说,可能的情形是,木已成舟。如果的确如此,那么,我们从现在开始所做的一切,都不能阻止气候的大量紊乱现象。权衡各种可能发生的事件和因素,我们应当采取相应的行动,设计我们的建筑和城市基础设施。

我们永远都无法知道拉伍洛克正确与否,但是,我们的子孙后代想必会知道。

缩略语表（List of Acronyms and Abbreviations）

ABC	Algae Biofuels Challenge (Carbon Trust)	硅藻生物燃料计划（碳信托有限公司）
ABI	Association of British Insurers	英国保险协会
AC	alternating current	直流电
ACH	air changes per hour	每小时换气次数
AHU	air handling unit	新风处理机组
ASHP	air source heat pump	空气源热泵
ASPO	Association for the Study of Peak Oil	石油峰值研究协会
BAS	British Antarctic Survey	英国南极调查局
BaU	Business as Usual	"照常营业"预设情景
BIPV	building integrated photovoltaics	建筑一体化光伏发电
BMS	building management system	楼宇管理系统
BRE	(trading name of) Building Research Establishment	建筑研究院（商号）
BREEAM	BRE Environmental Assessment Method	建筑研究院环境评估方法
BSF	Building Schools for the Future	"为未来建造学校"计划
CABE	Commission for Architecture and Built Environment	
CBI	Commercial Building Initiative	商业建筑创新计划
CCS	carbon capture and storage	碳捕集和封存
CDM	Clean Development Mechanism	清洁发展机制
CdTe	cadmium telluride (solar cell technology)	碲化镉（太阳能电池技术）
CEO	chief executive officer	首席执行官
CER	certified emissions reduction	经核证的减排量
CERT	Carbon Emissions Reduction Target	碳排放减量目标
CHP	combined heat and power	热电联供
CIBSE	Chartered Institution of Building Services Engineers	英国皇家屋宇装备工程师学会
CIGS	copper, indium, gallium and selenium (solar cell technology)	铜铟镓硒（太阳能电池技术）

CO₂e	CO₂ equivalent	二氧化碳当量
Comare	Committee on Medical Aspects of Radiation in the Environment	英国环境辐射医学研究委员会
COP	co-efficient of performance	性能系数
CSH	Code for Sustainable Homes	可持续住宅标准
CSHPSS	central solar heating plants for seasonal storage	跨季节蓄热式太阳能集中供热站
cSi	crystalline silicon	晶体硅
CSP	concentrated solar power	聚光型太阳能发电
CTL	coal to liquids	煤制油
DC	direct current	直流电
DCLG	Department for Communities and Local Government	社区和地方政府部
DCSF	Department for Children Schools and Families	儿童、学校和家庭部
DECC	Department of Energy and Climate Change	能源和气候变化部
Defra	Department for Environment, Food and Rural Affairs	环境、食品和乡村事务部
DoE	Department of Energy (US)	能源部（美国）
DSY	Design Summer Year	设计夏季年
DfT	Department for Transport	交通部
EESoP	Energy Efficiency Standards of Performance	能效性能标准
ENSO	El Niño Southern Oscillation	厄尔尼诺现象
EPC	Energy Performance Certificate	能源效率证书
EPR	Evolutionary Power Reactor	渐进型动力堆
EPSRC	Engineering and Physical Sciences Research Council	英国工程和自然科学研究委员会
E-REV	extended range electric vehicle	长程电动车
ESCO	energy service company	能源服务公司
EST	Energy Saving Trust	英国节能基金会
ETS	Emissions Trading Scheme (Europe)	排放交易计划（欧洲）
EU	European Union	欧盟
FIT	feed-in tariff	上网回购电价
GDP	gross domestic product	国内生产总值

GIS	Greenland ice sheet	格陵兰大冰原
GM	General Motors	通用汽车公司
GNEP	Global Nuclear Energy Partnership	全球核能合作伙伴计划
GSHP	ground source heat pump	地源热泵
Gtoe	gigatonne of oil equivalent	吉吨油当量
HES	high emissions scenario	高排放预设情景
HHP	Hockerton Housing Project (Nottinghamshire)	霍克顿住宅项目（诺丁汉郡）
HiPER	High Power Laser Energy Research	大功率激光能源研究
HTT	hard to treat	顽疾（住宅）
HVDC	high voltage direct current	高压直流电
ICE	internal combustion engine	内燃机
IEA	International Energy Agency	国际能源署
IGCC	integrated gasification combined cycle	整体煤气化联合循环发电系统
IHT	interseasonal heat transfer	跨季节热传输
IIIG+	third generation	第三代核电站
IPCC	Intergovernmental Panel on Climate Change	政府间气候变化专门委员会
ISE	Institute for Solar Energy Systems (Fraunhofer, Germany)	太阳能系统研究所（德国弗劳恩霍费尔）
IT	information technology	信息技术
LA	local authority	地方当局
LZC	low to zero carbon	低至零碳
MOD	Ministry of Defence	国防部
mpg	miles per gallon	每加仑汽油可行驶英里数
Mtoe	million tonnes of oil equivalent	百万吨油当量
NAS	National Academy of Science (US)	国家科学院（美国）
NGO	non-governmental organization	非政府组织
NHS	National Health Service	英国国民医疗保健制度
NIA	Nuclear Industry Association	核能工业协会
NREL	National Renewable Energy Laboratory (US)	国家可再生能源实验室（美国）
OECD	Organization for Economic Co-operation and Development	经济合作与发展组织
OPEC	Organization of Oil Exporting Countries	石油输出国组织
OTEC	ocean thermal energy conversion	海洋温差发电

PCMs	phase change materials	相变材料
PEM	Proton Exchange Membrane (or Polymer Electrolyte Membrane)	质子交换膜（或者聚合物电解质膜）
PG&EC	Pacific Gas and Electric Company (US)	太平洋瓦斯与电力公司(美国)
PIV	Pujiang Intelligence Valley	浦江智谷
POE	post occupancy evaluation	建筑使用后评估
ppm	parts per million	百万分之浓度
ppmv	parts per million by volume	百万分之体积浓度
PPS	Planning Policy Statement	《规划政策声明》
PRT	personal rapid transit	快速客运
PV	photovoltaic (cell)	光伏（电池）
PVT	PV/thermal	光伏／光热系统
PWR	pressurized water reactor	压力水反应堆
RIBA	Royal Institute of British Architects	英国皇家建筑师学会
RSPB	Royal Society for the Protection of Birds (UK)	皇家保护鸟类协会（英国）
SAP	Standard Assessment Procedure	标准评估程序
SIPS	structural insulated panels	结构保温板
SME	small to medium-sized enterprises	中小型企业
SMR	small to medium sized reactor	中小型反应堆
SOFC	solid oxide fuel cell	固态氧化物燃料电池
SRES	Special Report on Emissions Scenarios (IPCC)	《排放预测特别报告》(IPCC)
SSTAR	small, sealed transportable, autonomous reactor	小型、密封、可运输式自主反应堆
TCPA	Town and Country Planning Association	城乡规划协会
TIM	transparent insulation material	透明保温材料
TREC	Trans-Mediterranean Renewable Energy Cooperation	环地中海可再生能源合作组织
UEA	University of East Anglia	东英吉利亚大学
UGC	underground gasification of coal	煤炭地下气化
UHI	urban heat island	城市热岛效应
UKCIP	UK Climate Impacts Programme	英国气候影响计划
UK-GBC	United Kingdom Green Building Council	英国绿色建筑协会
VHC	volumetric heat capacity	体积热容量
VIVACE	vortex induced vibrations for aquatic clean energy	涡流振动水生洁净能源

VLS-PV	very large-scale photovoltaic systems	超大规模光伏系统
VOC	volatile organic compound	挥发性有机化合物
WAM	West African monsoon	西非季风
WEC	World Energy Council	世界能源委员会
WWF	World Wide Fund for Nature	世界自然基金会
ZEH	'zero-energy' homes	"零能耗"住宅

参考文献

Adam, D. (2009) 'Stern attacks politicians over climate devastation', *Guardian* (Friday 13 March 2009)

Katherine Ainger (2008) 'The tactics of these rogue elements must not succeed', *Guardian*, 28 August, p34

Anderson, K. and Bows, A. (2008) 'Reframing the climate change challenge in light of post-2000 emission trends', *Philosophical Transactions A*, Royal Society, 366, pp3863–3882

Association of British Insurers (ABI) (2003) Report, ABI, London

Atelier Ten 'Put to the test: heavyweight vs lightweight construction', *Ecotech* 17, a supplement to *Architecture Today*, p14

Bar-Yam (2008) 'Are we doomed?', *New Scientist*, 5 April, pp33–36

Block, Ben (2008) 'Office-related carbon emissions surge', Worldwatch Institute, 31 October

Boulder Convention and Visitors Bureau 'Leading the way in Green – from science to sustainability', Boulder, CO, online at www.boulder coloradousa.com/docs/Leading%20the%20Way%20in%20Green%20Guide.pdf

Boardman, B. (2005) *40% House*, Environmental Change Institute, Oxford, pp100–101

Boyle, Godfrey (ed.) (2004) *Renewable Energy*, Oxford University Press, Oxford

Brooks, Michael (2009) 'Gone in 90 seconds', *New Scientist*, 21 March

Buchanan, Peter (2006) 'A hybrid of buildings and upturned boat, the wind turbines and cowls have a nautical feel', *Architect's Journal*, 14 December

Callcutt Review (2007) *An Overview of the Housebuilding Industry*, Communities and Local Government Publications, Wetherby, p88

Chapman, J. and Gross. R. (2001) *Technical and economic potential of renewable energy generating technologies: potentials and cost reductions to 2020*, Performance and Innovation Unit report for the Energy Review, The Strategy Office, Crown Copyright

Coleman, Vernon (2007) *Oil Apocalypse*, Publishing House, Barnstaple, UK

Daviss, Bennett (2008) 'Our solar future', *New Scientist*, 8 December, p37

DCLG (2008) 'Definition of Zero Carbon Homes and Non-domestic Buildings', December, DCLG, London, p10

DCLG (2009) Policy Planning Statement: Ecotowns, Introduction, DCLG, London

DCSF (2008) 'The Use of Renewable Energy in School Buildings', report by Department for Children, Schools and Families, London

DECC (2008a) 'Renewable Energy Strategy Consultation', Department of Energy and Climate Change, London, June

DECC (2008b) *Severn Estuary Tidal Power Feasibility Study*, Department of Energy and Climate Change, London, December

Department for Environment, Food and Rural Affairs (Defra) (2008a) *Adapting to Climate Change in England: A Framework for Action*, Defra, London

Department for Environment, Food and Rural Affairs (Defra) (2008b) *A Study of Hard to Treat Homes using the English House Condition Survey*, Defra, London

DTI (2004) *Foresight Future Flooding Report*, Department of Trade and Industry, London

Department for Transport (2008) *The Future of Transport: A Network for 2030*, Department of Transport, London

Energy Saving Trust (2006) *England House Condition Survey*, Energy Saving Trust, London

Fordham, Max (2007) *Feilden Clegg Bradley: The environment handbook*, Right Angle Publishing, Melbourne

Green Alliance (2009) 'Climate change: the risks we can't afford to take Part 2, The danger of delaying public investment', report, Green Alliance, March

Groundsure (2008) 'Groundsure Flood Forecast', *Sustain*, vol 9, issue 2, p14

Grubb, Michael (1990) *Energy Policies and the Greenhouse Effect*, vol 1, Dartmouth, RIIA

Gwilliam, J. et al (2006) 'Assessing Risk from Climate Hazards in Urban Areas', *Municipal Engineer*, vol 159, no 4, pp245–255; www.k4cc.org/bkcc/asccue

Hadley Centre (2005) 'Climate Change and the Greenhouse Effect – a briefing from the Hadley Centre', Met Office, p50

Hansen, James, Makiko Sato, Pushker Kharecha, David Beerling, Valerie Masson-Delmotte, Mark Pagani, Maureen Raymo, Dana L. Royer, James C. Zachos (2007) 'Target atmospheric CO_2: where should Humanity aim?', University of East Anglia researchpages.net.

Hansen, James (2009) 'Coal fired power stations are death factories. Close them', *Observer*, 15 February

Helm, D. (2007) report on 'Britain's hidden CO_2 emissions', Oxford University, December

House of Commons Environmental Audit Committee (2006) *Reducing Carbon Emissions from Transport*, The Stationery Office, London

Hurst, W. (2007) 'Design fault threatened exemplar eco-town', *Building Design*, 15 June

Intergovernmental Panel on Climate Change (IPCC) (2000) *First Assessment Report*, IPCC, Geneva

Intergovernmental Panel on Climate Change (IPCC) (2007) *Fourth Assessment Report*, IPCC, Geneva

International Rivers (2007) 'Failed Mechanism: Hundreds of Hydros Expose Serious Flaws in the CDM', report, Berkeley, CA, December, online at www.internationalrivers.org/node/2326

Jenkins, Simon (2008) 'Eco-towns are the greatest try-on in the history of property speculation', *Guardian*, 4 April

Kendall, Gary (2008) 'Plugged-in, the end of the oil age', WWF, Gland

Latham, Ian and Swenarton, Mark (eds) (2007) *Feilden Clegg Bradley: The environment handbook*, Right Angle Publishing, Melbourne

Lee, K. (2009) reported in 'Sea absorbing less CO_2 scientists discover', *Guardian*, 12 January

Lenton, T., Loutre, M.F., Williamson, M., Warren, R., Goodess, C., Swann, M., Cameron, D., Hankin, R., Marsh, R., Shepherd, J. (2006) 'Climate change on the millennial timescale', Tyndall Centre Technical Report 41

Lenton, Timothy M. (2007) *Tipping Points in the Earth System*, University of East Anglia, Norwich, Earth System Modelling Group

Lenton, Tim and Vaughan, Nem (2009) 'Geoengineering could complement mitigation to cool the climate', *Atmospheric Chemistry and Physics Discussions*, 28 January

Lohmann, Larry (ed.) (2006a) 'Carbon Trading: A Critical Conversation on Climate Change, Privatisation and Power', online at www.carbontradewatch.org/index.php?option=com_content&task=view&id=137&Itemid=169

Lohmann, Larry (2006b) 'Carry on Polluting', *New Scientist*, 2 December

Lovelock, James (2008) 'Enjoy life while you can', *Guardian*, interview with Decca Aitkenhead, 1 March

Lovelock, James (2009) 'We're doomed, but it's not all bad', *New Scientist*, interview with Gaia Vince, 24 January

Lynas, M. (2008) 'Climate chaos is inevitable. We can only avert oblivion', *Guardian*, 12 June, based on his book *Six degrees: our future on a hotter planet*, Fourth Estate, London

Mackay, David J. C. (2008) '*Sustainable Energy – without the hot air*', published as a free web book, June, p40

Malone, D. and Tanner, M. (directors) (2008) 'High Anxieties: the Mathematics of Chaos', BBC 4, 14 October

Manyika, James M., Roberts, Roger P. and Sprague, Kara L. (2008) 'Eight business technology trends to watch', *McKinsey Quarterly*, McKinsey & Company, London

Mitchell, John (2008) *New Scientist*, 8 September, p26

Observer (2008a) 'Is this the greenest city in the world?', *Observer Magazine*, 23 March

Observer (2008b) 'So, just how green will the eco-towns be?', *Observer*, 13 July

Olcayto, R. (2007) 'Eco-homes fail final build test', *Building Design*, 9 November

Parliamentary Business and Enterprise Committee (2008) 'Energy policy: future challenges', reported in the *Guardian*, 12 December

Parry, Martin, Palutikof, Jean, Hanson, Clair and Lowe, Jason (2008) 'Squaring up to reality', *Nature Reports – climate change*, pp68–71 (29 May), online at www.nature.com/climate/2008/0806/full/climate.2008.50.html (last accessed 7 August 2009)

Patt, A. (2009) Copenhagen climate change conference, March

Pearce, F. (2008) 'Carbon trading: dirty, sexy money', *New Scientist*, 19 April, p38

Pielke, R., Wigley, T. and Green, C. (2008) 'Dangerous assumptions', *Nature*, 452, pp531–532

Pieper, E. (director) (2008) 'The Jet Stream and Us', BBC 4, 20 February

Pitt, Michael (2008) *Flooding Review – the Pitt Review*, available at The Stationery Office and http://archive.cabinetoffice.gov.uk/pittreview/_/media/assets/www.cabinetoffice.gov.uk/flooding_review/pitt_review_full%20pdf.pdf (last accessed 6 August 2009)

Pope, Vicky et al (2008) 'Met Office's bleak forecast on climate change', *Guardian*, 1 October

Power, Anne and Houghton, John (2007) 'Sprawl plugs', *Guardian*, 14 March

RIBA in association with the University of Westminster (2007) 'Fabric energy storage for low energy cooling of buildings', *RIBA Journal*, February, pp81–84

Rogers, David, (2007) Statement before the Sub-Committee on Energy and Air Quality, Committee on Energy and Commerce, US House of Representatives, May

Royal Commission on Environmental Pollution (2000) *Energy, the Changing Climate*, 22nd report, The Stationery Office, London

Scheer, Hermann (2002) *The Solar Economy*, Earthscan, London

Scheer, Hermann (2008) 'Bring on the solar revolution' in an interview with F. Pearce, *New Scientist*, 24 May, p44

Schmidt, Gavin (2008) *New Scientist*, 6 September, p12

Sharman, Hugh (2005) 'Why UK wind power should not exceed 10GW', *Civil Engineering*, vol 158, Paper 14193, November, pp161–169

Sharples, S., Smith, P.F. and Goodacre, C. (2001) 'Measures to improve the energy efficiency of the housing stock in England and Wales by 2010', School of Architecture, Sheffield

Shaw, Robert (2007) *Adapting to the Inevitability of the 40 degree C city*, London, Town and Country Planning Association

Shaw, Robert, Colley, Michelle and Connell, Richenda (2007) *Climate Change Adaptation by Design: A Guide for Sustainable Communities*, TCPA, London, p18

Smith, Peter F. (1983) 'Saved in the nick of time', *New Scientist*, 24 November

Smith, Peter F. (1998) 'A Programme for the Thermal Upgrading of the Housing Stock in England and Wales to SAP 65 by 2010', in *Renewable Energy 15*, Pergamon, Kidlington, UK, pp451–456

Smith, Peter F. (2001) 'Existing housing: the scope for a remedy', lecture delivered at Royal Institute of Public Health, 26 October

Smith, Peter F. (2004) 'Eco-refurbishment – a guide to saving and producing energy in the home', Architectural Press, London

Smith, Peter F. (2005) *Architecture in a Climate of Change*, 2nd edn, Architectural Press, London

Smith, Peter F. (2007) *Sustainability at the Cutting Edge*, 2nd edn, Architectural Press, Oxford

Speth, Gus (2008) 'Swimming upstream', *New Scientist*, 18 October, pp48–49

Sterl, A., Severijns, C., Dijkstra, H., Hazeleger, W., Jan van Oldenborgh, G., van den Broeke, M., Burgers, G., van den Hurk, B., Jan van Leeuwen, P. and van Velthoven P. (2008) 'When can we expect extremely high surface temperatures?', *Geophysical Research Letters*, vol 35, pL14703

Stern, N. (2006) *The Economics of Climate Change*, HM Treasury and Cabinet Office, Cambridge University Press, Cambridge, UK

Stern, Nicholas (2009) reported in 'Top economist calls for green revolution', *New Scientist*, 21 January, p26

Strahan, David (2008) 'Whatever happened to the hydrogen economy?', *New Scientist*, 29 November, pp40–43

Sustainable Development Commission (2007) *Sustainable Development in Government*, report by the Sustainable Development Commission, Stationery Office, London

TCPA (2007) 'Climate change adaptation by design', Town and Country Planning Association report, London, p2

Thiesen, Peter (2008) *New Scientist* 29 November, p41

Oliver Tickell (2008) *Kyoto2: how to manage the global greenhouse*, Zed Books, London

UK Climate Impacts Programme (UKCIP) (2005) *Beating the Heat: Keeping UK Buildings Cool in a Warming Climate*, UKCIP Briefing Report 2005, UKCIP, Oxford

UK Climate Impacts Programme (UKCIP) (2008) *Building Knowledge for a Changing Climate*, Swindon, Engineering and Physical Science Research Council (EPSRC)

UK-GBC (2008) 'Low Carbon Existing Homes', *Carbon Reduction in Existing Homes project*, UK Green Buildings Council, October

Vince, Gaia (2009) 'Surviving a warmer world', *New Scientist*, 28 February

von Hippel, Frank N. (2008) 'Rethinking nuclear fuel recycling', *Scientific American*, May

Walker, G.S. (ed.) (2008) *Solid State Hydrogen Storage: Materials and Chemistry*, Woodhead Publishing, Cambridge, UK

David Wasdell (2006) 'Climate feedback dynamics: a complex system model', Meridian Programme

Watson, R. (2008) reported in 'Climate change: prepare for global temperature rise of 4C', *Guardian*, 7 August

Welch, D. (2007) 'Enron environmentalism or bridge to the low carbon economy?', *Ethical Consumer*, June, online at www.ethicalconsumer.org/Free Buyers Guides/miscellaneous/carbonoffsetting.aspx

Wheeler, D. and Ummel, K. (2008) 'Desert Power: The economics of solar thermal electricity for Europe, North Africa and the Middle East', Working Paper, Centre for Global Development, Washington DC

Worldwatch Institute (2009), 'State of the World 2009, The Worldwatch Institute at www.worldwatch.org

WWF (2006) *Stormy Europe: The Power Sector and Extreme Weather*, World Wildlife Fund for Nature, Gland, Switzerland

英汉专业词汇对照

abatement rates	减排率，122-123
ABI (Association of British Insurers)	英国保险协会，10
AC/DC appliances	交流／直流电双模式家用电器，48
Adam, D.	D·亚当，166
adaptation to climate change	适应气候改变，8-9
Adapting to Climate Change in England (2008, Defra)	《适应英格兰的气候变化》(2008年，环境、食品和乡村事务部)
additionality	额外性，23-25
aesthetic quality	审美品质，93、103、108、117
affordability	可负担性，37、40、73
Africa	非洲，7、9、18、24、119、121
drought in	的干旱，14
solar power in	的太阳能，146-147
agriculture	农业
and flooding	和洪水，15-16
urban	城市的，72
AHU (air handling unit)	新风处理机组，96、103、106、108
Ainger, Katherine	凯瑟琳·安杰，25
air conditioning systems	空调系统，44、50-51、103
aircraft industry	航空业，23、26、122、164
air handling unit *see* AHU	新风处理机组，参见AHU
air tightness	气密性，18、34、36、39、45、50、74、89、94、107
algae oil	藻类油料，158
ammonia	氨，157
Anderson, Kevin	凯文·安德森，5-6
Anderson, Stuart H.	斯图亚特·H·安德森，150
Antarctica	南极洲，3、7、16、19
apartment blocks	公寓楼，64、91-92
appliances	电器，48、138、140
aquifer heat storage	蓄水层蓄热，61
Archimedes screw	阿基米德螺旋泵，69-70
Arctic ice	北极冰层，2-4、9、20
ASCCUE project	"城市环境气候变化的适应策略"项目，77
ASHPs (air source heat pump)	空气源热泵，69

Asia	亚洲，7、18、119、121
Association of British Insurers (ABI)	英国保险协会，10
Atelier Ten	第十工作室，45、74
Atkins	阿特金斯工程与设计顾问公司，21、27
Atlantic Ocean	大西洋，11、13
Attrill, Philip G.	菲利普·G·阿特里尔，125
Aurora Borealis	北极光，130–131
Australia	澳大利亚，7、9、18、56、147、166
Austria	奥地利，71
Autonomous House (UK)	能源自治试验住宅（英国），27–30
awareness programme	提升意识的计划，13
BAS (British Antarctic Survey)	英国南极调查局（BAS），3
BASF Passivhaus (Nottingham, UK)	巴斯夫被动式住宅（英国诺丁汉），38–39
batteries	蓄电池，142–144、158、160–163
advances in	的新发展，162–163
BaU (Business as Usual)	"照常营业"预设情景（BaU），10、13、20、42、119
BedZed development (London, UK)	贝丁顿零能耗住宅开发项目（英国伦敦），33、36、45
Beijing see Centre for Efficiency in Building	北京，参见建筑节能研究中心
Benn, Hilary	希拉里·本，1
Betts, Richard	理查德·贝茨，9
bioclimatic architecture	生物气候学建筑，98
biodiesel	生物柴油，71、136、165
biodiversity	生物多样化，73、108、114
biofuels	生物燃料，24、70、137、158
biomass energy	生物质能源，53、71、89、137
hydrogen from	制取的氢，154
Bioregional	生态区域发展集团，74、82
BMSs (building management systems)	楼宇管理系统（BMS），99、103、108
BMW	宝马汽车公司，155、158、162
Boardman, B.	B·博德曼，88
Boscastle (UK)	博斯卡斯尔（英国），10、14
Boulder (Colorado, US)	博尔德（美国科罗拉多州），140
Bows, Alice	艾丽斯·鲍斯，5–6
BRE (Building Research Establishment) exhibition (2007)	建筑研究院（BRE）展览（2007年），36–38、44
BREEAM (BRE Environmental Assessment Method)	建筑研究院环境评估方法（BREEAM），33、47、95
Schools	学校环境评估方法，111–113

Britain 英国
- carbon reduction targets 碳减排目标，60、122、124、141、153
- Climate Change Bill "气候变化议案"，122
- conventional energy sector in 的常规能源领域，120–122
- Crown Estate of 的皇家资产管理局，93
- eco-towns in 的生态城镇，72–77、82
- energy gap in 的能源缺口，53
- national grid in 的国家电网，53–54
- tidal impoundment in 的潮汐蓄水发电，150–151
- tidal power in 的潮汐能，148–152
- wind power in 的风能，64–65、140–143、168
- zero carbon homes in 的零碳住宅，33–40

British Antarctic Survey (BAS) 英国南极调查局·(BAS)，3
Buchanan, Peter 彼得·布坎南，109
building design 建筑物设计，18、20–21
building management systems see BMSs 楼宇管理系统，参见 BMS
building regulations 建筑规范，74、87、169
- and non-domestic buildings 和非居住建筑，95、111、117
- and rising temperatures 和不断升高的气温，18、20
- roofs 屋顶，43、44

Burke, Tom 汤姆·伯克，24、124–125
Business as Usual see BaU "照常营业"预设情景，参见 BaU

calcium silicate blocks 硅酸钙砌块，31–32
Camden (London, UK) 卡姆登区（英国伦敦），91
Canada 加拿大，7、137、148
canals 运河，163–164
carbon budgets 碳预算方案，25–26
carbon capture and storage see CCS 碳捕集和封存，参见 CCS
carbon emissions reduction target see CERT 碳排放减量目标，参见 CERT
carbon footprint 碳足迹，73–75、93
carbon neutrality 碳中性，41
carbon storage 碳封存，133–134
carbon tax 碳税，26
carbon trading 碳汇交易，22–26
- additionality and 额外性和，23–25
- and buildings 和建筑物，25–26
- criticisms of 的批评，23–25，106
- future of 的未来，25
- offset income in 中的补偿收入，23
- and transport 和交通运输，26

cars	小汽车，157–163
batteries for *see* batteries	的蓄电池，参见蓄电池
CO_2 emissions by	排放的 CO_2，158
hybrid	混合燃料，158
hydrogen-powered	以氢燃料为动力，155
ownership	所有权，31、72、74、82
car-sharing	车辆共享，74
cavity wall insulation	中空墙体保温，83、86
CBI (Commercial Buildings Initiative, US)	商业建筑创新计划（CBI）（美国），93
CCS (carbon capture and storage)	碳捕集和封存（CCS），53、122、132–134、136
critics of	的批评家，134
retrofitting	改造，134
types of	的种类，132–133
CDM (Clean Development Mechanism)	清洁发展机制（CDM），22–24
Central America	中美洲，9、18
central heating	中央采暖，86
central solar heating plants for seasonal storage (CSHPSS)	跨季节蓄热式太阳能集中供热站（CSHPSS），61–62
Centre for Efficiency in Building (Beijing, China)	建筑节能中心（中国北京），99–104
BMS in	的楼宇管理系统，103
CHP system in	的热电联供系统，102
insulation in	的保温，101
PV system in	的 PV 系统，102–103
roof	屋顶，101
ventilation in	的通风系统，101–103
Centrica	森特理克集团，133–134
CER (certified emissions reduction)	经核证的减排量（CER），22–24
CERT (Carbon Emissions Reduction Target)	碳排放减量目标（CERT），86–88
Chester (UK)	切斯特（英国），79
China	中国，6–8、10、82
and carbon trading	和碳汇交易，22–23
coal consumption by	消耗的煤炭，2、122、132
electricity grid in	的电网，131
fossil fuel demand in	的化石燃料需求，2、22–23、93、118–119、121–122
nuclear power in	的核电，124
office building case studies in	的办公建筑案例研究，99–103
renewable energy in	的可再生能源，23–24
CHP (combined heat and power) plants	热电联供（CHP）机组，33、51、53、69、

		94
for offices	用于办公楼，102–103	
Churchill Hospital (Oxford, UK)	丘吉尔医院（英国牛津），109–111	
GSHP in	的地源热泵（GSHP），69、109、111	
cities	城市，75、79–82	
Clarke, Keith	基思·克拉克，21、27	
Clean Development Mechanism *see* CDM	清洁发展机制，参见 CDM	
clean energy levy	清洁能源税，106–107	
climate change *see* global warming	气候变化，参见全球变暖	
climate modelling	气候建模，14、50	
climate-proof buildings	抵御气候变化的建筑，21、27–40、42–52	
design determinants for	的设计决定因素，42–44	
CO_2 level	CO_2 的浓度水平，4–6、13、20–21	
fossil fuels and	化石燃料和，122、132–133	
see also carbon trading	也参见碳汇交易	
coal	煤炭，132–136	
and carbon capture and storage *see* CCS	和碳捕集和封存，参见 CCS	
and CO_2 emissions	和 CO_2 排放，132、134–135	
gas *see* syngas	天然气，参见合成气	
liquefaction of *see* CTL	的液化，参见煤制油（CTL）	
peak	峰值，132	
power plants	发电站，2、4、22、93、122、136	
reserves	储量，121、132–133	
coastal erosion	海岸侵蚀，14、16、19	
Code for Sustainable Homes *see* CSH	可持续住宅标准，参见 CSH	
co-generation plants	联合发电站，72	
combined heat and power plants *see* CHP	热电联供能源站，参见 CHP	
community buildings	社区建筑，109	
sustainable design indicators for	的可持续设计指征，116–117	
see also hospitals; schools	也参见医院；中小学校	
community participation	社区参与，69、71–72、153	
concentrated solar power *see* CSP	聚光型太阳能发电，参见 CSP	
construction materials	建造材料，29、31–32、43、72、74	
local/sustainable	当地的/可持续的，109、117	
recycled	回收利用的，96、98、108	
cookers/cooking	炉灶/烹饪，37、71、76、91、155	
Cool Earth Solar	冷却地球太阳能公司，147–148	
cooling systems	冷却系统，44–45、50–52、96、107、113、117、138	
neighbourhood scale	邻里规模，77–78、80	
COP (co-efficient of performance)	性能系数（COP），68、105–106	

Copenhagen conference (2009)	哥本哈根会议（2009 年），166–167
coronal mass ejection	日冕物质抛射，131
Cox, Peter	彼得·考克斯，8
Crown Estate	皇家资产管理局，93、141
CSH (Code for Sustainable Homes, UK)	可持续住宅标准（CSH）（英国），33–36、38–40、42、51、53
and eco-towns	和生态城镇，74
levels/categories of	的水平／类别，33–36
CSHPSS (central solar heating plants for seasonal storage)	跨季节蓄热式太阳能集中供热站（CSHPSS），61–62
cSi (crystalline silicon) cells	晶体硅（cSi）太阳能电池，54–55
CSP (concentrated solar power)	聚光型太阳能发电（CSP），144–146
and energy storage	和能源储存，145
horizontal	水平型，146
CTL (coal to liquid) technology	煤制油（CTL）技术，134–135
dams	大坝，13–14、23–24
Denmark	丹麦，61、138–140
Desertification	沙漠化，7–8
desiccant dehumidification	干燥除湿，50–52
developing countries	发展中国家
CO_2 emissions of	的 CO_2 排放，21、118
nuclear power in	的核电，127–128
solar power in	的太阳能，146–147
disabled access	残疾人无障碍出入口，47
DoE (Dept. of Energy, UK)	能源部（DoE）（美国），93–94
doors	门，44、47、49–50
drainage	排水系统，46
draught exclusion *see* air tightness	消除气流，参见气密性
drought	干旱，10、14、19、42、105
Dunster, Bill	比尔·邓斯特，33–34、109
EarthEnergy	地能公司，68、111
eco-cities	生态城市，79–82
economic crisis	经济危机，167–169
economic growth	经济增长，118、130
eco-renovation *see* renovation/upgrading	生态改造，参见改造／更新
Ecostar Scoping Model	生态之星评估模型，150
eco-towns	生态城镇，44、71–82
aims of	的目标，72、76
British	英国的，72–77、82

carbon footprint in	的碳足迹，73-75
criticisms of	的批评，74-76
government requirements for	的政府要求，73-74
solar power in	的太阳能利用，72
education *see* schools	教育，参见中小学校
EESoP (Energy Efficiency Standards of Performance)	能效性能标准（EESoP），87
EEStors battery system	EEStors 蓄电池系统，162-163
electricity grid	电网，53
exports to	输出到，29、31、55
smart	智能的，140
space/weather threats to	的空间／气象威胁，130-131
super	超级的，146
electricity storage	蓄电，140-143、145
flow battery technology	液流电池技术，143
electrolysers	电解器，142-143、154-156
Elkins, Paul	保罗·埃尔金斯，87-88
El Niño	厄尔尼诺现象，11
Emissions Trading Scheme *see* ETS	排放交易计划，参见 ETS
employment	就业，73、88
energy bridge	发电桥，148-149
energy demand, global	能源需求，全球的，137-139
energy efficiency	能效，5、49、53-54
and aesthetic quality	和审美品质，93
Energy Homes Project (Nottingham, UK)	能源住宅项目（英国诺丁汉大学），38-40
Energy Independence and Security Act (UK, 2007)	能源独立与安全法案（英国，2007年），93-94
Environment Agency	环境署，13
environmental determinism	环境决定论，111
EPCs (Energy Performance Certificate)	能源效率证书（EPC），84-85、87、89、93
EPR (Evolutionary Power Reactor)	渐进型动力堆（EPR），126-127
EPSRC (Engineering and Physical Sciences Research Council)	英国工程和自然科学研究委员会（EPSRC），86-88
ESCOs (energy service companies)	能源服务公司（ESCO），85-86
EST (Energy Saving Trust)	英国节能基金会（EST），54、83、85、153
ETS (Emissions Trading Scheme, EU)	排放交易计划（ETS）（欧盟），22、24-25、106
Europe	欧洲，18、46、69
heatwaves in	的热浪，17
solar radiation in	的太阳辐射，54、59

solar thermal power in	的太阳热能发电，61、146
storms in	的暴风雨，11–13
storm surge risk in	的风暴潮风险，17
wind power in	的风能，140
European Union (EU)	欧盟（EU），6、20
CO₂ emissions in	的 CO_2 排放，93
Energy Performance in Buildings Directive	建筑能效指令，85
ETS	排放交易计划（ETS），22、24–25
renewable energy target	可再生能源目标，60
extinctions	物种灭绝，41–42
Faber Maunsell	费伯·蒙塞尔机电工程师事务所，94
feedback systems	反馈系统，7、20
Field, Chris	克里斯·菲尔德，2、166
Finland	芬兰，126–127
Fischer–Tropsch process	费–托煤液化法，134–135
FITs (feed-in tariff)	上网回购电价（FIT），24、55、72、125、144、147
floating homes	漂浮住宅，48
flooding	洪水，1、9、41–42
in Britain	英国的，10、13–16、19、48
and building design	和建筑物设计，40、46–48、96、99、103–105、117
costs of	的代价，14–15、46
Foresight Future Flooding Report (2004)	《未来洪水的预测报告》（2004年），14–15
and insurance	和保险，10、15
Pit Review on	的《皮特回顾报告》，13
flood plains	洪泛平原，13、19、43、45–46
flood protection	防洪，46–50、96、99、103–105、117
incentives	激励机制，46
floors	楼地板，34、36–40、43、49
heating/cooling systems in	的采暖/制冷系统，103、109、114–116
insulating	保温，89、91
ventilation in	的通风，96、99–101、103、108
flow battery technology	液流电池技术，143、145
food production	粮食生产，42
Fordham, Max	马克斯·福德姆机电工程师事务所，98
Foresight Future Flooding Report (2004)	《未来洪水的预测报告》（2004年），14–15
fossil fuels	化石燃料，31、118–122、137

carbon emissions from	排放的碳，6
peak oil	石油峰值，118、120–122
reserves	储量，42、118、121–122、134
Tyndall remedy for	的廷德尔中心拯救办法，122
see also coal	也参见煤炭
France	法国，12–13、43
Fraunhofer Institute	弗劳恩霍费尔研究所，31、57、71、155
Freiburg (Germany)	弗赖堡（德国），31–33、71–72
fridge-freezers	带有冷藏冷冻的双门冰箱，23、91
Friedrichshafen (Germany)	腓特烈斯港（德国），61–63
fuel cells *see* hydrogen fuel cells	燃料电池，参见氢燃料电池
fuel poverty	能源贫困，68．86、88、89
G8 countries	G8峰会成员国，5、60
Galveston (Texas, US)	加尔维斯顿（美国得克萨斯州），11
gasification plants	汽化站，71
General Motors (GM)	通用汽车公司（GM），161–162
geo-engineering solutions	地球工程学解决办法，166–170
geomagnetic storms	地磁暴，131
geo-politics	地缘政治学，167–170
geothermal power	地热能发电，137
see also GSHPs	也参见地源热泵（GSHP）
Germany	德国，31–35、55、61–62、69、133、140
energy standard in	的能源标准，72
FIT in	的上网回购电价（FIT），147、153
Renewable Energy Law in	的《可持续能源法》，72
see also Passivhaus	也参见"被动式住宅"标准
Gibb, Fergus G.F.	弗格斯·G·F·吉布，125
Gillott, Mark	马克·吉洛特，39–40
GIS (Greenland ice sheet)	格陵兰大冰原（GIS），2、4、7
Glancey, Jonathan	乔纳森·格兰西，7、109
global energy intensity	全球能源密度，5
globalization	全球化，167–169
global warming	全球变暖，1–21
4° scenario	升温4℃的预设情景，6–9、42、166
four scenarios of	的四种预设情景，41–42
future impacts of	的未来影响，10–21
geo-engineering solutions for	的地球工程学解决办法，166–170
and geo-politics	和地缘政治学，167–170
and global heating	和地球升温，6
and heatwaves	和热浪，17–19

impacts in UK of	对英国的影响，17–19
and peak/average temperatures	和温度峰值／平均值，18–19
underestimates of	的低估，2
Gloucestershire (UK)	格洛斯特郡（英国），10、13、48
GM Volt	通用汽车公司的 Volt 概念车，160
Gobi Desert	戈壁滩，147
Gorlov, Alexander	亚历山大·戈尔洛夫，149
Gorlov helical rotor	戈尔洛夫螺旋状转子，149–150
Gratzel PV cells	格雷策尔光伏电池，56
gravel/water heat storage	砾石／水蓄热，61
Green, C	C·格林，5
greenhouse gases	温室气体，4–5、23
Greenland	格陵兰岛，7、19
green space	绿色空间，73、77、79
Greenspan, Alan	艾伦·格林斯潘，118、121
grey water	灰水，30、39、74、117
Groundsure Flood Forecast	"格朗德舒尔洪水预测"，14
Grubb, Michael	迈克尔·格拉布，168
GSHPs (ground source heat pump)	地源热泵（GSHP），33、38、40、50、68–69、137
in non-domestic buildings	运用在非居住建筑中，69、103、107–109、111、116–117
Gussing (Austria)	居辛镇（奥地利），71
Hammarby Sjostad (Sweden)	哈马尔比·舍斯塔德（瑞典），72、74
Hansen, James	詹姆斯·汉森，2、4–7、134、166
Hanson 2 house	汉森 2 号住宅，36–37、43、45
hard to treat (HHT) dwellings	顽疾（HHT）住宅，83、87
Hawkridge House (University College, London)	霍克里奇宿舍楼（伦敦，大学学院），92
health	健康，20、73、88、91、126
HeatGen heat pumps	产热公司的热泵，68–69
heating requirements	供热需求，60
heating systems	供热系统，83、86、91、113、117、138
biomass	生物质能，89
open fires	开敞式火炉，89
see also GSHP	也参见地源热泵（GSHP）
heat island effect	热岛效应，19–20、78–79、167
heat pumps, ground source see GSHPs	热泵，地源参见地源热泵（GSHP）
heat-reflective surfaces	热反射表面，39、44、77
heatwaves	热浪，17–19、44–45

Heelis Building (Swindon, UK) 希利斯大楼（英国，斯温登），97–100
    car park 小汽车停车，99
    construction materials for 的建造材料，98–99
    flood defence in 的防洪措施，99
    POE of 的建筑使用后评估（POE），99
    PV system in 的 PV 系统，99
    ventilation in 的通风，98–99
HES (high emissions scenario) 高排放预设情景（HES），10、14、19–20、77
HFC-23 三氟甲烷，23
HHP (Hockerton Housing Project, Notts, UK) 霍克顿住宅项目（HHP）（英国诺丁汉郡），30–31、64
Hirsch, Robert 罗伯特·赫希，118–120
historic houses 历史住宅，88–89
Holdren, John 约翰·霍尔顿，4–5
homeowners 房主，86–87
Honda FCX Clarity 本田汽车公司的 FCX Clarity 车型，159–160
hospitals 医院，69、93、109–111
hot-water storage 水箱蓄热，61–62
hot water systems 热水系统，32、53、60、62、64、138
Houghton, John 约翰·霍顿，75
house orientation 住宅朝向，44、54–55、77
housing stock 既有住宅，住宅存量，40、42、83–92
    carbon reduction targets for 的碳减排目标，83–85
    demolition policy 拆除政策，83、87
    and fuel poverty 和能源贫困，86
    policy imperatives for 的政策性当务之急，86–87
    refurbishment of *see* renovation/upgrading 的翻修改造参见改造／更新
Howe Dell Primary School (Hatfield, UK) 豪·德尔小学（英国哈特菲尔德），113–115
HTT (hard to treat) dwellings 顽疾（HHT）住宅，73、87
Hubbert Peak 哈伯特峰值，118、120
humidity control 湿度控制，50–52
hurricanes 飓风，10–11、43
Hutton, John 约翰·赫顿，120
hybrid vehicles 混合动力车辆，157
hydride storage tanks 氢化物储存容器，156–157
hydroelectricity 水力发电，23–24、137
    small-scale generation 小规模发电，69–70
hydrogen fuel cells 氢燃料电池，32、142–143、154–156、

ITM Power type	ITM 电力公司型，155–156
PEM type	质子交换膜（PEM）型，155、163
SOFC type	固态氧化物燃料电池（SOFC）型，156
hydrogen production	氢的制取，154
hydrogen storage	氢的储存，156–157、160
hydride tanks	氢化物储罐，156–157
ice cores	冰核，4、16
ICE (internal combustion engine)	内燃机（ICE），158–159
ice shelves/sheets	冰架/大冰原，3–4
IEA (International Energy Agency)	国际能源署（IEA），60、118、137–138
IGCC (integrated gasification combined cycle)	整体煤气化联合循环发电系统（IGCC），135–136
IHT (interseasonal heat transfer)	跨季节热传输，114–115
India	印度，2、6
coal demand in	的煤炭需求，122、132
extreme weather events in	的极端气象事件，10
fossil fuel demand in	的化石燃料需求，23、93、118
nuclear power in	的核电，124
industrial premises	工业建筑的房产及附属用地，93
Innovate Green Office (Thorpe Estate, Leeds, UK)	创新绿色办公楼（英国利兹的索普地产公司），95–97
insulation	保温，18、38、45、83、86
from recycled materials	来自回收利用的材料，101
ground floor	底层地面，89
of offices	办公楼的，96、101、103、107–108
U-value	U 值，27、29–32、39
insurance	保险，10、15、45–46、50
integrated design	整合设计，27
integrated gasification combined cycle *see* IGCC	整体煤气化联合循环发电系统参见 IGCC
internal combustion engine (ICE)	内燃机（ICE），158–159
International Energy Agency *see* IEA	国际能源署参见 IEA
Internet	互联网，93
interseasonal heat transfer (IHT)	跨季节热传输（IHT），114–115
IPCC (Intergovernmental Panel on Climate Change)	政府间气候变化专门委员会（IPCC），1–5、9、20–21、25、42
IT equipment	IT 设备，93–94、98、106
ITM Power	ITM 电力公司，155–156

Japan	日本,11、77
Jenkins, Simon	西蒙·詹金斯,75
jet stream	射流,15、42
Jubilee Wharf (Penryn, Cornwall)	朱比利码头(康沃尔郡彭林),109–110
Katrina, Hurricane	飓风卡特里娜,11
Kendall, Gary	加里·肯德尔,160
King, David	戴维·金,4、14、16
Korea	韩国,149
Kyoto Protocol	《京都议定书》,22–24、163
see also carbon trading	也参见碳汇交易
landlords/tenants	房产主/承租人,85–88
landscaping	景观设计,99、116、117
Leeds (UK)	利兹(英国),82–83、95–97、163
Lee, Kitack	基塔克·李,6
Lenton, Timothy	蒂莫西·兰顿,2、166
Lewes (Estate Sussex, UK)	刘易斯市(英国东萨塞克斯郡),77
lifestyle	生活方式,31、72、76
lighting	采光,照明,33、35–36、74、107、138
low energy systems	低能耗系统,38、86、88、94、103
natural	自然的方式,37、94–96、98、111、114、117
Liverpool (UK)	利物浦(英国),64、83、112–113
local authorities	地方当局,85–86、117
see also community buildings	也参见社区建筑
loft insulation	阁楼保温,83、86、88–89
Lohmann, Larry	拉里·洛曼,22
London (UK)	伦敦(英国),14、16–17、19
heat island effect in	的热岛效应,78
Lovelock, James	詹姆斯·拉伍洛克,22、106、126、153、167、169–170
Lynas, Mark	马克·利纳斯,8、20
Mackay, David	戴维·麦凯,54、64、153
McNully, Patrick	帕特里克·麦克纳利,23
Manchester (UK)	曼彻斯特(英国),19、59、69、77、95
Masdar City (Abu Dhabi)	马斯达尔市(阿布扎比),79–82
Meacher, Michael	迈克尔·米彻,128–129
methane	甲烷,7、42
Met Office	英国气象局,9、13–14、17、44
microalgae	微藻类,157、165
micro-fuel cells	微型燃料电池,69
Middle East	中东地区,7、82、119

migration	移民，7
Miliband, David	戴维·米利班德，25
Miliband, Ed	埃德·米利班德，132
monitoring	监控，39、51、55、74–75、103、115
NAS (National Academy of Science, US)	国家科学院（NAS）（美国），130–131
National Trust	国民信托有限公司，15–16、88–89
HQ Offices case study *see* Heelis Building	总部办公楼案例研究参见希利斯大楼
Netherlands	荷兰，12–13、48、55、61、143
net zero carbon homes *see* zero carbon homes	净零碳住宅参见零碳住宅
net zero energy schemes	净零能耗计划，31
New Mills (Derbyshire, UK)	新米尔斯（英国德比郡），69–70
New York (US)	纽约（美国），17
NGOs (non-governmental organization)	非政府组织（NGO），23–24、94
NHS (National Health Service)	英国国民医疗保健制度（NHS），111
non-domestic buildings	非居住建筑，93
carbon budget for	的碳预算，26
CO_2 emissions by	排放的 CO_2，93
DoE programme for	美国能源部（DoE）的计划，93–94
flood defences for	的防洪措施，96、99、103–105、117
monitoring energy use in	的能耗监控，103、115
user-specific	针对使用者设计的，117
wind load factor in	的风荷载系数，108、117
see also community buildings; offices	也参见社区建筑；办公楼
Norfolk (UK)	诺福克郡（英国），15–16
North Africa	北非，146–147
nuclear power	核电，核能，120–130、137
advocates for	的倡导者，126
carbon neutral myth of	的碳中性神话，122–123
and carbon reduction targets	和碳减排目标，124
costs of	的成本，123–124
decommissioning plants	退役的机组，123–124、127
in developing countries	发展中国家的，127–128
and energy gap	和能带隙，124、153
fusion research	聚变研究，129–130
health issues with	的相关健康问题，126
market risks of	的市场风险，125
plant construction times	机组建造时间，124、126–127
reprocessing technology	后处理技术，124、128

skills shortage in	的技能短缺，125
and subsidies	和财政补贴，123
third generation (IIIG+)	第三代（IIIG+），126–128
uranium for	所使用的铀，123–124、128–129
nuclear waste	核废料，121、123、125–126
nuclear weapons	核武器，121、124
Nutall, Tony	托尼·纳托尔，92
OECD countries	经济合作与发展组织（OECD）成员国，119、121、124、158
ocean *see* sea	洋，参见海洋
offices	办公楼，64、93 108
AHUs in	的新风处理机组（AHU），96、103、106
BMSs for	的楼宇管理系统（BMS），99、103、108
building regulations and	建筑规范和，95
case studies	案例研究，95–107
clean energy levy for	的清洁能源税，106–107
CO_2 emissions sources in	的 CO_2 排放来源，93–95、98、105、138
construction materials for	的建造材料，98–99、108
energy use in	的能源使用，94–95
flood defences for	的防洪措施，99、103–105
heating systems in	的供热系统，96–97
insulation of	的保温，96–97、107–108
lighting/shading in	的采光／遮阳，97–97、107
low carbon measures for	的低碳措施，94
not user specific	非针对使用者设计的，117
overheating in	的过热，95
performance standards for	的性能标准，107–108
POE of	的建筑使用后评估（POE），99
PV systems in	的 PV 系统，98、102–103、105
roofs	屋顶，98–99、101、103、108
solar thermal power for	的太阳热能发电，103、105
ventilation in	的通风，94、96–99
zero carbon target for	的零碳目标，94、105–106
Olkilouto nuclear plant (Finland)	奥尔基卢奥托核电站（芬兰），126–127
OPEC (Organization of Oil Exporting Countries)	石油输出国组织（OPEC），118
Opel/Vauxhall Ampera	欧宝／沃克斯豪尔的安佩拉电动车，

	160–161
OpenHydro	开放水力发电机，151
OTEC (ocean thermal energy conversion)	海洋温差发电（OTEC），152–153
overcladding	外覆面材料，87、89、91–92
Oxford Radcliffe Hospital *see* Churchill Hospital	牛津拉德克利夫医院参见丘吉尔医院
Pacific Ocean	太平洋，11
Parliamentary Committee on Climate Change	气候改变议会委员会，84
Parry, Martin	马丁·帕里，20
passive solar gain	被动式太阳得热，46、50
passive ventilation	被动式通风，33–34、77、89、109
Passivhaus programme (Germany)	被动式住宅计划（德国），27–28、32、38、72
Patt, Anthony	安东尼·帕特，146
pavements/paving	道路铺砌/铺面材料，46、77–78、80、96
PCMs (phase change materials)	相变材料（PCM），45、50、104
peak oil	石油峰值，118、120–122
PEM (Proton Exchange Membrane) fuel cell	质子交换膜（PEM）燃料电池，155、163
Penryn (Cornwall, UK)	彭林（英国康沃尔郡），109
phenolic foam insulation	酚醛泡沫体保温层，89
Philosophical Transactions A (Royal Society)	《哲学交易A》（英国皇家学会），5
Pielke, R.	R·皮尔克，5
Pieper, E.	E·彼佩尔，15
Pitt, Michael	迈克尔·皮特，13
PIV (Pujiang Intelligence Valley, China)	浦江智谷（PIV）（中国），103、105
plasma	等离子气体，130–131
platinum	铂，154–155、160
plutonium	钚，121、124
POE (post occupancy evaluation)	建筑使用后评估（POE），51、99
Portcullis House (Palace of Westminster, London)	英国新议会大厦（威斯敏斯特宫，伦敦），93
Power, Anne	安妮·鲍尔，75
PPS (Planning Policy Statement)	《规划政策声明》（PPS），73–74
prefabrication	预制，43–45
Prince of Wales Architecture Institute	威尔士亲王建筑学院，33
public buildings *see* non-domestic buildings	公共建筑，参见非居住建筑
public health	公共健康，20、73、88、91、126
public transport	公共交通，26、72、82、155
Pujiang Intelligence Valley *see* PIV	浦江智谷，参见PIV

pumped storage   抽水蓄能，141–142
PV (photovoltaic) cells   光伏（PV）电池，7、29、31–32、53–60、137

   area required for   所需的面积，146–147
   for community buildings   用于社区建筑，109、113
   development of   的发展，55–58
   and eco-towns/-cities   和生态城镇／城市，72、80
   efficiency/cost of   的效率／成本，55–59
   future of   的未来，148
   and hybrid technology   和热电混合技术，62–63、68–69
   for offices   用于办公楼，98、102–103、105
   plastic   塑料的，57–58
   problems with   存在的问题，55–56
   retrofit building integrated   结合在建筑翻新改造中，59
   roof-mounted   安装在屋顶的，44、50、98
   storage technology for   中的蓄电技术，64
   thin film technology   薄膜技术，56、147
   and UK targets   和英国的目标，53
   and urban design   和城市设计，58–59
   utility-scale   城市基础设施规模的，144、147–148

rainfall   降雨，9、42、46
rainwater capture   雨水收集，29、36、38–39、74、88、96
   in non-domestic buildings   在非居住建筑中的运用，96、103–114、116

recycling   回收利用，96、98
refrigerators   冰箱，23、91、140
renewable energy   可再生能源，137–140
   share of consumption   消耗的份额，137–138
   utility-scale *see* utility scale renewables   城市基础设施规模，参见城市基础设施规模的可再生能源

renewable energy levy   可再生能源税，51
renovation/upgrading   改造／更新，58–59、75–76、85–92
   benefits   益处，88
   and CO_2 emissions   和 CO_2 排放，85、88、91–92
   costs   成本，86–88、92
   and employment   和就业，88
   of historic houses   历史住宅的，88–89
   multi-storey   多层建筑，91–92
   of private rented homes   私人出租住宅的，85–88
   of solid wall houses   实心墙体住宅的，89–91

risk assessment	风险评估，6、14、16
Rogers, David	戴维·罗杰斯，93
Rogers, Ian	伊恩·罗杰斯，24
Rogers, Lord	罗杰斯勋爵，75
roofs	屋顶，43–44、50
gardens on	的花园，101、103
green	绿色的，77–78、116
office	办公室，98–99、101、108
wind turbines on	上的风力发电机，64–67
rooftop cowls	屋顶上的风帽，45
Royal Society	英国皇家学会，5
RSPB (Royal Society for the Protection of Birds)	皇家保护鸟类协会（RSPB），148
runoff	地表径流，46
RuralZed homes	零能耗乡村住宅，33–36、45
Rutherford Appleton Laboratories (UK)	卢瑟福·阿普尔顿实验室（英国），129–130
Sahara Desert	撒哈拉沙漠，146
St Francis of Assisi School (Liverpool, UK)	阿西尼城的圣弗朗西斯学校（英国利物浦），112–113
St George's School (Wallasey, Cheshire, UK)	圣乔治学校（英国柴郡沃勒西），111
Scheer, Hermann	赫尔曼·舍尔，25
Schmidt, Gavin	加文·施密特，17
schools	中小学校，111–116
and building regulations	和建筑规范，111
energy monitoring in	的能源监控，115
government aims for	政府的目标，111–112
IHT systems in	的跨季节热传输（IHT）系统，114–115
lighting in	的采光，114
renewable energy in	的可再生能源，113–114、116
sustainable design indicators for	的可持续设计指征，116–117
ventilation in	的通风，111–113
water conservation	的节水措施，114、116
sea	海洋
CO_2 absorption by	吸收的 CO_2，6–7、41
and OTEC	和海洋温差发电（OTEC），152–153
surface temperature (SST)	海表温度（SST），11
see also tidal power	也参见潮汐能发电

see level rise	海平面上升，2–5、7、11、15–17、19、43
self-sufficient housing	能源自给自足的住宅开发，27–32
see also eco-towns	也参见生态城镇
Sellafield (UK)	塞拉菲尔德（英国），125–126
Severn Barrage	塞温河拦潮坝，148–149、168
Seville (Spain)	塞维利亚（西班牙），144–145
shade	阴影，77、80、94、98、103、117
Shanghai (China)	上海（中国），103
Sharman, Hugh	休·沙曼，138–140、160
Sharrow School (Sheffield, UK)	沙罗学校（英国设菲尔德），115–116
Shaw, Robert	罗伯特·肖，18、71、79
Sheffield (UK)	设菲尔德（英国），10、13、43、69、90、115–116、125
shipping industry	船运业，122、163–165
single occupancy homes	单人居住的住宅，83–84
Skysail concept	"天帆"概念，165
smart grid	智能电网，140
Smith, Rod	罗德·史密斯，130
social housing	社会住宅，40
SOFC (solid oxide fuel cell)	固态氧化物燃料电池（SOFC），156
soil	土壤，4、41
solar electricity *see* PV (photovoltaic) cells	太阳能发电，参见光伏（PV）电池
solar gain	太阳得热，39、46、77、96
Solar House (Freiburg, Germany)	太阳能住宅（德国弗赖堡），31–32
solar radiation	太阳辐射，6、60
latitude/orientation/pitch factors	纬度/朝向/倾角系数，54–56
Solarsiedlung (Freiburg, Germany)	太阳能村庄（德国弗赖堡），32–33
solar thermal power	太阳热能发电，33、44、50、53、60–64、80
for community buildings	用于社区建筑，109、113、115、117
efficiency	效率，60
hybrid technology	热电混合技术，62–63
limitations of	的局限性，60
for offices	用于办公楼，103、105
storage of	的储存，61–62、64–65
see also CSP	也参见聚光型太阳能发电（CSP）
solid wall insulation	实心墙体的保温，89–91
South America	南美洲，7、18、24
space heating	空间采暖，18、29、37、53、60–61、68、74、76
Spain	西班牙，55、144–146
Speth, Gus	格斯·斯佩思，169

SRES (Special Report on Emissions Scenarios, IPCC)	《排放预测特别报告》(IPCC)，5、9
SST (sea surface temperature)	海表温度 (SST)，11
Sterl, Andreas	安德烈亚斯·施特尔，18–19
Stern, Nicholas	尼古拉斯·斯特恩，5、10、166
Stern Report (2006)	《斯特恩报告》(2006 年版)，5–7、10、169
Stockholm (Sweden)	斯德哥尔摩（瑞典），72
Stoneguard House (Nottingham)	斯通加德住宅（诺丁汉市），38–40
storms	暴风雨，6、10–13、41
in Britain	英国的，12–13
and building design	和建筑设计，37、40、42–44、47–50
damage caused by	导致的损失，11
in Europe	欧洲的，11–13
scales of	的规模，10–11
and sea temperatures	和海水温度，11
storm surges	风暴潮，15–17、19、40、43
Strahan, David	戴维·斯特拉恩，156
structural strength	结构强度，43、50
subsidies	财政补贴，72
supercapacitator battery	超级电容蓄电池，162–163
sustainable development	可持续发展，73、130
Sweden	瑞典，61、72
syngas	合成气，134–136
tanking	地下室防水层，47、49、89
TCPA (Town and Country Planning Association)	城乡规划协会 (TCPA)，17–18、44、74、77
TermoDeck system	热质楼板通风系统，96、103、108、115
terraced housing	联排式住宅，84、87–90
low energy	低能耗，33、67
Thames Array	泰晤士河风电场，107
Thames Barrage	泰晤士河拦潮坝，17–18、169
Thames Estuary, wind power in	泰晤士河口，的风力发电，140–141
Thames Gateway project	泰晤士河口开发项目，75、107、163
thermal banks	热库，115
thermal lag	热滞，45
thermal mass	热质，45、47、50、74、117
Thiesen, Peter	彼得·蒂森，162–163
Tickell, Oliver	奥利弗·蒂克尔，24
tidal power	潮汐能发电，137、148–153
fence/bridge concept	发电围栏/发电桥概念，148–149

impoundment	蓄水发电，150–151
stream	溪流，150–151
VIVACE project	涡流振动水生洁净能源项目（VIVACE），151–152
timber-framed buildings	木框架建筑，50
time lag factor	时间滞后因素，6
TIM (transparent insulation material)	透明保温材料（TIM），31
tipping point	临界点，4
toilets	坐便器，74、96、114
Torrs Hydro Scheme (Derbyshire, UK)	托尔斯水力发电计划（英国德比郡），69–70
Totnes (Devon, UK)	托特尼斯市（英国德文郡），77
Toyota Prius	丰田汽车公司的普锐斯车型，157
Transition Towns	转型城镇，77
transport	交通运输，26
energy requirement of	的能源需求，160
water-based	基于水路的，163–164
see also cars; public transport	也参见小汽车；公共交通
trees	树木，4、41、77、108
tri-generation systems	三联供系统，94
Tyndall Centre for Climate Change Research	廷德尔气候变化研究中心，3–4、7、17、54、122、164
UGC (underground gasification of coal)	煤炭地下气化（UGC），136
UHI (urban heat island) effect	城市热岛（UHI）效应，19–20、78–79
UKCIP (UK Climate Impacts Programme)	英国气候影响计划（UKCIP），5、19
UK-GBC (UK Green Building Council)	英国绿色建筑协会（UK-GBC），83–85
Ultrabattery	超级电池，162
underground buildings	地下建筑，112–113
United States (US)	美国（US），6–7、124、130、153、158
coal in	的煤炭，132、134
design goals in	的设计目标，27
economic crisis in	的经济危机，167
hurricanes in	的飓风，10–11
nuclear power in	的核能，128
solar power in	的太阳能，145–148
targets in	的目标，93
wind power in	的风能，140
Upton (Northampton, UK)	阿普顿（英国北安普顿郡），33、46–47
uranium	铀，123–124、128–129
urban environment	城市环境，20、76

wind technology		中的风能技术, 64-65	
see also eco-towns; UHI		也参见生态城镇; 城市热岛效应 (UHI)	

urban heat island *see* UHI 城市热岛效应, 参见 UHI
utility-scale renewables 城市基础规模的可再生能源, 137-153
    OTEC 海洋温差发电 (OTEC), 153
    solar power 太阳能, 144-148
    tidal power 潮汐能, 148-152
    wind power 风能, 140-143
U-values U值, 27、29-32、39、45
Vale, Robert and Brenda 罗伯特和布伦达·韦尔, 29
vanadium flow battery 钒液流电池, 143、145
vehicle ownership 机动车所有权, 31、72、74、82
ventilation 通风, 45、60、68
    and cooking 和烹饪, 91
    in floors 楼地板中的, 96、99-101、103、108
    in offices 办公楼中的, 94、96-99、102-103、117
    passive 被动式, 33-34、77、89、109
    in schools 学校中的, 111-113、117
VHC (volumetric heat capacity) 体积热容量 (VHC), 45
Vince, Gaia 加亚·文斯, 7-8
VIVACE project 涡流振动水生洁净能源项目 (VIVACE), 151-152
VLS-PV (very large-scale photovoltaic systems) 超大规模光伏系统 (VLS-PV), 147-148
von Hippel, Frank N. 弗兰克·N·冯·希佩尔, 124

walls 墙体, 36、43、45
Wasdell, David 戴维·瓦斯戴尔, 6
waste 垃圾, 废料, 30、74-75
    nuclear 核发电的, 121、123、125-126
water-based transport 基于水路的交通运输, 163
water conservation 节水, 88、105、117
    see also rainwater capture 也参见雨水收集
waterproofing 防水的, 47
water supply 供水, 19、30、77
    rainwater harvesting 雨水收集, 29、36、38-39
Watson, Bob 鲍勃·沃森, 6、166
wave power 波能, 海浪能, 137
Welch, Dan 丹·韦尔奇, 24
Westinghouse AP 1000 西屋电气公司 AP 1000 核反应堆, 127-128

wetlands	湿地，96、104、114
whole systems engineering	全系统工程，27
Wigley, T.	T·威格利，5
wildlife and buildings	野生动物和建筑物，103、108、117
Wilkins ice shelf	威尔金斯冰架，3
wind breaks	风障，44、109
wind load	风荷载，44、50、92、108、117
windows	窗户，33、47、77、88
and BMSs	和楼宇管理系统（BMS），99
quadruple-glazed	四层玻璃，50
and solar cells	和太阳能电池，57
triple-glazed	三层玻璃，27-28、30-32、38、44、46、48、72、89、107
waterproofing	防水，47、49-50
window shutters	百叶窗，44、50
wind power	风能，风力发电，24、60、80、137、160、168
and aircraft radar	和飞机雷达，141
building-augmented	建筑物放大式，65-68
for community buildings	用于社区建筑，109
cost of	的成本，141
and electricity storage	和蓄电，141-143
intermittence of	的间歇性，140-141、143
limitations/viability of	的局限性/可行性，64
micro-	微型的，64-68
for offices	用于办公楼，105-106
offshore	近海的，140-141
for shipping	用于船运，165
utility level	城市基础设施水平的，140-143
wood-burning stoves	燃木炉子，29、89
woodchip/biomass boilers	燃烧木屑的生物质能锅炉，34、38-39、109
World Energy Outlook	世界能源展望，132-133
WWF (WorldWide Fund for Nature)	世界自然基金会（WWF），12-13、160
Younger Drays cold period	"新仙女木事件"冷间期，4
Zedfactory	零能耗工厂，33、109
ZEH (zero-energy homes)	零能耗住宅，27
zero carbon homes	零碳住宅，29、33-34、36-37
cost of	的成本，37

and eco-towns	和生态城镇，73
not enough	数量不够，41
UK target for	英国的目标，53
unattainability	不可实现性，70、76
Zicer Building (University of East Anglia, UK)	朱克曼联合环境研究所大楼（英国东英吉利大学），93

译后记

在连续翻译两本彼得·史密斯教授关于绿色建筑的著作（《适应气候变化的建筑——可持续设计指南》和《尖端可持续性——低能耗建筑的新兴技术》）之后，紧接着翻译这本《为气候改变而建造——建造、规划和能源领域面临的挑战》，译者不禁想，除了技术领域的最新进展，作者还能为我们带来更多吗？在一边翻译的过程中，译者感受到作为可持续建筑的宗师（类似于印度教的古鲁），作者在这本书中为读者构建了一篇宏大的叙事，将气候变化的来龙去脉、产生的影响以及应对的策略等一个个篇章以逻辑顺序架构起来，读完之后，不禁思索作为个人和专业人士的自己，可以为这一减缓气候改变的战役做些什么，目前能做的除了倾向于绿色生活方式的转变之外，仅能借由翻译的工作将可持续的理念和技术尽快引入国内，以便有识之士以此为基础，作出更大的贡献。

在哥本哈根国际气候会议的大背景之下，气候改变问题越来越引起全社会的重视。由于建筑和城市领域对于气候改变不可推卸的责任，适应气候的建造也越来越成为这一领域的热点话题。作者所探讨的正是在政府间气候变化专门委员会（IPCC）的气候变化预设情景中全球温度上升4℃的情形下，建筑、城市、和能源领域的应对策略。

本书开篇以一系列无可辩驳的最新科学证据，讨论了气候变暖的种种预测，以及气候变化对环境造成的影响，其中包括对城市基础设施造成的影响。未来的城市规划和建筑设计要应对洪水、风暴潮、海平面上升以及城市热岛效应产生的影响，因此呼吁我们应当为不可知的未来而设计。

本书篇幅最大的部分依次研究了能够抵御气候变化的住宅、社区建筑、非居住类建筑和生态城镇，以及既有建筑改造方面的应对措施，其中重点探讨了太阳能（包括热能、电能和热电联供）在建筑中的整合与应用。

在住宅部分，作者引用了德国和英国的案例研究，从墙体、屋顶、门窗等建筑要素入手、分门别类地介绍了具体的技术措施以及相应的图解。在这一部分，作者全面而系统地阐述的可持续住宅规范（Code for Sustainable Homes）是英国2008年正式开始实施的全新设计规范，还结合规范的论述，配以建成的第5级和第6级住宅案例，展示了符合新规范的住宅所采用的技术。这是第一本系统介绍英国节能规范细则及建成案例的专业书籍。

关于社区规模的公共建筑方面，作者提出了节能和利用可再生能源的设计要点，包括医疗中心、中小学校、幼儿园等。在非居住类建筑，作者考察了办公楼的能源利用现状，探讨了未来办公楼建筑的技术参数、材料、建筑构件以及楼宇管理系统的发展趋势。此处，作者特别研究了两个中国案例。

在生态城镇部分，作者阐述了城市规划尺度的环境和气候应对措施，包括邻里尺度对社区温度的控制、缓解城市热岛效应，以及城市规划的总体布局和策略。

在既有住宅的生态改造方面，作者结合人口统计学的变化，以图表和数据为支持，阐述了旧建筑改造的一些解决办法。结合英国社会现状，既有建筑分为出租房屋、历史住宅、多层住宅、住宅塔楼等部分，分别论述了整改的技术措施、造价估算，以及政策性措施。既有住宅的改造，涉及社会学、城市政策等跨学科领域，作者提出的整体性改造方案，是一种试图解决大量既有住宅遗留问题的尝试。

可再生能源尤其是太阳能的利用，是最能够便利地整合在建筑中，成为建筑设计一体化构件的技术。在对光伏电池的介绍中，作者着力介绍了最新的可延展性PV电池（塑料电池）。这种电池能够根据设计者的愿望进行塑形，极大满足了建筑造型设计的需要。此外，这一部分还展望了PV发电与城市设计、旧房改造的结合。在太阳热能的建筑运用部分，研究了季节性热能储存以及最新的热电混合式PVT太阳能板技术。这种建筑构件可以同时产生热能和电能，并且能够与建筑的采暖和制冷系统相结合。在其他家用规模的可再生能源部分，还讨论了小规模风力发电设备与建筑的一体化运用，比如，用于多层建筑的屋脊，以及在高层建筑中的发展前景。

在未来的能源部分，作者谈到了能源需求、储量和全球气候变暖的矛盾，以及石油和天然气开采峰值问题，核能利用的安全问题、环境问题等等，以此呼吁采用碳平衡的能源生产技术。作者对可再生能源生产寄予厚望，提出了国家电网规模的可再生能源生产，包括蓄电技术、液流电池技术、集中式太阳能发电。最后，作者展望了跨越石油的能源时代，包括氢的制取和储存技术、燃料电池技术、超级电池技术等。

作者在结论部分，将目前采用的开发地球资源的工程从技术层面引入政策层面，以及由此引出的经济问题。由于本书的撰写时值全球经济危机，作者呼吁人们正视自身不断膨胀的欲望导致的不合理的地球资源开发政策，以及由此引发的不可持续发展的危机。并且提出走向可持续发展的道路，可以作为走出经济萧条的阴影的振兴产业。作者在研究了科学、政治和经济的关联之后，最后发出的质问是：我们这颗行星经历了科学进步、政治动荡和经济发展后还能幸存吗？

彼得·史密斯教授以宽广的知识架构，为读者描绘了气候改变带来的影响。书中涉及的知识体系包括地质学、生态学、气象、水文、海洋科学、心理学、经济、政治、能源、交通、空间科学、核科学、古生物学等领域，体现了作者丰富的知识背景。这在建筑领域的专家学者中也是不多见的。在本书中所体现的学科跨度使建筑专业人员能够拓展知识体系，向更宽泛的学术领域汲取更多有用的知识。

本书的独特之处在于，从建筑设计入手，扩展到城市规划和城市设计的范畴。可再生能源的一体化应用也从建筑设计整合，推向城市尺度的基础设施规模的生产。作者将可持续建造从单纯的技术层面，上升到政策、伦理、社会等理论层面，从根本上更新人们的思维导向，促使价值观念的转变，将仅仅是采用节能技术的狭隘的拯救地球方式，提升为一种导致行为和信念改变的、作为地球公民的责任感。因采取的视角更为宽广，体现出深厚的人文关怀。

值得一提的是，在作者介绍的案例中，有译者在英国学习可持续建筑技术硕士课程期间，参观过的霍克顿住宅开发项目、诺丁汉大学巴斯夫住宅等。索思韦尔"能源自治试验住宅"和霍克顿项目也曾经作为译者的课题展开过研究。在翻译的过程中，由此感到格外亲切。

本书所涉及的两个中国案例由译者为作者提供英文资料，其中北京清华大学节能研究中心办公楼案例得到孙茹雁提供的照片和部分中文资料，译者在参观上海浦江智谷商务中心的过程中得到杨秋辉的帮助，以及提供的资料，在此表示感谢。

本书在翻译过程中，陈晖参与第4、5、6、7、12、13、14、15章的初稿翻译，在此对付出的努力和时间深表谢意。

还要感谢编辑程素荣始终如一的支持和鼓励，以及独具慧眼地将笔者翻译的这三本书列入"绿色建筑系列译丛"。

面对作者构建的庞大叙事，作为个人的译者深感自己的渺小与才学的疏浅，翻译中涉及的各学科领域已尽己所能检索资料，求取准确的译文，但难免有疏漏错谬，望各位读者和行业专家不吝指出。译者电子邮箱：jane2109@hotmail.com。

译者简介

邢晓春，英国诺丁汉大学建筑环境学院毕业，获可持续建筑技术理学硕士，东南大学建筑系本科毕业。现任南京市建·译翻译服务中心总经理，专业从事建筑和城市规划翻译工作。已出版的译著有：《尖端可持续性——低能耗建筑中的新兴技术》（中国建筑工业出版社）、《怎样撰写建筑学学位论文》（中国建筑工业出版社）、《适应气候变化的建筑——可持续建筑设计指南》（中国建筑工业出版社）、《课程设计作品选辑——建筑学生手册》（中国建筑工业出版社）。